CHENGSHI DIXIA GUANXIAN ANQUANXING JIANCE YU
ZHIHUI YUNYING JISHU

城市地下管线安全性检测与智慧运营技术

任宝宏　著

中国海洋大学出版社
·青岛·

图书在版编目(CIP)数据

城市地下管线安全性检测与智慧运营技术 / 任宝宏
著. — 青岛 : 中国海洋大学出版社，2020.7
ISBN 978-7-5670-2530-1

Ⅰ. ①城… Ⅱ. ①任… Ⅲ. ①市政工程-地下
管道-安全监测 ②市政工程-地下管道-运营管理
Ⅳ. ①TU990.3

中国版本图书馆 CIP 数据核字(2020)第 120407 号

城市地下管线安全性检测与智慧运营技术

出版发行	中国海洋大学出版社	
社　　址	青岛市香港东路 23 号	邮政编码　266071
网　　址	http://pub.ouc.edu.cn	
出 版 人	杨立敏	
责任编辑	邹伟真	
电　　话	0532－85902533	
电子信箱	1774782741@qq.com	
印　　制	淄博华义印刷有限公司	
版　　次	2021 年 4 月第 1 版	
印　　次	2021 年 4 月第 1 次印刷	
成品尺寸	170 mm×240 mm	
印　　张	22.25	
字　　数	376 千	
印　　数	1～600	
定　　价	68.00 元	
订购电话	0532－82032573(传真)	

发现印装质量问题,请致电 0533－2782115,由印刷厂负责调换。

前言

地下管线是城市基础设施的重要组成部分，承担着输送物质、能量和传输信息的功能。近年来随着城市地下空间的开发利用，地下管线出现许多安全隐患，主要表现为三种类型：第一类是管线空间之间的隐患，如管线空间布局、铺设等不符合施工规范而导致相互影响；第二类是管线周边的地质环境带来的隐患，如可能造成管线沉降、变形、断裂的空洞、裂缝，以及地层沉降、管线与周边的建筑物距离过近或被建筑占压等隐患；第三类是管线本身的隐患，如防腐层破损、泄漏、腐蚀等。这些隐患严重影响了人民群众生命财产安全和城市运行秩序。

本书以实现地下管线全生命周期安全运营为主线，较系统地研究近年来地下管线空间位置和属性数据采集处理、安全性评估及隐患检测等技术方法。建立实用可靠、综合高效的城市地下管线综合信息系统开发及地下管网智慧运营建设，实现地下管线进行信息化和智慧化监测管理，使地下管线安全性管理及运维从被动变为主动，必将产生明显的经济、社会效益，在城市管线防灾应急等方面发挥重要的作用。

本书是作者根据博士毕业论文研究方向和在多年实践工作经验的基础上，参考了一些工程项目资料和标准、规范写作而成。可供从事地下管线探测、管道测漏、腐蚀检测、信息系统开发及智慧管网建设等工程技术人员使用或参考。

　　本书出版得到了中国海洋大学地球科学学院刘怀山教授、山东省煤田地质局王怀洪研究员、山东省地震局刘元生研究员以及正元地理信息集团股份有限公司李学军教授级高级工程师的指导,在此表示衷心的感谢。同时也感谢正元地球物理信息技术有限公司刘甲军、刘志华、郑春来的大力帮助。

　　由于作者的水平所限,难免存在不足之处,敬请读者批评指正。

2020 年 3 月

目 录

① 城市地下管线安全性概述

    城市地下管线是城市基础设施的重要组成部分,日夜担负着输送物质、能量和传输信息的功能,是保证城市生产、生活正常运转的重要基础条件,是城市安全与繁荣的根基,是城市的"生命线"和"血脉",也是城市规划、建设和管理的基础资料及公众共享的信息资源。近年来,随着城市快速发展,地下管线建设规模不断增加、管理水平不高等问题凸显,一些城市相继发生大雨内涝、管线泄漏爆炸、路面塌陷等事件,严重影响了人民群众生命财产安全和城市运行秩序。因此,需要对地下管线进行探测、隐患查找、评估,从而有目的地对地下管线进行运营维护、监管等工作,保障城市安全运行,提高城市综合承载能力和城镇化发展质量。

1.1　地下管线的地位与作用

    地下管线是城市最重要的基础设施之一。城市地下管线是指在城市规划区范围内,埋设在城市规划道路下的给水、排水、燃气、热力、工业等多种管道及电力、电信电缆和地下管线综合管沟。

(1) 地下管线是城市赖以生存和发展的物质基础

    城市地下管线担负着城市的信息传递、能量输送、排涝防洪、废物排弃的功能,是城市赖以生存和发展的物质基础,是城市基础设施的组成部分,是发挥城市功能、确保社会经济和城市建设健康、协调和可持续发展的重要基础和保障。从电力、燃气等能源的输送及信息、用水等资源的输送,到雨污水的收集和排放,从工业生产到百姓生活的方方面面,都离不开地下管线。城市地下管线就像人体内的"血管"和"神经",因此被称为城市的"生命线"。

（2）地下管线与百姓生活息息相关

随着我国城市化进程的加快,城市地下管线建设发展非常迅猛,但随之而来的地下管线管理方面的问题也越来越多。施工破坏地下管线造成停水、停气、停电以及通信中断事故频发;"马路拉链"现象已经成为城市建设的顽疾;由于排水不畅引发的道路积水和城市水涝灾害司空见惯。地下管线引发的问题已成为城市百姓心中难以消除的痛。

（3）地下管线是城市安全与繁荣的根基

城市地下管线被称为城市的生命线,是城市安全与繁荣的根基所在。城市燃气管道已被列为城市的重大危险源,燃气管线的泄漏和爆炸事故影响到城市人民的生命和财产安全;供水管线事关城市百姓的安全用水;城市排水、供水管线有可能成为疾病的传染通道;供水、燃气、电力和电信等管线可能成为恐怖分子作为反动袭击的工具。因此,对城市地下管线的安全隐患进行监测、评估、排除和监管的重要性不言而喻。2009年北京东三环京广桥的排水管道引发地面塌陷、2010年南京迈皋桥工业管道爆炸、2013年青岛东黄输油管道爆炸所造成的影响仍然是城市地下管线行业中不可泯灭的沉痛教训。此外地下管线关系城市形象,直接影响城市招商引资的效果。

（4）地下管线是城市基础地理信息的重要组成部分

地下管线信息是重要基础地理信息,也是数字城市建设的重要内容之一。它具有统一性、精确性、完整性和基础性等特点,是进行城市规划建设工作的基础。

地下管线也是建设施工的重要信息保证,掌握完整、准确的地下管线信息,可以有效避免施工破坏管线事故的发生。

地下管线还是基础设施安全维护工作的基础,掌握完整、准确的地下管线信息,可以高效、准确地开展地下管线及基础设施的安全维护工作。

地下管线信息更是城市应急工作的数据支撑,地下管线事故轻者影响到城市的交通和城市居民的生活,重者造成人身伤亡或传染病的传播,甚至会导致大量人员伤亡、建筑物倒塌、城市地下水体污染等重大事故。

（5）地下管线信息是地下空间开发利用的重要基础资料

地下空间是城市的公共资源,有效开发利用地下空间是城市规划建设与发展的重要内容,需要地下管线信息、地质条件信息以及地下其他工程信息作为信息支撑,地下管线信息已成为城市地下空间规划支撑信息的重要组成部分。开发地下空间,逐步形成地面空间、上部空间和地下空间协调发展的立体化模式,是现代化城市的发展方向之一,是城市可持续发展的客观要求和社会发展的必然趋势,规划、建设与管理好地下管线是促进城市地下空间建设的重要基础性工作。

1.2 地下管线安全性面临的问题

1.2.1 管线自身的隐患

地下管线隐患分为三大类型,第一类是管线本身的隐患,如防腐层破损、泄漏、腐蚀等;第二类是管线周边的地质环境带来的隐患,如可能造成管线沉降、变形、断裂的空洞、裂缝以及地层沉降,管线与周边的建筑物距离过近或被建筑占压等隐患;第三类是管线之间的隐患,如管线布局、铺设等存在不符合施工规范导致相互影响、容易发生安全事故等隐患。

在今后的 10~20 年,我国大部分城市的主要管道将进入老化期,城市地下管网的破损比国外发达国家要严重得多,城市地下生命线的运行健康问题将越来越严重。因管理不力、施工不当、年久失修,将给城市带来巨大的安全隐患,人民群众的生命财产安全也受到很大威胁,犹如一颗颗定时炸弹,随时可能发生安全事故。为了切实解决该问题,结合地下管线多年来的工程实践,通过地下管线探查、安全性评价及地下管线信息管理提出切实可行的途径,实现地下管线安全性全产业链一站式解决方案。

1.2.2 地下管线监管机制

目前,城市地下管线分为给水、排水、燃气、热力、通讯、电力、工业和综合管沟八大类,而这些管线又分属热力、燃气、电力、通讯、政府、工矿企业等几十个单位建设和管理。在建设过程中,各环节的管理又分属不同的政府管理部门。上述情况的存在带来的问题主要表现在各类管线建设时序不一致、管线建设部门(管线产权主体)需要同时到多个部门办理管线建设的相关手续。

城市地下管线管理在规划、建设、维护和档案信息管理等环节均存在不同程度的问题。一是在城市规划环节，长期以来，由于没有统一的管理和协调机构对地下管线进行管理，以及"重地上，轻地下"的思想，再加上无法可依，对于地下管线建设项目的规划审批的管理流程、控制手段、力度大小都不一致。二是在城市建设环节，目前对于城市地下管线建设过程的监管，政府处于缺位状态。三是在维护环节，各类管线建成后，日常的维护均由各类管线产权单位（使用单位）自行维护，特别是对于管线的改建、扩建与更新均由管线使用单位进行设计与施工，在施工过程中不履行相关的报批手续的现象比较严重。四是在档案信息管理环节，城市地下管线档案的保存形式多样。

1.2.3 地下管线基础数据现状

虽然近十几年来，我国推进城市地下管线信息化建设取得了较快发展和一定的成效，但与城市经济发展水平和社会对其发展的要求尚有较大差距。由于跨行业、跨部门、跨专业领域的特点，造就管网数据管理应用存在一定的"瓶颈"，目前管线管理主要问题在管网信息"更新难、共享难、应用难"。主要体现在以下几个方面。

（1）**管网数据更新难，数据信息现势性差**

目前大部分城市开展管线普查及综合管线数据库建设的信息化工作，只是实现了管线静态数据在各类事务中的应用。后续由于管线改造、管线新建等工程建设造成的信息变化，没有健全的制度和科学的方法进行及时数据更新，许多开展过地下管线普查的城市都缺乏地下管线信息动态更新的长效机制，地下管线数据具有极强的时效性，但很多城市普查几年后原有的管线数据库仍然不变，不能真实的反应城市地下管线的现状。

管线管理工作涉及多部门多单位，各类管线的日常管理维护工作一般由具体的管线权属单位负责，政府主要负监管规划责任。各管线的权属单位只关心自己的管线状况，对其他单位的管线并不了解、也不负责任。尤其在中小城市的管线改迁或增加随意性大，很容易发生地下管线布设混乱，因此，迫切需要建立统一规划、协调管理的机制。

（2）**管线信息孤岛严重，数据共享困难**

城市地下管线种类繁多，而且数量庞大，政府管理权限分散和管线权属复杂。政府对城市管网的管理涉及多个部门，存在严重的多头管理问题，且各部门各自为政，条块分割，互不干涉，极易造成信息孤岛现象。受制于突破行业壁垒问题,"孤岛"现象严重,很难在整个城市内实现管网信息共享以及进行全部地下管网信息的综合应用。

(3) 后管线普查时代的问题

目前全国范围内绝大多数一、二线城市的管线普查工作都已完成,随着对管线普查阶段取得的成果进入深层次处理的需要,应该努力探索寻找新技术,找到并研究一种地下管线安全性评估方法。国内对地下管线的综合性隐患评估尚处于前期实验与摸索阶段,地下管线安全性评估对拓展管线产业应用面,提升管线产业产能,增加管线产业附加值,促进管线空间数据应用、智慧管网的技术进步有着相当大的促进作用,进而提高面向市场的竞争能力,面向业务的扩展能力,面向地下管线的管理能力。

管线数据更新难,使得数据现势性差,数据准确性低;信息孤岛严重,共享程度低,有用信息不集中,直接制约了数据应用,依靠目前的数据情况,在管线信息安全管理系统中不能进行准确的数据查询、分析,另外零散管网数据信息,很难进行有效的数据挖掘,得出合理的管理决策。

1.3　地下管线管理相关政策

国家对城市管网的重视力度逐步加大,国务院连续三年下发关于管网建设指导政策。

2013 年 9 月,出台《国务院关于加强城市基础设施建设的意见》(国发〔2013〕36 号),强调应"坚持先地下、后地上""在普查的基础上整合城市管网信息资源,消除市政地下管网安全隐患"。

2014 年,国务院办公厅发布的《国务院办公厅关于加强城市地下管线建设管理的指导意见》(国办发〔2014〕27 号)指出:"2015 年底前,完成城市地下管线普查,建立综合管理信息系统,编制完成地下管线综合规划。力争用 5 年时间,完成城市地下老旧管网改造,将管网漏失率控制在国家标准以内,显著降低管网事故率,避免重大事故发生。用 10 年左右的时间,建成较为完善的城市地下管线体系,使地下管线建设管理水平能够适应经济社会发展需要,应急防灾能力大幅提升。"

2015 年,国务院办公厅发布的《国务院办公厅关于推进城市地下综合管廊建设的指导意见》（国办发〔2015〕61号）指出：“到2020年，建成一批具有国际先进水平的地下综合管廊并投入运营，反复开挖地面的'马路拉链'问题明显改善，管线安全水平和防灾抗灾能力明显提升，逐步消除主要街道蜘蛛网式架空线，城市地面景观明显好转。”

1.4 国内外研究现状及动态

伴随着测绘地理信息技术及工程物探技术的普及，地下管线的探测、运维、管理应用的需要，新形势下对地下管线管理工作的要求更加紧迫，应用于地下管线领域的解决方案，体现了地理信息技术在破解地下管线管理难题的重要性和必要性。

1.4.1 地下管线数据采集技术

20世纪初西方发达的国家就有地下管线探查先例和地下金属导体仪器的专利，就是早期的金属探查器。金属探查器的探查技术与电子技术的发展密切相关，直到20世纪60年代末70年代初，伴随着半导体电子技术的飞速发展，才出现金属探查器小型化、自动化和智能化方向的发展，并广泛应用于军事、考古、金属矿产资源勘查以及金属地下管线探查等众多领域。第二次世界大战之后，随着电磁理论和电子技术的发展，研制出应用电磁原理的地下管线探查仪。到了80年代，采用了新型磁敏原件、先进的滤波技术、天线技术和计算机技术，使仪器的信噪比和分辨率有了明显提高，其中代表的仪器设备有英国RADIO DETECTION公司的RD400系列、美国METROTECT公司的810/850地下管线仪和美国CHARLES MACHINE公司的Subsite70和65系列等。80年代后期，由于探地雷达的研制和应用，拓宽了地下管线探查的应用范围，它不仅可以探查地下金属管线，而且能探查水泥、陶瓷、塑料等非金属管道，如加拿大"探头及软件公司"（Sensor&Software）的EKKO系列与美国的SIR系列的时域脉冲探地雷达等。

我国的地下管线探查研究起步较晚，但发展速度较快。20世纪80年代之前，我国的地球物理工作者就曾应用一些常规的物探方法（电阻率法、充电法和磁法等）探查地下金属管线，并取得一定成效。但因这些方法信噪比和分辨率较低,并受到应用条件的制约,未能取得一定发展。80 年代以来,随着我国大规模经济建设的发展,特别是地下管线数量的增加,大大促进了地下管线探查技术的研究发展。中国地质大学、上海微波技术研究所等高校和科研单位就地下管线探查理论、方法以及仪器设备等方面问题进行了一定的探索和研究。目前对管道材质的探查技术研究外,还利用管道内载体的特性进行管线探查平面定位和定深的研究。

目前地下管线探测行业已经进入后普查时代,前期地下管线探查中出现的疑难、非金属管线探查及超深管线探查技术的不完善,影响了管线普查成果数据的准确性,这对地下管线安全隐患带来一定的影响。将来还将围绕施工场地详查、小区与街巷普查、地下空间普查数据采集及动态更新与应用展开。但目前在地下管线数据采集处理主要是采用纸质外业手工绘制工作草图和数据属性记录表格相结合,然后再进行内业建库处理这一工作流程。这种方式存在问题是工作草图和数据属性记录对应查找困难、且不方便,由外业数据采集转内业数据处理增加了建库等环节,国内缺少对地下管线探查数据采集处理一体化技术研究。

1.4.2 地下管线安全性评估

20 世纪 70 年代,发达国家在第二次世界大战以后兴建的大量油气管道逐步进入老龄阶段,引发了大量事故,美国一些管道公司开始尝试试用经济学中的风险分析技术来评估油气管道的风险性。

目前,国内对地下管线安全性隐患评估尚处于前期实验与摸索阶段,目前没有形成一套完整的理论体系及标准,国内在研究管线安全性和隐患排查规范体系有国家住房城乡建设部发布的《城市工程管线综合规划规范》,国家安全监管总局办公厅印发的《油气输送管道安全隐患分级参考标准》,以及北京市市政市容管理委员会印发的《地下管线风险管理实施细则》,从地下管线规划、隐患分级及风险管理等方面构建地下管线安全性管控的雏形。

1998 年 12 月 7 日由国家建设部发布《城市工程管线综合规划规范》(GB50289−98),自 1999 年 5 月 1 日实施。经过多年的实践,住房城乡建设部在原有的基础上进行了换版,于 2016 年 4 月 15 日发布新的版本,并在 2016 年 12 月 1 日起实施,原国家标准《城市工程管线综合规划规范》(GB50289−98)同时废止。该规范明确目的是为工程管线规划设计和规划管理提供依据。

国家安全监管总局办公厅 2014 年 5 月 23 日印发了《油气输送管道安全隐患分级参考标准》，管道隐患从占压、安全距离不足、交叉穿跨越等方面进行分级。

北京市市政市容管理委员于 2017 年 4 月印发了《地下管线风险管理实施细则》(试行)函，要求地下管线权属企业进行地下管线风险识别与评估，希望建立健全本市地下管线风险管理体系和综合协调机制，提高地下管线综合叠加风险的防范水平，其风险识别和评估要求对地下管线风险"设备设施、场所环境"两个环节进行。

另外，一些地方对管线资源虽然进行了初步普查，但是由于数据的时效性、模糊性，数据模型不完善，易用性不强等多方面的原因，对地下管线隐患评估或效果不理想。

1.4.3　地下管线检测技术

我国石油天然气管道工业自上世纪 70 年代有很大发展，管道安全问题也越来越引起有关部门的重视，逐步进行研究管道的检测技术方法。80 年代以来，开始进行管道检测器的研制开发工作，取得了一些成果，也陆续从国外引进了一些先进的检测设备。尽管如此，和世界先进水平相比还有较大差距，管道检测工作尚属起步阶段。随着城市化建设加大，管道规模越来越多，已检测的管道寥寥无几，只是在管线出了问题时才对问题管线进行检测，没有对全部管道进行定期或不定期检测。

随着测绘地理信息技术及工程物探技术的普及，地下管线的探查、管理应用的需要，我国在新形势下对地下管线安全性检测更加紧迫，管道整体检测不完善，比较缺乏。

1.4.4　地下管线信息管理系统建设

早在 20 世纪 70 年代，美国、加拿大、新加坡等国家就已经将 GIS 系统应用到地下管线建设当中，并取得了良好的收益。2001 年，Ron Booth 提出将 GIS 应用到地下管线的管理当中，从而提高海量地下管线信息的管理效率。2002 年，来自英国的 Si Smith 提出将 GIS 应用到了排水管网的管理当中，同时一些管网相关公司也陆续将 GIS 应用到了公司管线的管理当中，如韩国 KEPCO 电力公司与其他公司合作，利用 ESRI 公司平台建立了输配电管理系统，对近百座火电厂附近的上千万用户进行信息管理。

80 年代以来,地下管线综合信息系统开始在我国出现,系统主要是基于某种 GIS 平台的信息管理系统,分为综合管线管理系统和专业管线管理系统,专业管网管理系统针对用户行业需求的不同,进行不同程度的专题功能开发。Cai K 提出了地下管线信息管理系统设计方案,为地下管线信息管理提供基础。黄来源等利用物联网技术实现地下管线智能管理,并通过在监测目标上预先嵌入传感器,来使管理系统轻松获得有关地下管线自身及运行情况的关键参数,从而解决城市地下管线智能管理体系中的关键技术问题的实现方法。郑丰收等将物联网、三维可视化、大数据分析和组件式开发等技术应用到管理平台建设工作中,提出将"智慧"思想运用到城市地下管线管理工作中。目前国内管线信息系统主要针对现状数据进行管理,很少将规划数据、历史资料纳入分析范围之内。

近年来,国内许多城市进行了一些系统建设和应用尝试,在利用现代技术对地下管线进行探查的基础上,建立了地下管线信息安全管理系统;实现了地下管线审批、数据更新以及地下管线的共享应用。

1.4.5 智慧管网建设及监管

随着国家城镇化的趋势,城市人口越来越多;从而产生的能源、环境污染、资源等问题困扰着城市的发展。如何对这些资源能够感知,进行有效的管理成为亟待解决的问题。

近年来,随着我国各级政府和建设主管部门对地下管线地位和作用认识的逐步加深;地下管线信息化、数字化建设从 20 世纪 90 年代初的原始阶段,历经了起步阶段、平稳发展阶段、快速发展阶段,目前已进入信息共享阶段,据城市规划学会地下管线专业委员会统计,全国 670 个城市,近 40% 的城市已经完成地下管线信息化工作。尤其是东部沿海城市,已经基本完成地下管线信息化工作。应该说经过多年的发展,我国地下管线信息化工作有了明显的进展,也取得了一定的成效。同时,还应该看到近几年各种管线事故层出不穷,仅仅主流媒体报道的较为重大地下管线事故每年就数以千计,通常每天有 5~6 起。由于前期对管网的保护不力,我国的管网的破损比国外发达国家要严重得多。随着城市建设的快速发展,城市地下生命线的运行健康问题将越来越严重。由此可见仅仅开展地下管线数据的数字化、信息化、共享化解决不了城市地下管线运行过程中涉及的城市安全运营、城市防汛防涝、节水节能、居民饮用水安全、排水水污染治理等问题。所以必须在数字化的基础上对管线的运行状态、外部环境进行动态监测、传输,并且能对管线的运行状态进行智能分析预测及现场管线设备进行远程智能控制。"智慧管网"应运而生。"智慧管网"概念衍生于"智慧城市","智慧管网"是在管线数字化的基础上,通过对地下管线及附属设施的感知、物联、智能的智慧化监管,为城市管线管理描绘出一个更辽阔的远景,智慧管网建设也是有效解决城市管网健康安全运行的需要。

② 地下管线空间和属性数据采集

　　城市地下管线是敷设于城市及近郊地面以下,用以传输信息流、能源流、物质流的载体,地下管线分为地下管道和地下电缆两大类。包括给水、排水、燃气、热力和工业等管道类以及电力、通信线缆类。

　　地下管线数据采集涉及地球物理学、工程测量、计算技术及有关的集几种学科于一体的应用技术。地下管线数据采集包括地下管线探查、测量和管线图编绘三方面的工作。地下管线探查、测绘和绘图技术是决定地下管线空间及属性数据准确性的重要因素,先进的技术和方法是解决疑难问题的关键,直接影响着探查成果的质量和工作效率。因此加强各探查关键点控制是保证成果质量的根本,地下管线探查数据采集技术方法就显得具有重要意义。

　　地下管线数据探查是查明地下管线的平面位置、走向、埋深(或高程)、规格、性质、材质等,并编绘地下管线图,以便对地下管线实行动态管理,以实现管理科学化、现代化、信息化,适应现代化城市建设的需要。另外,还应查明每条管线敷设的年代与产权单位、所在道路等属性信息。

　　地下管线探查实行明显点实地调查与隐蔽点仪器探查相结合的方法进行。明显管线点一般是地面上的管线附属设施的几何中心,如窨井井盖中心、管线出入点、电信接线箱、消防栓栓顶等,隐蔽管线点一般是地下管线或地下附属设施在地面上的投影位置,如变径点、变坡点、变深点、变材点、三通点、直线段端点以及曲线段加点等。

　　地下管线数据采集基本程序和内容包括接受任务(委托)、搜集资料、现场踏勘、仪器检验方法试验、编写技术设计书、实地调查、仪器探查、建立测量控制、地下管线点测量与数据处理、地下管线图编绘、编写技术总结报告和成果验收。这是进行地下管线探测工作的基本工序,是加强地下管线探测工作科学化管理和确保产品质量的保证,地下管线数据采集流程见图 2-1。

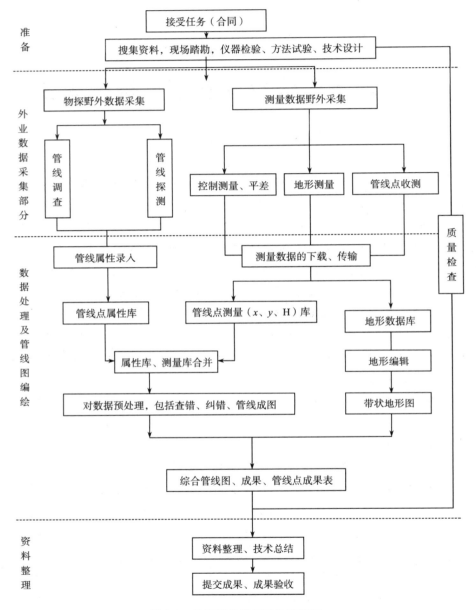

图 2-1　地下管线数据采集流程图

2.1 管线数据采集前准备

2.1.1 资料收集

地下管线数据采集前,全面收集和整理测区范围内已有的测绘资料和地下管线资料,包括:

① 现势性的管线调绘图。

② 各种比例尺的地形图。

③ 各种管线的设计图、施工图、竣工图、栓点图、断面图、电子版专业管线图、竣工测量图、外业探查成果、报批的红线图。

④ 技术说明书和成果表。

⑤ 收集测区内已有的控制点和水准点成果,控制点点之记等测量资料,作为本测区内控制测量的起算依据。

分析所有收集的资料,评价资料的可信度和可利用程度以及精度情况。

2.1.2 现场踏勘

现场踏勘的目的如下。

① 通过踏勘,对收集的资料进一步分析,主要从精度、密度和可靠性、准确性、现势性、统一性、一致性、规范性等方面加以分析,以确定哪些资料可以直接加以利用;哪些资料经过修补完善后可以利用;哪些资料仅供参考使用;哪些资料无利用价值等。对已有资料进行正确的评价、分析、利用,对优化施工方案,加快工程进度、节约资金、避免浪费起着至关重要的作用。

② 通过踏勘,察看测区的地物、地貌、交通和地下管线分布出露情况、地球物理条件及各种可能的干扰因素。

③ 通过踏勘,核查测区内测量控制点的位置及保存状况。

2.1.3 仪器检验、方法试验

仪器检验和方法试验是对拟投入使用的探测仪器进行调试,使其处于良好状态,同时对测区内地球物理特征、各类管线与周围介质的电性差异以及管线自身对电磁波信号接收传播情况进行了解,以此来确定每种管线在探查过程中可使用的方法。

2.1.4 技术设计书编写

（1）**编写原则**

设计依据要充分。技术设计书前，要对测区进行踏勘、广泛收集，认真分析和充分利用已有的测绘成果（控制测量及地形图资料）和管线成果资料，并进行探测仪器一致性对比试验和方法试验，做到有的放矢。同时引用的技术标准依据要充分。

针对性要强。要针对测区实际情况，结合本单位的资源实力（技术人员素质和仪器设备情况等），充分挖掘潜力，选择最佳、最适宜的作业方案。

技术路线有创新。要积极采用适用的、适宜的新技术、新方法、新工艺。工作方法具体可行、技术指标科学合理、目标要求明确。

要以顾客为关注焦点。技术设计方案要以顾客为关注焦点，充分利用现有资料，充分满足用户的需求，重视社会效益和经济效益。

根据工程规模和工作量大小，设计书可繁可简，可长可短。

（2）**基本要求**

设计书内容要明确，文字要简练。标准已有明确规定的，一般不再重复（切忌照抄照搬规程规范）。对作业中容易混淆和忽视的问题，应重点叙述；引用的名词、术语、公式、符号、代号和计量单位等应与有关法规和标准一致。

（3）**主要内容**

设计书的主要内容应包括以下几方面。

① 工程概况；

② 作业依据；

③ 已有资料的分析和利用；

④ 地下管线探查技术方法及技术要求；

⑤ 管线测量技术方法与技术要求，关键技术方法；

⑥ 数据处理与管线图编绘的工作方法及具体要求；

⑦ 作业质量保证体系与具体措施，安全保障体系与具体措施，文明施工，可能存在的问题和对策；

⑧ 施工组织方案（工期、人员、仪器设备、材料计划）；

⑨ 拟提交的成果资料；

⑩ 附图、附表。

2.2　地下管线明显管线点调查

2.2.1　明显点调查内容及技术要求

（1）明显管线点调查内容

明显管线点调查内容见表 2-1。

表 2-1　各种地下管线实地调查项目

管线类别		埋深		断面		根数	材质	构筑物	附属物	载体特征			敷设年月	产权单位
		内底	外顶	管径	宽×高					压力	流向	电压		
给水			△	△			△	△	△				△	△
排水	管道	△		△			△	△	△		△		△	△
	方沟	△			△		△	△	△		△		△	△
燃气			△	△			△	△	△	△			△	△
工业	自流	△		△			△	△	△		△		△	△
	压力		△	△			△	△	△	△			△	△
热力	有沟道	△			△		△	△	△		△		△	△
	无沟道		△	△			△	△	△		△		△	△
电力	管块		△		△	△	△	△	△			△	△	△
	沟道	△			△		△	△	△			△	△	△
	直埋		△	△			△	△	△				△	△
电力	管块		△		△	△	△	△	△				△	△
	沟道	△			△		△	△	△				△	△
	直埋		△	△			△	△	△				△	△

注：表中"△"示应实地调查的项目。

（2）明显管线调查技术要求

1）在明显管线点上应实地量测地下管线的埋深，单位用米表示，误差不得超过±5 cm。

2）地下管线的埋深可分为内底埋深、外顶埋深和外底埋深。量测何种埋深应根据地下管线的性质可按表 2-1 或委托方的要求确定。

3）在明显管线点上，应查明地下管线的各种建、构筑物和附属设施。

2.2.2　明显管线点深度常规量测方法

明显管线点调查主要是针对明显管线点进行，一般而言，地下管线调查的属性内容多，同时要求量测精度较高，按照《城市地下管线探查技术规程》规定，明显管线点的埋深量测中误差不应超过±2.5 cm。常规的明显管线点的调查和量测方法是井上用钢尺直接量测或下井调查属性和量测深度。

（1）直接下井量测

当检修井内无积水时，在做好安全保护措施后便可下井量测。这种方法的量测精度很高，但效率很低，一般不适宜排水管道的普查，只是在解决疑难问题（如其他方法都无法量测）时采用。

（2）利用 L 尺直接量测

在检修井内淤泥较少的情况下，可用 L 尺直接量测。这种方法量测的精度主要因检修井内淤泥的多少而受到影响。当淤泥较多时，L 尺无法接近管道的底部，量测的深度往往偏浅，甚至精度达不到规定的要求。另外检修井的井口直径一般在 70 cm 左右，当检修井的井室宽度规格大于 2 m 时，L 尺很难进行操作。

当检查井被掩埋物、污泥等覆盖，不能直接量测埋深时，应采用打样洞等方法查明管线的埋深。

2.2.3　明显管线点量测系统研发

在地下显管线点调查时，由于管道井等附属物内积水、积沉以及管道常时间承压，使得管道内部结构不稳定，导致直接下井量测在井下作业受空间作业场地限制，无法调查清楚相关的属性，另外井下的有害气体极易造成人员窒息甚至死亡的威胁，利用常规的下井调查和量测方法每年在井下作业中毒窒息事件屡见不鲜。为了解决这些问题，探索研究出一种地下空间智能量测系统的技术方法，并在实际工作中得到了理想的效果。

（1）量测系统的构成

地下管线空间智能量测系统由采集端、处理端、显示端三部分组成，见图

2-2。其具有影像实时传输、无线控制测距、数据 WiFi 互传手机等功能,可以完成平距、斜距、高差等测量。

1)采集端结构组成:由伸缩杆,井口挂件,可旋转云台,外壳,照明灯,摄像头,激光距离传感器,电路模块组成。

2)处理端结构组成:由电压转换模块,无线收发模块,微处理器控制模块,电池组成。

3)显控终端:由外壳,显示屏,无线收发模块,按键控制模块,电压转换模块以及锂电池组成。

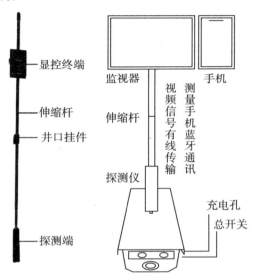

图 2-2　智能量测系统结构图

(2)量测系统工作原理

地下管线空间智能监控量测系统采用 ARM 控制器技术,集成度高,应用性好。结合激光测距技术、OSD 视频同步信息叠加、LED 照明、视频监控技术、无线图传技术等,开发出集激光测距、图像采集、无线图传、远程控制等功能于一体的智能井下量测系统,实现空间量测和信息记录一体化。智能量测系统工作原理见图 2-3。

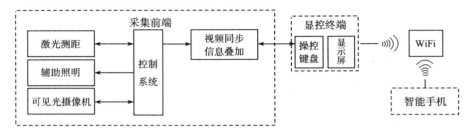

图 2-3　智能量测系统工作原理

（3）**主要技术指标**

主要技术指标参数见表 2-2。

表 2-2　主要的技术指标参数

电池	12 V 充电,内置变压、稳压模块
摄像头	焦距 4 mm
显示屏	7 寸输入电压 12 V
激光测距	1. 测量距离:0.05～70 m 2. 测量精度:±1.5 mm 3. 最小显示单位:1 mm 4. 测量单位:m 5. 激光级别:等级Ⅱ 635 nm,功率<1 mW 6. WiFi 范围:10 m 7. 角度测量范围:±65° 8. 倾角传感器精度:±0.5°

（4）**量测系统关键技术及实现**

系统内置测距模块和陀螺仪模块实现测量距离和角度,采集控制模块在接收到距离和角度信息后进行解算,通过 OSD 信息叠加模块将测量结果信息叠加到视频图像中,方便操作人员同屏实时观看。显示控制端的按键用于人机交互,执行测距、测角、拍照、录像等功能。实现这些功能的具体编码包括:串口初始化、串口发送、串口接收、测距仪模块数据解析、陀螺仪模块数据解析、OSD 叠加信息设置等。

1）工作模式。开机后用伸缩杆把量测仪放入井内,通过显控终端控端,实现测距操作,同时可实时显示图像,实现拍照摄录。通过信息叠加技术,测距信息会在图像上实时显示。测量数据同时可实时反馈到显控终端。

2）信息叠加。视频同步信息叠加就是将图片和文字信息叠加到视频信号中,采用专用的字符叠加 IC 芯片,外挂字库接口和视频信号发生器,外部连接很少的器件就可以实现内同步、外同步汉字、图形的显示。

3）可见光成像。采用定焦成像技术,图像清晰细腻、低照性能好、广角、功耗低、体积小,黑暗环境下配合照明辅助,成像效果佳。

4）激光测距。采用波长 635 nm 红色可见光激光,激光安全等级高,处于人眼安全范围。具备串口通信功能,可实现单次测距、连续测距、状态检测等功能,运行稳定。

5）辅助照明。高品质透镜灯杯发光角度光线均匀,没有明显的明暗界限,不产生"手电筒"效应。采用恒流控制电路,确保工作稳定,照度均匀,满足监控成像的辅助照明要求。

2.2.4 量测系统的应用

(1) 量杆深度的量测方法及应用

由于量杆量测一般不受积水和淤泥的影响,因此在管道深度调查中经常用到。在实际操作中,量杆量测的深度不是垂直距离而是斜距。为了提高精度,需把斜距转换为垂直距离,或减小两者的差距。通常采用如下方法:

1）投影法。在实际工作中,常遇到大口径雨水管线,其检修井的井室都比较大(直径在 2 m 左右)。用量杆直接量测其深度时误差较大,这时可用投影法进行量测。如图 2-4 所示,把量杆一端插到管道内底,量出管道内底到井边的距离即 AB 的长度,再沿量杆量出与 AB 等长度的 BC 段,根据相似三角形的属性特点可推出 C 点到地面的垂直距离 CE 便为管道的内底埋深。

2）水平面量测法。在管线调查中,由于各种原因造成管道内有一定的积水。这时可利用水平面法进行埋深的量测。把量杆一端插到管道内底,AC 为地面沿量杆到水面的距离,AD 为地面到水面的垂直距离,则管线埋深约等于 AD 与 BC 之和。量出 AB 与 AC 段的长度便可求出管道的埋深,如图 2-5 所示。管道积水越少,埋深越大则量测误差越小。

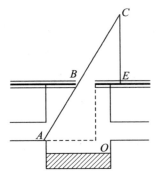

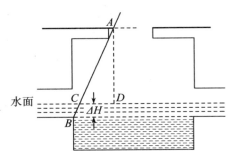

图 2-4 投影法量测示意　　　　**图 2-5 水平面量测法示意**

3）利用检修井井底量测。当检修井内无积水且深度较大时，可利用井底做参照量测埋深，如图 2-6 所示。具体方法如下：用量杆分别量出 AB、AC 及地面到井底的垂直距离 H，则井底到管内底的垂直距离 ΔH 约等于 AB 与 AC 之差，管道的埋深 $h = H - \Delta H$，这种方法的精度受井底平整度的影响较大，一般需要重复检查。在井底较平整且 ΔH 不大于 0.5 m 时，量测误差均在 2 cm 以内，能够满足排水管线调查的要求。

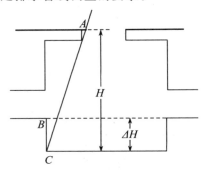

图 2-6 利用检修井井底量法示意

（2）井室尺寸测量工作方法

① 安装仪器。

② 打开探查端和显控终端上的电源开关，自动连接。

③ 将探查端通过伸缩杆放入井下，观察井内情况。

④ 按"测距"键打开测距激光，转动探查端对准井室一侧，再次按"测距"键进行手动测距，显示距离 L_1；转动探查端 180°再次测距，得到距离 L_2，井室长度为距离 $L_1 + L_2$；利用同样的方法获取另一边井室尺寸 $L_3 + L_4$，如图 2-7 所示。

⑤ 记录尺寸数据。

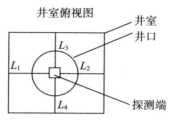

图 2-7　井室量取示意

（3）**管顶高度测量工作方法**

将探查端对准管道上沿，读取伸缩杆上的数值 L_3，打开"测角"按钮，在角度测量模式下进行测距，获取斜距 L_2，高差 h，平距 L_1，管顶深为 $H_1 = L_3 + h$。管顶量取示意图见图 2-8，可用同样方法测量管底深度 H_2。

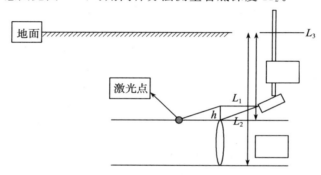

图 2-8　管顶量取示意

（4）**管块管径测量**

1）利用分划线估读宽度。对准井室进行测距，利用宽度刻画线数值获取管径值，如图 2-9 所示，管道或管块尺寸数值为 1.12 m－0.32 m＝0.8 m＝800 mm。

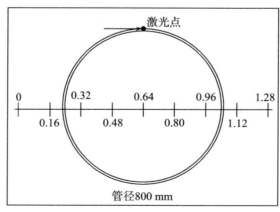

图 2-9　管径测量示意

2）测量管顶深度和管底深度数值相减得出管径 $D = H_2 - H_1$。

2.3 隐蔽管线点探查方法

地下管线探查物探方法由于受管线材质、管线空间位置及周围环境影响,对管线探查带来一定的影响。不同的物性差异决定了不同的探测方法,如何选择适当的物探方法探测各种物理场的分布特征,进而来对目标管线进行精确的平面定位与深度定位。这是隐蔽管线点探查的工作。

地下管线隐蔽管线点的探查精度:平面位置限差 $\delta_t s$:$0.10h$;埋深限差 $\delta_t h$:$0.15h$(式中 h 为地下管线的中心埋深,单位为 cm,当 $h < 100$ cm 时则以 100 cm 代入计算),对于某些特殊工程,探查精度要求可由委托方与承接方商定并以合同形式书面确定。

2.3.1 电磁法

电磁法(电磁感应法)是以管线与周围介质的导电及导磁差异为基础,根据电磁感应原理借助仪器观测电磁场的变化,确定电磁场的空间与时间分布规律,从而达到探查地下金属管线的目的。电磁法可分为频率域和时间域两种方法,前者是利用多种频率的谐变电磁场,后者是利用不同形式的周期性脉冲电磁场,地下管线金属探查中主要以频率域电磁法为主。

(1) 电磁法探查理论

1）电磁场的衰减。用一个频率为几赫到几万赫的人工场源向地下发送电磁波,该电磁波在地层中传播时,随深度增加,场强不断减弱,其衰减规律如式(2-1)所示:

$$E_h = E_0 \cdot e^{-2\pi h/\lambda_1} \qquad (2-1)$$

式中,E_h 为地下深度 h 处的场强;E_0 为地面的场强;λ_1 为电磁波在地层中的波长。

当深度 $h = \dfrac{\lambda_1}{2\pi}$ 时,则 $\dfrac{E_h}{E_0} = \dfrac{1}{e}$,通常将深度 $h = \dfrac{\lambda_1}{2\pi}$ 定义为电磁波有效穿透深度(趋肤深度)。由式(2-1)可知电磁波的穿透深度与 λ_1 有关,在均匀介质中 $\lambda_1 = \sqrt{\dfrac{10^7 \rho_1}{f}}$,$\rho_1$ 为地层电阻率。可见 λ_1 与 ρ_1 成正比,与电磁波的频率 f 成反

比。由此可知：

当 ρ_1 一定（同一介质）时，f 越小，h 就越大，即频率越低，探查深度越大；当 f 固定不变时，ρ_1 越高，h 越大；当 ρ_1 稳定时，可通过改变 f 控制交变电流透入地下的深度 h。

2）水平长直管线探查电磁响应。当在垂直于导线走向的某一剖面距导线某一端（或导线走向变向点）的距离大于导线埋深的 4 倍，即可把该管线端视为无限延伸。

图 2-10(a) 绘出了单一管线上方的各种电磁响应，计算时各参量的含义见图 2-10(b)，表达式如下：

$$H_p = K \cdot \frac{1}{r} \tag{2-2}$$

$$H_x = H_p \cos \alpha = K \cdot \frac{1}{r} \cdot \frac{h}{r} = KI \cdot \frac{h}{x^2 + h^2} \tag{2-3}$$

$$H_z = H_p \sin \alpha = K \cdot \frac{1}{r} \cdot \frac{x}{r} = KI \cdot \frac{x}{x^2 + h^2} \tag{2-4}$$

$$\alpha = \arctan \frac{H_z}{H_x} = \arctan \frac{x}{h} \tag{2-5}$$

接收线圈面法向方向与水平面夹角 α 为 $45°$ 时，接收线圈所测得的交变磁场以 H^{45} 表示，其值为

$$H^{45} = \frac{1}{\sqrt{2}} \cdot KI \cdot \frac{x-h}{x^2 + h^2} \tag{2-6}$$

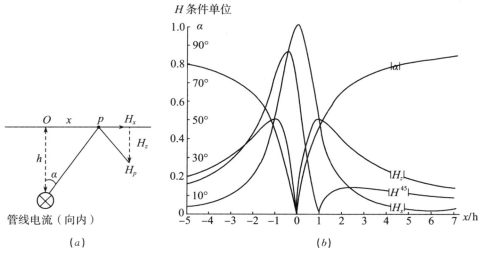

图 2-10　水平长直导线中电流的电磁响应及参量示意图

图 2-12(b)中的 H_x、H_z、H^{45} 曲线都是以 H_x^{max} 进行归一后的曲线,其特点分别为:

H_x 曲线:它是单峰纵轴对称异常。异常幅度最大,该异常峰值正好在管线正上方($x=0$ 处),在该点,H_x 的斜率为零。该异常范围较窄,异常半极值点宽度正好是管线埋深的 2 倍,0.8 倍极值的宽度正好是管线的埋深。

H_z 曲线:H_z 是原点对称曲线。曲线的过零点,或 H_z 振幅绝对值曲线的最小点(哑点)正好与管线在地面上的投影相对应,且斜率最大。在 $\frac{x}{h}=\pm 1$ 处,H_z 取得极值。如果把正负极值作为异常幅度,则它与 H_x 的异常幅度相同。但若只测异常的幅值,则 H_z 的异常幅度仅为 H_x 最大幅度的一半,H_z 两个极值间的宽度等于管线埋深的 2 倍,异常幅度较宽。$|H_z|$ 的异常曲线较复杂,是一个双峰异常。H_z 作为一个完整的异常,其模式一定要满足振幅的变化格式:小—大—小—大—小,即哑点—峰值—哑点—峰值。

α 曲线:α 为原点对称曲线。曲线的过零点正对应管线在地面上的投影。在过零点附近,曲线的斜率最大。$\alpha=\pm 45°$ 间的距离等于管线埋深的 2 倍。

$|H^{45}|$ 曲线:曲线为双峰异常,但一个峰值(极值)大,一个较小。曲线的过零点(哑点)正好与 $\frac{x}{h}=\pm 1$ 相对应,即过零点与 H_z 分量的过零点间的距离正好等于管线的埋深。

经过对上述这些异常曲线的对比研究可以清楚地看出:

在管线的正上方,即 $x=0$ 处:$H_z=0$、$H_x=H_x^{max}$,$\alpha=0°$;

在 $\frac{x}{h}=1$ 处,即 $x=h$ 位置上:$H_z=H_z^{max}=\frac{1}{2}H_x^{max}$,$H_x=\frac{1}{2}H_x^{max}$,$\alpha=45°$

$\left(\frac{H_z}{H_x}=1\right)$,$H^{45}=0$。

分析这些特征点上的特征值,可以得出下述三种可行的探查方案。

方案一:利用 $H_x=H_x^{max}$ 的点确定平面位置,利用对应点的位置,量出它与对应点的距离,便可直接求出埋深。零点附近曲线的斜率大,定位的准确性高,是单一管线探查较为理想的方案。

方案二:利用 $H_x=H_x^{max}$ 的点确定平面位置,利用半极值点间的距离(等于 $2h$)求埋深。这就是所谓的"单峰法""单天线法""水平分量特征值法",一般称为极大值法。从数学的角度讲,这种技术的定位精度是不高的,因为在所在点附近,曲线的变化率最小。水平分量曲线最具吸引力的地方在于它的异常幅度最大和异常形态单一,特别是对决定平面位置和埋深起关键作用的半极值以上的那些异常值,在所能观测到的各类异常特征点中具有最高的信噪比这个特性,因而利用水平分量异常来探查管线可以更准、更深。

方案三:利用 $H_z=0$ 的点确定水平位置,利用 H_z^{max} 点的位置与 $H_z=0$ 的点间的距离(正好等于 h)定埋深。这就是所谓的"垂直分量特征值法",亦称为极小值法,由于极值点附近场强的变化太慢,以致在实际观测中很难精确找出极大值点的位置,所以求埋深的精度不高。如果再遇到干扰大的地段,确定平面位置所需的极小值点又找不准,这种观测方案的实用性就很小了。

以上三种方案都是利用各种异常在水平方向上的变化特征来确定管线的平面位置和埋深的。与 H_z 曲线相比,H_x 曲线的异常更简单、直观,所测数据的精度或可靠性大于 H_z,其异常值也大,容易发现,特别是埋深较大时用极大值法定位要比极小值法更优越。

(2) 电磁法探查管线方法

电磁法包括被动源法和主动源法,被动源法包括工频法、甚低频法等;主动源法包括直接法、感应法、夹钳法及移动信标探查法等。这些方法可用于地下金属管线的精确定位、深度测量和长距离管线的追踪。

1)被动源法。

被动源法是一种无源探查方式,不需要发射机对目标管线施加信号而开展工作,它是利用电力电缆及其他一些能主动向外辐射信号来探查地下管线,有电力(power)和无线电(radio)两种模式,通过管线仪接收机进行信号搜索,当机身面与移动方向成直线,且与通过的管线垂直时,接收机有仪表及声音有响应显示,管线有存在的可能。

被动源又分工频法和甚低频法。通过输电电缆中所载有交变电流所产生的工频信号,或者由金属管线产生的感应电磁场,都可使用工频法进行管线探查。用无线电台所发射的甚低频电信号,在金属管线中感应的电流所产生的电磁场进行的探查方法称为甚低频法,此法在实际工作中应用较少。

被动源法不需要建立人工场源,方法简便,成本低,工作效率高,但分辨率不高,深度精确率较低,用于电缆探查的初探,在地下管线盲探中非常实用。

2)主动源法。

主动源法由一台发射机和一台接收机组成。通过管线仪发射机主动向地下管线上施加一个交变的电流信号,让其在管线周围产生一个交变的磁场,这个磁场可分解为一个水平方向和一个垂直方向的磁场分量,它们的大小都与管线的位置和深度呈一定的比例关系。因此,通过接收机测量管线产生的电磁场的水平分量和垂直分量的大小,就能准确地对地下管线进行定位和测深。

a. 直接法:直接法也叫直连法,主要是针对金属管道探查而言的。直接法分别以单端、双端和远接地单端连接方式,三种方法都需要将探查金属的绝缘层刮干净,以便更好畅通传导信号。为了减小接地电阻,接地距离大于10倍埋设深度的地方,接地电极最好布设在垂直管线走向的方向上。直接法严禁在易燃、易爆管道上使用。

直接法的优点是利用该法接收到的信号强,由此管线探查精度高,易对近距离管线分清识别,但制约条件是金属管线必须有出露点,并且需要良好的接地条件。

b. 感应法:通过管线发射机发射谐变电磁场,使地下管线由于产生感应电流而形成二次场,通过接收机在地面接收二次场,从而对地下管线进行搜查、定位,如图 2-11 所示。根据压制干扰管线的方式不同,有垂直压线法、水平压线法和倾斜压线法。

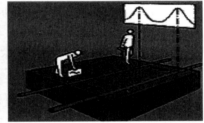

图 2-11　感应法示意

感应法既能探查金属管道,又能探查线缆类。其优点是操作简单,不需要出像直连法与出露点相连;缺点是容易受周围信号干扰,在管线探查时要把握好信噪比,从异常信号中分辨出来。

c. 夹钳法:夹钳法是将管线探查仪的夹钳设备直接夹在管道和线缆管线上,使被夹住的管线产生较强的感应电流,从而产生二次感应场,同样使用接收机接收二次感应信号确定其平面位置和埋深,如图 2-12 所示。夹钳法普遍用于电信、电缆和小口径的管道探查。夹钳法的优点是信号强,精度高;缺点是信号会感应到目标附近的其他管线上,有时会影响到目标的精确定位。

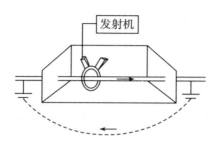

图 2-12 夹钳法示意

（3）电磁法探查管线正演试验

管线探查正演方法试验是地下管线探查质量保证的一项十分关键的工作。采用不同的方法探查地下管线,其效果也不尽相同。为此,在正式开始探查工作前应选择有代表性的地段和不同种类的管线进行各项正演试验,通过试验,来确定最佳收发距离、发射功率、工作频率、激发方式,以确定最佳的探查方法,为地下管线数据采集提供技术依据。

1）地下管线探查精度误差分析。

随着城市的发展建设,地下管线所处环境越来越复杂,管线探查时受到的干扰也越来越严重,从而影响地下管线探查精度,为了消除干扰因素造成的误差,除了对所处的施工环境了解外,需要在有代表性的地段和不同的管线进行物探方法和仪器校验正演试验。

a. 电磁法探查具备条件:探查仪器对相邻管线有较强的分辨能力,对被探查的地下管线能获得明显的异常信号,可以区分管线产生的信号或干扰信号;

有足够多的发射功率和多种发射频率可供选择,能满足探查深度和条件的要求;

仪器性能稳定,操作简便,仪器轻便,重复性好,有良好的显示功能。

b. 影响探查精度的因素:在城市管线探查数据采集过程中常受到的干扰信号包括,天然电磁场和动力电源的电场及磁场的干扰,交通工具形成的脉冲型电磁场和引起振动的干扰,各类通信电路辐射的电磁场,受各类电器负载变化及交通信号控制系统引起的电磁场起伏的干扰。

2）管线正演试验内容和方法。

在正式开始探查工作前,通过正演试验对不同种类的地下管线进行的方法试验,本着均匀、合理、科学的原则进行,以此来确定最佳收发距离、发射功率、工作频率、激发方式。试验选用 RD8000 管线探查仪,选管径为 200 mm

的给水管道做试验。

试验场地应选择在管线无弯曲、变径、变深、分支等特征上，与周围平行的管线距离大于 2 倍埋深、无交叉管线等，且平面位置和埋深已知的情况下进行正演试验。

a. 最小收发距试验：通过扫描确定在受周围环境影响较少的场地进行试验。最小收发距试验采用固定发射位置，沿管线走向方向距发射机距离 1 m 开始，每过一定点距进行数据采集，并做好相应采集点的位置，保证采集的数据准确、可比性好。

由于受信噪比大小的影响，一般情况下，接收机的自动增益在 30 以下使用时难以区分有效信号，因此低于该增益值，使用较少。而增益 70 以上信噪比过大，所以选用了管线探查常用的自动增益为 50 进行试验。

对试验数据进行分析、对比，将不同发射功率下的接受信号衰减图，通过数据分析和衰减图确定最小收发距。

分别选取发射功率 20%，接收机增益 50，频率分别为 8 kHz、33 kHz、65 kHz 和发射功率 50%，接收机增益 50，频率分别为 8 kHz、33 kHz、65 kHz 金属管线探查试验。将采集到的三组数据输入计算机自动绘出一次场随收发距增大衰减图，见图 2-13、图 2-14。

经过对试验数据进行分析、对比，图 2-13 中最小收发距分别为 10 m、10 m、9 m。图 2-14 中最小收发距分别为 13 m、12 m、9 m。

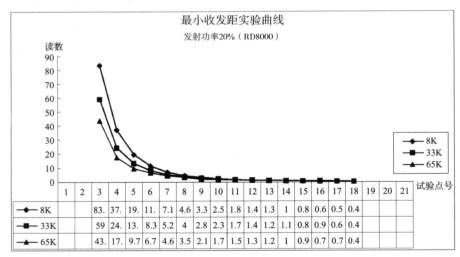

图 2-13　发射功率为 20% 情况下最小收发距曲线

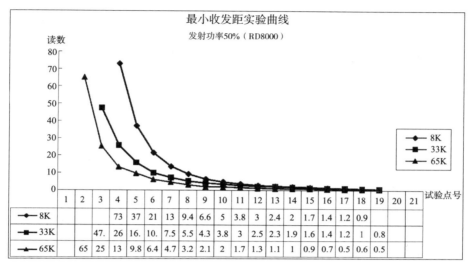

图 2-14　发射功率为 50% 情况下最小收发距曲线

试验点号	1	2	3	4	5	6	7	8	9	10	11	12	13	14	15	16	17	18	19	20	21
◆8K			73	37	21	13	9.4	6.6	5	3.8	3	2.4	2	1.7	1.4	1.2	0.9				
■33K			47.	26	16.	10.	7.5	5.5	4.3	3.8	3	2.5	2.3	1.9	1.6	1.4	1.2	1	0.8		
▲65K		65	25	13	9.8	6.4	4.7	3.2	2.1	2	1.7	1.3	1.1	1	0.9	0.7	0.5	0.6	0.5		

　　b. 最佳收发距试验：在最小收发距确定的基础上，进行最佳收发距试验，采用不同的发射频率对管线施加不同的激发信号，沿管线的走向不同距离进行剖面探测（观测接收机的读数），根据观测结果绘制最佳收发距曲线图，依据背景值低、以管线异常幅度最大、宽度最窄的剖面至发射机之间的距离确定为最佳收发距。

　　同样按发射机功率为 20%、50% 依次进行最佳收发距试验，根据观测结果绘制最佳收发距试验区曲线图，如图 2-15 和图 2-16 所示。从图 2-15 和图 2-16 对比曲线图看出，无论采取不同的功率其最佳收发距都应在 10～15 m。

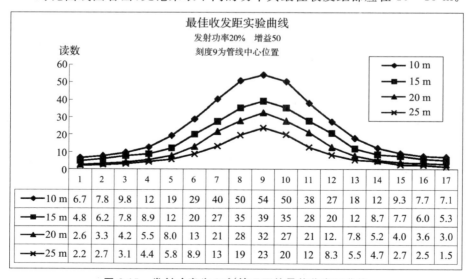

	1	2	3	4	5	6	7	8	9	10	11	12	13	14	15	16	17
◆10 m	6.7	7.8	9.8	12	19	29	40	50	54	50	38	27	18	12	9.3	7.7	7.1
■15 m	4.8	6.2	7.8	8.9	12	20	27	35	39	35	28	20	12	8.7	7.7	6.0	5.3
▲20 m	2.6	3.3	4.2	5.5	8.0	13	21	28	32	27	21	12.	7.8	5.2	4.0	3.6	3.0
✕25 m	2.2	2.7	3.1	4.4	5.8	8.9	13	19	23	20	12	8.3	5.5	4.7	2.7	2.5	1.5

图 2-15　发射功率为 20% 情况下的最佳收发距曲线

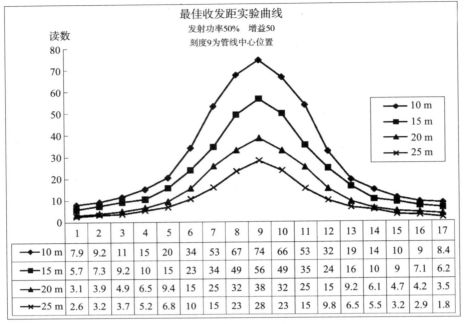

图 2-16 发射功率为 50％情况下的最佳收发距曲线

c. 最佳发射频率的测定：在确定最佳收发距后,固定发射机在最佳发射距的位置,依次改变发射机的频率、功率,记录下接收机的读数,通过比较接收机的读数和灵敏度,以异常明显,深度、平面位置较接近实际值确认为最佳发射频率、功率。

通过试验发现,不同的工作频率对管线探查的平面定位影响不大,但对测深有着一定的影响。因试验区内管线(给水、燃气气、电信)埋深在 1.0～2.5 m,地下介质导电性较好,RD8000 型管线仪利用 33 kHz、8 kHz、65 kHz进行激发时,可获取更为稳定的信号,追踪距离远,探查的结果精度高。发射频率的选择应根据管线的埋深、材质、激发方式、工作频率、接收距离、周围介质条件等实际情况来确定,但一般应选择在 50％为宜。

2.3.2 电磁波法

早在 20 世纪初人们提出了探地雷达的概念,它是一种运用电磁波传播理论来进行勘探的物探方法。1904 年,德国的 Hulsmeyer(胡尔斯迈尔)首次采用电磁波探测地下的金属物体；1910 年 Leimbach(莱姆巴赫)和 Lowy(洛伊)在德国首次获得关于利用电磁波对埋藏物体进行定位的专利；1926 年 Hulsenbech

第一次使用脉冲技术探测埋藏介质的结构。20 世纪 70 年代,人们开始展开对频域探地雷达的研究,然而,由于地下介质对电磁波的吸收比空气强得多,且地下介质的分布千变万化,致使电磁波在地下的传播特性比在空气中要复杂得多。因此,在较长的时间内,探地雷达技术的应用受到了制约。

近年来,探地雷达在其他技术的支持下发展较快,由于其是一种无损探测技术,使用方便,工作效率高,受场地限制少,因此应用范围迅速拓宽,包括水文地质调查、矿产资源勘查、工程检测等方面正在开展试验与应用。

电磁波法是利用超高频电磁波探查地下介质分布的一种地球物理探查方法,主要利用介质的介电性、导电性、导磁性差异进行探查。可以探查地下的金属和非金属目标。电磁波法常应用在地下管线探查设备是地质雷达法。

（1）**工作原理**

电磁波法是通过发射天线将高频的电磁波以宽带短脉冲形式送入地下,被地下介质反射或折射,然后由接收天线接收,使用相应资料处理软件对数据文件进行预处理、增益调整、滤波等方法进行处理、成图,以此确定地下管道的平面位置及埋深如图 2-17 所示。

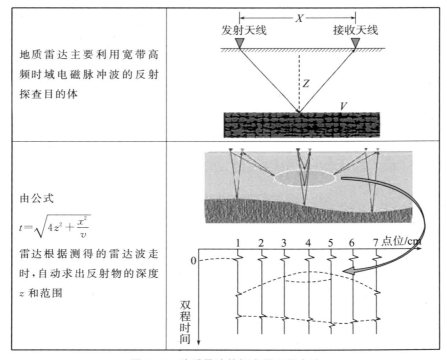

地质雷达主要利用宽带高频时域电磁脉冲波的反射探查目的体	
由公式 $t=\sqrt{4z^2+\dfrac{x^2}{v}}$ 雷达根据测得的雷达波走时,自动求出反射物的深度 z 和范围	

图 2-17　地质雷达的探查原理及方法

（2）仪器设备组成

目前各类探地雷达均可用于地下管线的探查，常用的有瑞典 RAMAC 系列、英国雷迪系列、加拿 EKKO 系列、美国 SIR 系列等，地质雷达系统主要由控制单元、发射机、接收机及其他辅助元件构成，如图 2-18 所示。

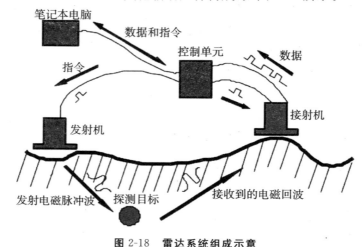

图 2-18　雷达系统组成示意

（3）探地雷达探查步骤和方法

1）资料的收集与现场踏勘。通过资料的收集、现场踏勘主要是初步确定探地雷达完成管线探查的可行性并为后期开展工作提供参考资料，主要包括目标体与周围介质的物性差异，目标体的规模、深度、周围环境等。

2）工作参数的选择。系统工作参数选择合适与否直接关系到雷达原始资料的质量，工作参数主要包括中心工作频率、天线间距、测点点距、采样间距、采样间隔、采样时窗和天线布设方式等。雷达探查各工作参数选择要注意以下几方面的问题。

a. 中心工作频率的选择需考虑目标体深度、目标体最小规模及介质的电性特征。

b. 天线间距选择是由于常用的偶极分离天线具有方向增益，随着天线间距的增大，雷达水平分辨率将会大大下降，因此，在实际工作中要兼顾探查深度、水平分辨率和工作效率。

c. 测点点距选择应遵循尼奎斯特采样定律。如果测点点距大于尼奎斯特采样间隔，地下介质的倾斜变化就难以确定。

d. 采样间隔应满足尼奎斯特采样定律，即采样频率应达到记录中反射波最高频率的 2 倍。

　　e. 介质电磁波速是做好图像时深转换的条件,常用的地层电磁波速确定由已知深度的目标体正演确定。

　　f. 采样时窗选择取决最大探查深度和地下介质的电磁波波速。

　　g. 天线布设方式按照垂直目标体走向的原则布设。

　　3)剖面探查。剖面探查要注意雷达剖面走向应基本垂直于目标管线走向布设,当管线走向不清时,可采用方格测网。在观测过程中,应保持天线与地面良好接触,现场必须有足够的定位标志点(参照物),以便观测剖面布设和将来成果使用。

　　4)资料整理及图像分析。雷达资料整理的最终目的是将原始观测记录转换成对探查目标具有尽可能高分辨率和清晰度的雷达探查剖面图像,包括原始资料的预处理和数字处理两个方面。预处理将现场各原始记录整理成完整的剖面记录,主要有:零点调整、干扰段切除、记录拼接等。数字处理主要是压制数据资料中随机的和规则的干扰,以最大可能的分辨率和清晰度在雷达剖面图像上显示目标体反射波。

　　图像分析把地下介质的电性分布转化为地质解释。通过识别管线目标反射波解释管线的位置及埋深。

　　(4) 地质雷达探查管线适用性和局限性

　　地质雷达探查是一种高效、快速的浅层地质勘探方法,具有非破坏性探查特点,是目前 PVC、PE、混凝土等非金属管线探查的首选工具。地质雷达探查效果与周围地质条件密切相关,完全取决于两个因素:土壤介质对电磁波的耗散性(吸收性)、管线与周围介质的电磁特性反差(反射性)。介质对电磁波吸收性越小、管线与周围介质的电磁特性反差越大,探查效果越明显,探查精度越高;反之则探查效果越差,甚至完全不适用。这就造成探查结果不直观,数据处理相对较复杂,对操作人员的技能、经验要求较高的后果。另外由于探查雷达的天线频率不能灵活的设置,探查深度与分辨率相互制约的影响,对探查效果及效率带来一定的影响。

2.3.3　浅层地震法

(1) 基本原理

　　浅层地震是以地层的波阻抗($Z=\rho \cdot \upsilon$;ρ 为岩层的密度,υ 为岩层的波速)

差异为依据,通过研究地下不同波阻抗地层的地震波场变化规律,提供工作区有关地下地质构造、地层、目标物等信息。在地表人工激发的地震波向下传播,当遇到波阻抗差异明显的弹性介质界面时,就会发生反射、折射、绕射和透射,通过高精度地震仪可记录下这些地震波。由于地质构造、地层岩性、目标物的波阻抗不同,而接收到的地震波与不同地层的波阻抗有关,因此仪器接收到的地震波包含各种相应的地质构造、地层及其他目标体的信息。利用软件系统对地震波信号进行叠加降噪、褶积、频谱分析、NMO校正、CDP叠加、图像合成等数据处理,可得到地下断面二维图像。分析研究地震波中诸如时间、速度、能量、相位、频率等特征,结合地质资料对图像判读解译,就可以推断目标物的规模、产状、分布规律等地质现象,从而达到勘测目的。

浅层地震反射波法在层状和似层状介质条件下应用,可得到较好效果。反射波法一般不受地层速度逆转的限制,但被探测地层与上覆地层应有一定的波阻抗差异,并有一定厚度,对沉积地层层序划分、探测断层等地质构造的效果较好。纵波反射法探测深度较大,激发方式多样,是常用方法之一;横波反射法用于探测浅部松散含水地层效果较好且分辨率较高,其分层能力一般为1/4有效波波长。随着方法技术的进步,反射波法探测薄层和小断层的能力不断提高。

(2) 工作方法和步骤

1) 探测系统检查。出工前后都应对地震仪器进行检查:包括电池充电状况、检波器主频是否为100 Hz、交叉站及采集站完好情况等。

将数据采集主机与电脑、交叉站、采集站连接,打开主机,启动采集程序,查看电脑采集软件能否识别交叉站,大线能否接收外界干扰信号,各电池电压稳定情况等。

系统一致性检查,设备进场后,应对采集站、大线、检波器进行一致性试验,确认是否处于正常状态:试验时若检波器较多,应集中插放检波器、震源远离接收点,在接收时间剖面选择初至一致的接收线和检波器。

2) 仪器参数选择。仪器参数的选择根据不同的仪器厂家和型号略有不同。但基本参数主要有:观测系统和采样参数,各项参数选择宜结合方法试验进行,根据方法有效性试验,选择适宜的参数。方法试验宜选择干扰因素少的已知点进行。

① 观测系统的选择:采用简单连续观测系统,共深度点多次覆盖观测系统或等偏移距观测系统。应根据地质任务、地震地质条件和经济高效的原则

加以合理选择。

震源激发:测试深度相对较浅,一般情况下锤击震源的测量深度为 0～50 m,最深不过 60 m;可控震源根据能量大小而定,一般不超过 1000 m。当测试深度加大时,震源信号就必须具有能量足够大的信号。

接收排列:一般采用线性等道间距排列方式,震源在检波器排列以外延长线或中心点上激发;道间距应根据探测深度和目标体大小综合考虑;检波器排列长度应大于预估深度的 1 倍;偏移距的大小需根据任务要求通过现场确定。

② 采样参数的选择:不同型号的仪器,需要选择的采样参数和参数表达方式会存在不同,应根据不同仪器说明书,结合项目实际选择。

a. 时窗选择,与探测深度有关,探测深度越深,所需时窗越长,反之越短,时窗应在可采集到有效信号的前提下增大,一般取最大探测深度和预测最小速度比值的 2 倍。

b. 采样间隔,一般选取 0.125～0.5 ms。

c. 叠加次数,根据现场试验而定,选取发射区能量增大、干扰减弱的叠加次数,不应盲目增加次数。

d. 增益调节,一般选取道内均衡、道间均衡,AGC 增益,具体根据实际时间剖面而定。

e. 滤波,一般选择全通。

f. 道间距及炮间距,一般为倍数关系,道间距实质上就是对地震波空间的采样间隔。因此,它的选择主要考虑不出现空间假频干扰。因为道间距过大,形成空间假频干扰。

3) 现场数据采集。

① 生产性试验:现场正式工作前,应进行试验工作。在地质地形条件复杂的工区,试验工作应充分,试验工作量宜控制在预计工作量的 5%。试验工作应包括下列主要内容:

a. 仪器设备系统的频响与幅度的一致性检查,应符合下列要求:仪器各道的一致性检查:将仪器输入端各道并联后接入信号源,采集与工作记录参数相同的记录并存储,利用软件分析频响与幅度的一致性;

检波器的一致性检查:选择介质均匀的地点,将检波器密集地安插牢固,在大于 20 m 外激振,采集浅层地震法记录并存储,利用软件分析频响与幅度的一致性;

仪器通道和检波器的频响与幅度特性,在测深需要的频率范围内应符合一致性要求。

b. 采集试验工作应符合下列要求:干扰波调查,在工区选择有代表性的地段进行干扰波调查,干扰波调查应通过展开排列采集的方式进行。根据反射波在时空域传播的特征,确定偏移距离、排列长度和采集记录长度,一般展开排列长度应大于勘察深度的 3 倍;

检波器频率的选择应根据勘察深度及探测精度要求,尽量选取频率较大的检波器,增加分辨率;

对现场实验记录进行频谱分析,在频带宽度满足勘探深度和精度的前提下确定最佳激振方式。

c. 通过以上试验工作,确定满足勘查目的和精度要求的采集方案、采集参数和激振方式。

d. 在具有钻孔资料的场地宜在钻孔旁布置试验点,取得对比资料。

② 现场采集流程及注意事项如下。

施工前完成仪器的各项调试工作,并对本次所有参加工作的仪器、设备进行一致性测试。

生产前首先进行试验工作,根据试验情况进行工作参数的设置,确保施工方法合理,各种采集参数最佳。试验工作有干扰波调查、激发条件选择、接收条件选择、仪器参数选择等。

生产前对职工加强质量教育,组织有关人员学习规范和设计,并进行技术培训和演练。项目技术人员必须深入施工现场,指导生产,贯彻设计要求,进行质量监督,保证原始记录的质量。

一般不允许空炮、空道。相对较大的障碍物,必须对炮点和检波点做重大改动时,对障碍物精确测量,确定地面可能的激发点和接收点的位置,然后在计算机上设计观测系统,移动后的点位均在现场标在施工图及班报上注记清楚。

测量成果保证精度,并且及时送交项目组,经展点无误,精度符合要求后施工。

检波器埋置插直、插实,减少风吹草动等高频干扰,同一道内的检波器埋置在同一高程上。

避开或降低高频噪声,如遇大风决不施工。

充分利用地震现场处理系统的监控优势,发现质量变差时,要及时查找原因并采取措施,加以改善,对废炮及时补炮,以确保原始记录质量。

设立专人原始数据和监视记录整理工作,对每天的炮点和检波点位置展在平面图上。做好磁盘、仪器班报、观测系统等野外基础资料的检查验收工作,为资料处理提供齐全准确的原始资料和图件。

4)资料解释。

① 数据处理:根据地震资料处理经验,处理中将始终以高信噪比、高分辨率、高保真度为中心,以动校正、反褶积为重点,分试处理、批处理、改善处理三步进行。处理中的关键技术如下。

a. 地表一致性补偿:由于浅、表层条件的影响,激发、接收条件的变化较大,造成了接收道之间、记录之间的振幅和频率存在较大差异。因此,叠前必须进行地表一致性振幅补偿处理。

b. 静校正:结合以往地震勘探工作的经验,静校正的具体实现方法为:利用钻孔资料,首先用浅表层速度将地震测线上各对应点的地表高程校正到近地表的平滑浮动基准面上,再将其从浮动基准面校正到统一基准面。

c. 真振幅恢复:由于测区浅、表层地质复杂多变,使原始单炮记录无论在纵向上还是在横向上振幅能量差异较大,为了消除这种振幅上的差异,必须进行真振幅恢复。一般处理时采用球面补偿和地表一致性补偿两种技术对原始单炮进行叠前振幅补偿。

d. 速度分析:叠加速度自动分析主要依靠于叠加效果,而叠加效果与剩余静校正又有很大的关系,所以剩余校正与速度分析间应多次反复,使速度分析结果趋于真实和收敛。

e. 偏移:根据测区地层倾角大小,在解释前必须进行偏移处理。偏移处理是把地震数据转变成地质成像的关键步骤。

② 资料解释:资料解释是地震勘探工作中的一个重要阶段,其关键在于如何把所采集到的高质量、高分辨率地震数据中所蕴藏的管线信息更多、更准确地提取出来,正确地利用各种物性参数与地震时间剖面进行综合分析,做出正确的地质解释。解释中最重要的环节是依靠钻探数据标定地震层位,层位标定的正确不仅关系到正确解释地质构造,而且关系到对管线的描述以及提高解释管线性质的精度,从而实现精确的地震地质解释。

a. 层位标定:对时间剖面进行详细认真的解释,确定有效波与主要地质层位之间的对应关系。对比工作应仔细分析,反复检查,并充分利用各种处理剖面进行综合分析研究,以增加对比的可靠程度。

如果缺少相关的地层及基岩资料,主要采用地震速度分析提取地层波速来标定相关地震层位,根据以往的处理经验,平均速度与均方根速度计算的层位数据均与实际地层有一定的偏差。

b. 反射波的对比:经过对时间剖面分析,明确反射波的地质意义后,在此基础上将能量较强,可在测区连续追踪且地质意义明确的波作为对比解释的标准波,波的对比以强相位对比为主,以波组特征和整道对比为辅,同时结合有效波的波形特征、能量特征、波组特征等。

c. 目标体的解释:解释主要在地震时间剖面上进行。时间剖面上反射波同相轴产生错断、产状突变、零乱,出现异常驻波、绕射波、回转波以及反射波强相位转换等,都是目标体的反映。

d. 图件制作:图件的制作以采用计算机自动计算、成图为主,人工干预、调整为辅的方法完成。成图所需各项数据均由软件自动读取或计算而获得。

2.3.4 高密度电法

（1）**基本原理**

高密度电法是一种适用于浅层电阻率测深剖面法的陈列电阻率勘探方法。野外测量时先将全部电极置于测点上,然后通过程控电极转换器和电测仪进行数据采集。因为电极是一次布置完成的,数据采集是程序控制自动进行的,其工作效率很高,而且可以避免手工操作容易出现的错误。一次布置完电极后,可以进行多种电极装置的测量,从而获得丰富的地电断面信息。其解释成果也有较高的准确性,因此,高密度电法得到了广泛的应用。

高密度电法是以岩土体导电性差异为基础的一类阵列勘探方法,研究在人工施加电场的作用下地层中的传导电流以达到解决各类地质问题的目的。当地下介质间电阻率存在较大差异时,人工施加电场作用下的传导电流的分布会因电阻率的高低而分布有疏有密,传导电流的分布与地下介质（岩石、空气、黏土等）的性质、大小、埋深等赋存状态各因素有着密切的关系。因此从探测到的传导电流的分布规律可以分析地下岩土体等电阻率在不同区域间的变化,从而可以反演推断地下的地质情况,尤其是断层构造、地下溶洞、断层、采空区等不良地质体的发育情况。

（2）**工作方法**

高密度电法是利用电极阵列排列方式观测人工建立的地下稳定电流场分布规律,实现目标体探测的一种电阻率法。该方法具有数据量丰富、成本低、受场地干扰小、工作效率高等优点,广泛应用于包括地下溶洞、采空区、堤坝裂缝等工程地质和水文地质勘察中。

高密度电法探测以围岩和含水地质构造的电性参数差异为物理基础,根据施加电场作用下围岩传导电流的分布规律,推断探测区域电阻率的分布情况和地质情况。通过在探测区域内布置一定数量的电极,按照一定的序列,自动供入直流电(A、B 电极),测量两个电极(M、N 电极)之间的电势差,从而计算出视电阻率剖面。通过对视电阻率剖面进行反演计算,得到探测区域地层电阻率剖面,对金属管道表现为低阻,对非金属管道表现为高阻,从而达到地下管线探查的目的。

高密度电法对于金属和非金属管道探测的结果如图 2-19 所示,金属管线为低阻异常体,管线周边围岩为高阻体,因此探测结果如图 2-19(a)异常区域所示,呈现低阻异常。非金属管线为高阻异常体,管线周边围岩为背景场,因此探测结果如图 2-19(b)异常区域所示,排水暗渠呈现高阻异常。上述情况均属于理想情况,当金属管线地层电阻率较低和非金属管线地层电阻率较高时均无法有效识别管线位置和形态。

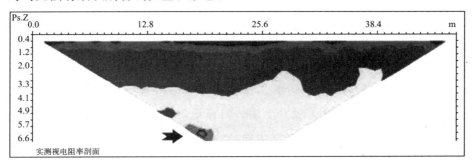

(a) 金属管道

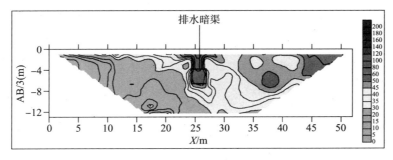

(b) 非金属管道

图 2-19 高密度电法探测结果

2.3.5　管道内介质法

（1）工作原理

利用不同物质,拥有不同的共振频率这一物理特性,当需要探查某种物质时,使用发射机向地下发射某种物质特定频率(该频率通过实验室研究获取)的电磁波,使地下某种物质产生共振;当探查人员手持天线走近目标体时天线会发生偏转,通过天线偏转位置来确定地下物质位置和埋深等,从而达到探查地下目标体的目的。

（2）性能特点

利用不同物质拥有自己特定共振频率这一特性,对金属、非金属固态(PE、PVC、PPR、光纤、玻璃钢等)及液态(石油、柴油、汽油、水等)和气态(燃气、空洞等)物质均可遥感定位、测深;不需连接管线,不受材质、管径、长短、埋深限制。利用管道介质法探查对非金属小管径地下管线探查有很大的帮助,它克服了其他探查方法的局限。

（3）定位和测深

目前管道内介质探查法仪器也由发射主机和接受天线组成。在发射主机上设置好探查管线的特定频率以后,将主机背在胸前手持天线垂直或交叉走向目标管线,当第一次天线发生偏转时标记好天线手柄正下方位置,继续往前走天线会分开并会第二次发生偏转,标记好天线手柄正下方位置,继续前行天线会分开;反方向往回走重复刚才操作,天线会发生两次偏转,并且两个方向第一次偏转在近似同一个位置,这个位置就是目标管线位置,两侧第二次偏转位置和管线位置间距就是两个方向的埋深,如果地面水平且操作熟练,这两个埋深数值近似一样,如果地面在斜坡上两侧埋深会有偏差。

2.3.6　高精度磁测法

磁法勘探是利用地壳内各种岩、矿石间的磁性差异所引起的磁场变化(磁异常)来寻找矿产资源和查明地下地质构造的一种物探方法。过去磁法勘探多用来研究大地构造和寻找磁性矿体,近年来磁法勘探在水、工、环方面的应用越来越广泛。比如在探测地下热源、含水破碎带、地下管道、地下电缆等方面均取得了良好的效果。

磁测总精度在±5 nT 的磁测工作,统称为高精度磁测。

在磁法勘探中,实测磁场总是由正常磁场和磁异常两部分组成。其中正常磁场又由地磁场的偶极子场和非偶极子场(大陆磁场)组成。而磁异常则是地下岩、矿体或地质构造受地磁场磁化后,在其周围空间形成并叠加在地磁场上的次生磁场。其中,含分布范围较大的深部磁性岩层或构造引起的部分,称为区域异常;而由分布范围较小的浅部岩、矿体或地质构造引起的部分,称为局部异常。

如实测磁场为 T,正常磁场为 T_0,则磁异常 T_a 可表示为

$$T_a = T - T_0$$

在航空磁测中,大多测量地磁场总强度 T 和正常场强度 T_0 的模数差 $\triangle T$,即

$$\triangle T = |T| - |T_0|$$

在地面磁测中,主要测量磁场的垂直分量变化值 Z_a,称为垂直磁异常。即

$$Z_a = Z - Z_0$$

式中,Z 为实测垂直磁场强度;Z_0 为正常垂直磁场强度。

磁法勘探还可用于研究深部地质构造,估算居里点深度以研究地热和进行地震蕴震层分析及地震预报的研究;还可应用于考古、寻找地下金属管道等工作。

如图 2-20 所示,对于大埋深管线,将导线穿过管线,采用电磁法的充电法、单端连接、水平双线圈进行探测。接收探头能够明显接收到管道中辐射出的电磁波信号,利用电磁场峰值信号对管道位置进行定位。电磁感应法能够对金属管线、通讯类预埋管块、非金属管道进行有效探查。对于非开挖信息管线,采用磁法探测,将磁棒导入非开挖非金属信息管道,在管道上部地面进行磁场强度测试,通过磁场异常部位推断管道位置。井中梯度法也能够有效探查大埋深管线。

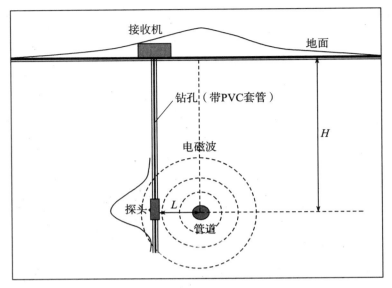

图 2-20　电磁感应磁测法

2.3.7　声波法

（1）方法原理

利用声波脉冲原理将声音沿管道及其内部液体的传播，根据其特性来探查管道的位置。它是由声音信号振荡器和拾音器组成，通过振荡器给管道施加一个特定频率的信号，利用拾音器在远端路面采集由管道传过来的声波，从而达到对管道定位的目的。

（2）适用性

可探查所有类型管线的位置、走向和弯曲；声波信号不会受磁场信号的影响，接收机内置滤波器，可滤除来自车辆或行人的噪声；可采用自动或手动两种方式在接收机一端通过遥控器调节声波的发射频率，使之达到管线的最佳共振频率；可以寻测非金属管线，如石棉管或 PVC 管，还可寻测金属管线，包括带有绝缘连接头的金属管，对于小口径管道的探查最佳。

（3）局限性

脉冲定位法只适用于内部流体为液态且有压力的管道，只能对管道进行平面定位，不能测定埋深；由于声波的衰减特性对大口径管道探查效果一般，因此埋设太深的管道探查难度较大。

（4）仪器设备

目前,日本富士 NPL-100 非金属管线仪应用较多。

2.4 一般条件下管线探查

2.4.1 不同类型管线探查

（1）给水管道探查

给水管道探查一般分为金属给水管道探查和非金属给水管道探查。

金属给水管道探查可以采用直接法和感应法进行探查。定位方法采用水平分量垂向差值最大值法。

非金属给水管道探查可以采用后面提到的非金属管线探查方法,或者利用钎探、开挖方法直接取定管线位置和深度。

（2）通讯类管线探查

通讯管线探查方法主要是夹钳法,有时在没有上杆或通讯井的情况下采用感应法,定位方法采用直度法或衰减法。

（3）电力管线探查

电力管线探查一般可采用被动源中工频法和主动源的夹钳法、感应法来进行探查。

（4）燃气管线探查

燃气管线管径一般情况都不大,其材质分为金属和非金属两种。

对于金属材质的燃气管线,一般用感应法探查,管径较细的管线,还可采用夹钳法探查。其探查方法同上面所述。为了安全考虑,燃气管线一般不用直接法。对于非金属燃气管线的探查按照后面提到的疑难管线进行处理。

（5）排水管道探查

排水管道由于大部分检修井较多,可以进行实地调查,其调查的方式就是利用"L"尺直接量测,采用直接读出其管径、埋深等数据,也可以用地下空间智能量测系统进行调查。

对于不能查明的排水管道或管沟,可以采用地质雷达、声波脉冲法等非金属探查手段进行协助探查。

(6) 热力管道探查

热力管线一般宜采用感应法来探查,具体操作同给水管线探查方法类似。

(7) 工业管线探查

对于金属工业管线一般采用感应法,对于非金属管线一般采用地质雷达或管道内介质探查法进行探查。

2.4.2 管线特征点探查

地下管线的特征点包括拐点、分支点、三通点、变深点、堵头、截止点等。

地下管线探测是在管线的特征点上能量衰减变化加大,根据信号衰减的程度和方向可确定特征点的性质和管线的埋深。

(1) 拐点的探查

拐点亦为管线的折转点,当用接收机沿管线追踪时,在拐点处接收机沿接收的信号急剧下降,这时重新回到信号的下降处,调整接收灵敏度以该点为圆心,做圆形搜索,便可发现管线走向,确定拐点的位置。

(2) 分支点的探查

沿管线追踪,由于支点处各分支具有分流作用,信号也会急剧下降,具有测量电流的仪器可测出其电流值的变化,然后以分支点为圆心,做圆形搜索,便可发现各分支的走向,确定分支点的位置。

(3) 多通点的探查

在追踪管线时若遇到三通、四通,探查信号会有明显的衰减,此时可提高接收机增益,退回几米,做环行探查,就可找到三通、四通的位置。

(4) 变深点的探查

多数情况下管线埋深变化不大,追踪管线时,信号变化平稳,当接收机信号有明显的增高或下降时,管线可能变浅或变深,离开该点适当距离,在两点测深,深度不一,说明管线在此变深,当两点深度一致时,说明管线在此电连接性不好,导致信号下降较快。

(5) 截止点的探查

追踪管线时,信号完全消失,这时在信号消失处做圆形搜索,若只有一个方向上有信号反应,说明管线在此截止。

2.4.3　地下管线接边措施

地下管线探查接边是地下管线普查项目中重要的一个工序,它的好坏直接影响到管线数据的最终成果。由于数据采集和图形数字化过程存在各种误差,致使两个相邻图幅的原本相连的基础地理信息图形或管线图在图幅结合处可能出现逻辑裂隙和几何裂隙,造成图形信息的分析和处理的误差。为减少或消除这种错误,依据有关操作规程对两侧原本相连的图形做精确的衔接,使其在逻辑上和几何上融成连续一致的数据体的过程称为图幅无缝拼接。通过接边一方面检查验证不同作业组的管线探测精度和属性调查准确度,另一方面预防错、漏管线探测。

管线接边采取的措施有周边之间探查接边、探查及测量外业接边、图形和数据库接边及其他接边措施。完成接边工作后,需要重新检查数据库数据属性以及接边图形的正确性,以保证工程质量。

(1) **周边之间探查接边**

由于地下管线普查为多个测区同时施工,可能是多家施工单位探查,在同一家单位也可能是多个作业组进行,为了保证管线成果的系统性和完整性,不出现断续或同一管段属性的不一致性现象,在项目实施结束之后,要对数据和图形进行接边处理,这是地下管线普查过程中比较重要的一个环节。它一方面要求探查施工的多家单位进行数据比较与校正,另一方面也是为了保证整个测区管线不会出现重复现象。

探查成果接边不仅仅是平面位置的简单连接,还包括各种管线的属性的一致性。在实际施工中原则从北到南、从西到东快捷的处理,如果不一致,接边方应到实地核查,直到正确为止。

(2) **探查及测量外业接边**

在接图区域内的探查作业组在进行探查过程中,如果有管线通往相邻测区,应探查到相邻测区中去,即应在相邻测区探定一个管线点,此点与本测区最后一个点统称为接边点,管线点编号应加上识别号,以方便探查的确定接边点。例如,测区内一般管线点号为 JS12345,测区接边点号为 00JS56789。

双方探查作业组探查到的接边点数据,在探查外业结束后,相互交换各自探查的数据,并且进行比较,如果超出限差,则需要各自进行第二次探查,并确认更正。如果是在限差范围内,则取其平均数据为接边点数据,双方各自入库。

测量外业接边原则同探查一样,取得最后管线点测量坐标进行比较,如果是在限差范围内,则取其平均数据做为最终成果;如果超出限差,则需要各自进行第二次测量,进行确认更正。

（3）**图形及数据库接边**

地下管线数据主要是点和线的数据形式,只要保证了点的属性正确性,点与点之间线段的唯一性,就完成了接边工作。

图形接边主要是无缝接边,在上述接边处理完成后,在相邻测区的管线走向和属性是一致的,利用软件成图和切边后,不存在误差。在最终数据成果库时,将超出探查范围的管线点成果用图边点来代替,这样,既保证了图形的无缝衔接,又保证了接边后整体数据库不发生重复线段情况,还保证了探查区管线长度的精确。

由各探查组数据库进行合库,并进行数据检查,检查是否存在重复线段或其他错误,完整无误后提交业主单位。

（4）**其他接边措施**

地下管线探查接边方法中还有一种粗接方式,即接边单位中只有一家数据库进行接边,另一家不做数据连接。在探查施工开始前,由业主单位提出一个接边要求,例如,所有测区中接边按照上边测区主动接下边测区,左边测区主动接右边测区,这样在合库后数据库中的接边线段数据还是唯一的,同样也能达到接边效果。但是在接边管线图输出的时候,需要在合库后输出,否则,作为被接边测区的接边图会缺失一段管线,同时,还可能存在一些管线点属性错误,如接边点为三通点等。

2.5　复杂条件下管线探查

地下管线具有隐蔽、错综复杂的特点,由于管线分布状况、材质、敷设方式以及规格因素影响,采用简单手段难以获得位置信息的管线称为复杂条件下的管线。复杂条件下的管线主要包括近距离平行管线、非金属管线和大埋深管线。近距离平行管线是指管线埋深、走向基本一致,管线间距小于2倍埋深的管线,近间距并行管线构成形式多样且管线间距较小,电磁场相互感应和叠加产生的干扰强烈,加之城市交通环境、空间电磁及工业电流和离散电流等诸多因素影响,城市管线探测工作的难度逐渐增大。非金属管线以给水、排水管道居多,材质主要包括PVC、PE、混凝土、陶瓷、玻璃纤维等,非金属管道探测难度较大。大埋深管线又称为超深管线或特深管线,是指由非开挖敷设管道技术的采用,使得管线埋深普遍大于开挖管道深度,因此探测难度更大。

复杂条件下地下管线探测地球物理方法主要有探地雷达法、高密度电法、浅层地震法、磁测法等。探地雷达法根据反射波的时间、幅度、相位和频率等,判断管线的空间位置和形态,本书对金属管线和非金属管线的成像特征进行了分析。高密度电法利用电极阵列排列方式观测人工建立的地下稳定的电流场分布规律,利用管线与周围介质的地电差异性对金属管线和非金属管线进行识别定位。浅层地震法包括反射波法和面波法两种方式,根据反射波法和面波法的管道图像特征,由于管道的影响,反射波出现类似探地雷达的反射面,面波法出现弧状面波特征。磁测法采用电磁法的充电法、单端连接、水平双线圈进行探测。

2.5.1　非金属管线探查

非金属管线由于既不导磁也不导电,基本绝缘,常用的金属管线探测仪无法对其探测,这对于确定地下非金属管线的位置和埋深,避免施工开挖造成破坏以及管理和维护管网安全等带来了很大困难。如何快速、准确、方便地探查地下非金属管线,成为亟待解决的问题。目前管线探测行业内常用的非金属管线探测技术除了探地雷达外,主要还有以下几种。

（1）**移动信标探查法**

采用移动信标探查法是通过追踪"信标"在管道中的移动从而定位管道的路径。利用信标探查器接收机在路面上接收信标发射的磁场信号,从而对管道定位和定深。

移动信标法是将能在周围空间产生一次交变电场的示踪探头（磁偶极子）送入管道中,由地面上的接受机接受探头产生的磁场,根据磁场的分布规律与探头之间的曲线确定管线的位置和埋深。

1）示踪探头发射场的特征。示踪探头是一个磁偶极子，其线圈平面和地表垂直，法向方向与非金属管道走向一致，如图 2-21(a)所示。

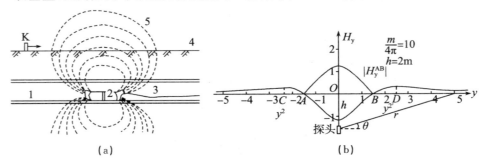

（a）
（b）

图 2-21　移动信标法示意

设置于非金属管道中的探头的埋深为 h，探头在地面的投影为 O 点，以 O 点为原点建立直角坐标系，x 轴与管道走向正交，y 轴与管道走向平行，z 轴垂直向下。在此条件下磁场的水平分量 H_y 有如下表达式：

$$H_y = \frac{m}{8\pi r^3}[1 + \cos 2\theta] \tag{2-7}$$

式中，m 为磁偶极子磁矩，大小等于线圈面积 S，线圈匝数 n 和线圈中的电流强度 I 的乘积，即 $m = SnI$；r 为探头自地面观测点的距离；θ 为 r 与水平线之间的夹角。

经变换上式可得：

$$H_y = \frac{m}{4\pi} \cdot \frac{2y^2}{(y^2 + h)^{\frac{5}{2}}} \tag{2-8}$$

令 $\frac{m}{4\pi} = 10, h = 2m$，可得出 H_y 与 y 之间的关系曲线，即发射探头磁场的纵剖面异常曲线如图 2-21(b)所示，其曲线具有以下特点。

H_y 是 y 的偶函数，故曲线左右呈轴对称。当 $y = 0$ 时，曲线有极小值，有仪器所接受的为正值，故在探头的正上方有极大值。

2）非金属管线定位和定深的解释。根据示踪发射探头的磁场 H_y 在纵剖面的异常曲线特征，得到非金属管线的探查和解释方法。

使用地面接收机的工作频率与发射探头的工作频率相同，接收磁场的水平分量 H_y。

将接收机放在估计的探头位置，沿管道走向进行扫面、接收，寻找峰值区极点的位置，在极值点处以接收机为轴做 360°旋转式扫描，则 H_y 最大值时接收线圈面的法线方向为非金属管道走向,该点即为示踪探头也就是管道在地面的投影位置。

在管线走向方向上,寻找回波信号区与峰值区段的分界点位置,也就是图 2-21(b)中 A、B 两个过零点的位置。则管线埋深由下式确定:

$$h = \frac{\sqrt{2}}{2}AB \approx 0.7AB \tag{2-9}$$

将示踪发射探头沿非金属向前推进一段距离,重复上述操作与解释步骤,就能逐点确定管道位置和埋深。

非金属管线探查除了移动信标法探查也可以用其他探查方法:对于大管径及管道埋设与周围土质疏松程度不一的非金属管线,采用探地雷达法探查;对于有压力的管道可采用声波脉冲法探查;对于管道类运输不同介质载体亦可采用管道内介质探查法。这几种方法根据探查管道的不同属性进行不同的参数设置,以达到最佳的突出效果。

(2)示踪线标示法

通常在非金属管道埋设时,同步紧贴管道埋设一条金属示踪线,在日后探测时采用探测示踪线的方法实现对非金属管道的探测。

以上方法对探测条件要求较高,只适用于部分具备条件的特殊管道。目前非金属管道探测中,探地雷达与声波脉冲是比较常用的方法,但也具有一定的局限性。

2.5.2 相邻平行管线探查

由于相邻管线走向一致,且相互间距较小,两条管线对仪器所发出的激发信号会产生互感现象,使仪器探查目标管线所产生的异常值很难区分或者存在较大的偏差,因此管线探查时经常将相邻平行的管线漏测或难以区分。应通过电磁法对相邻管线进行正演试验,结合其他管线探查方法解决相邻平行管线探查的技术问题。

(1)物理—数学模型

依据电磁场单管线电流磁场及其水平分量、垂直分量的表达式,建立两个平行无限长载流管线的数学模型,多管线的问题可以采用类似的方法进行研究。

设地下有两条平行载流管线 1 和 2,管线中心水平间距为 2L,埋深分别为 h_1 和 h_2,管线电流分别为 I_1 和 I_2,方向相同,如图 2-22 所示。

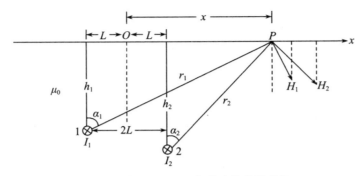

图 2-22　相距 2L 两平行载流管线的磁场

根据场的叠加原理,可以得到地面上任意一点(例如 P 点)的磁场各分量表达式:

$$H_x = 200\left[\frac{I_1 h_1}{(x+L)^2 + h_1^2} + \frac{I_2 h_2}{(x-L)^2 + h_2^2}\right] \tag{2-10}$$

$$H_z = 200\left[\frac{I_1(x+L)}{(x+L)^2 + h_1^2} + \frac{I_2(x-L)}{(x-L)^2 + h_2^2}\right] \tag{2-11}$$

$$\alpha = \tan^{-1}\frac{H_z}{H_x} = \tan^{-1}\left[\frac{\dfrac{I_1(x+L)}{(x+L)^2 + h_1^2} + \dfrac{I_2(x-L)}{(x-L)^2 + h_2^2}}{\dfrac{I_1 h_1}{(x+L)^2 + h_1^2} + \dfrac{I_2 h_2}{(x-L)^2 + h_2^2}}\right] \tag{2-12}$$

$$H_{45}^{l} = 100\sqrt{2}\left[\frac{h_1 - (x+L)}{(x+L)^2 + h_1^2}I_1 + \frac{h_2 - (x-L)}{(x-L)^2 + h_2^2}I_2\right] \tag{2-13}$$

$$H_{45}^{r} = 100\sqrt{2}\left[\frac{(x+L) + h_1}{(x+L)^2 + h_1^2}I_1 + \frac{(x-L) + h_2}{(x-L)^2 + h_2^2}I_2\right] \tag{2-14}$$

当 $h_1 = h_2 = h$, $I_1 = I_2 = I$ 时,上列各式可改写成:

$$H_x = 200Ih\left[\frac{1}{(x+L)^2 + h^2} + \frac{1}{(x-L)^2 + h^2}\right] \tag{2-15}$$

$$H_z = 200I\left[\frac{x+L}{(x+L)^2 + h^2} + \frac{x-L}{(x-L)^2 + h^2}\right] \tag{2-16}$$

$$\alpha = \tan^{-1}\frac{H_z}{H_x} = \tan^{-1}\left[\frac{\dfrac{(x+L)}{(x+L)^2 + h^2} + \dfrac{(x-L)}{(x-L)^2 + h^2}}{\dfrac{h}{(x+L)^2 + h^2} + \dfrac{h}{(x-L)^2 + h^2}}\right] \tag{2-17}$$

$$H_{45}^{l} = \frac{H_x - H_z}{\sqrt{2}} \tag{2-18}$$

$$H_{45}^{r} = \frac{H_x + H_z}{\sqrt{2}} \tag{2-19}$$

（2）**正演实验**

1）等深、同向等电流强度，间距不同双管实验。将两条管线埋设相同的深度，$h_1=h_2=h=1\,m$，$I_1=I_2=I$ 进行试验，得出电磁异常曲线图。当间距 $\frac{2L}{h}=0.8$ 时，得出 H_x、H_z、ΔH_x 与 a 曲线的总体特征与单管的曲线特征相似，如图 2-23(a)所示，很容易按单管进行解释而产生错误。随着管线间距的增加，相互影响逐渐减少，当间距增加至 $\frac{2L}{h}=2$ 时，ΔH_x、H_x 曲线先后呈双峰形态，而 H_z 曲线仍然只有一个过零点，如图 2-23(b)所示。因此，由 ΔHx、H_x 曲线的双峰异常容易分辨出地下有两条管线存在。

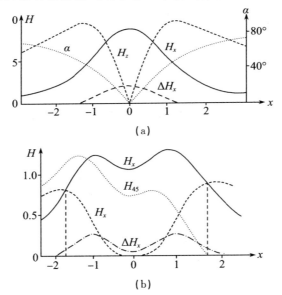

图 2-23 地下两平行无限长载流管线的电磁异常曲线

2）等深、电流强度不等的双管实验。将两条管线埋设相同的深度，$h_1=h_2=h=1.5\,m$；电流强度不同，$\frac{I_1}{I_2}=0.6$；管线间距和埋深 $\frac{2L}{h}=2$ 时进行试验，得出图 2-24，从图中可以看出，H_x 曲线虽然也有两个峰值，但曲线不对称，对于电流小的右边那个峰值，幅度较小且其水平位置向左边那条管线偏移。ΔH_x 曲线也有不对称双峰，但宽度均较窄，与管线对应的较好。

由此结果说明，电流弱的管强电流管线异常，受旁侧与之平行的强电流影响较大，而强电流线异常受弱电流管线的影响则较小。在确定管线平面位置时，"梯度法"的精度高于"水平分量法"；但在定深方面，"水平分量法"的精度又明显高于"梯度法"。

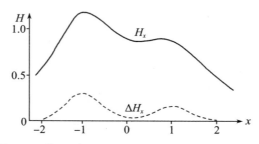

图 2-24 等深、电流强度不等时双管的 H_x、ΔH_x 曲线

3）深度和电流强度不等的双管实验。将两条管线埋设相同的深度，$h_1 = 1\ \mathrm{m}$，$h_2 = 0.5\ \mathrm{m}$；电流强度不同，$\dfrac{I_1}{I_2} = 0.3$；管线间距和埋深 $\dfrac{2L}{h} = 2$ 时进行试验，图 2-25 为深度和电流强度都不相等时，两管线的 H_x、ΔH_x 曲线。可以看出，H_x 曲线在埋深大、电流强的左侧管线上方异常幅度大、异常较宽；而在埋深较浅、电流较小的右侧管线上，则表现出异常幅度小、宽度窄的响应特征。整个曲线是中等分离的组合异常。ΔH_x 曲线的两个峰值近似相等，形态各自对称，而且彼此分离。

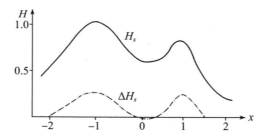

图 2-25 深度和电流强度不等时 H_x 与 ΔH_x 异常曲线

在一定相对位置下，感应工作频率越高，传输的能量越大，相邻平行管线相互感应的影响就越大。因此，在对平行管线探查时，宜选用低频电磁感应或直接连接法探查。当管线间距小于管线埋深时，仪器所接收的异常值只有一个，此时很容易忽略另一条管线的存在，而且针对所探查的管线位置也有较大的偏差；当管线间距大于管线埋深同时小于管线的 2 倍埋深时，异常值有 2 个，但不明显；当管线间距大于 2 倍管线埋深时，2 个异常值较为明显。

（3）相邻管线异常解释

在地下管线密集分布的地区进行探查时，首先选择高分辨率的探查方案，以便对密集分布的管线进行区分。如果不能根据曲线特征确定它所代表的是单管异常、双管异常还是多管异常,那么这种方法分辨率较低。由双管异常变为单管异常的分界线是由两管间距和埋深之比 $\frac{2L}{h}$ 的大小来度量的。$\frac{2L}{h}$ 越小,意味着该方法的水平分辨率就高。由于"哑点法"在 $\frac{2L}{h} \leq 2$,"水平分量法"在 $\frac{2L}{h} \leq 1.15$ 时,双管组合的电磁响应就已经表现为单管的曲线特征,而"梯度法"在 $\frac{2L}{h} \leq 0.8$ 或 1.0 时才为单管特征,所以,"梯度法"具有最高的水平分辨率。

利用 ΔH_x 曲线对比管线的水平点位最高,H_x 曲线次之,而 H_z 曲线最差,但就定深精度而言,H_x 曲线又明显优于 ΔH_x 和 H_z 曲线。

增大目标管线电流强度、减小旁侧平行管线中的电流强度,是突出目标管线电磁异常,提高信噪比、分辨率和探查精度,增大对目标管线追踪距离的重要途径。

在多管条件下,最好采用"梯度法"与"水平分量特征点法"有机组合的联合探查手段,充分发挥"梯度法"分辨率高、定位准和"水平分量特征点法"定深精度高的优势,以获得满意的探查效果。

(4) 不同种类相邻管线探查方法

为减少或避免相邻平行管线的相互影响,更加精确地探查其位置,在探查中,感应或激发装置应尽量采用低频电磁感应或分别对某一管线进行低频直接连接法激发。可以采用改变两条管线的磁感应电流的办法,改变激发和接受方式,以达到区分两条地下管线的目的。具体探查方法见表 2-3。

表 2-3　不同材质相邻管线的探查方法

管线相邻类型	探查方法
金属管道相邻线缆	夹钳法准确确定线缆,然后用直接法或感应法定管道
非金属管道相邻线缆	夹钳法准确确定线缆,地质雷达辅助探查非金属管道
线缆相邻线缆	分别用夹钳法或感应法探查线缆
金属管道相邻金属管道	直接法或感应法交叉使用
金属管道相邻非金属管道	用直接法或感应法先确定金属管道,然后用其他方法确定非金属管道
非金属管道相邻非金属管道	使用综合物探方法或利用介质的属性探查

2.5.3　重叠管线探查

与相邻平行管线一样,重叠管线也是管线探查中经常遇到的问题。对于重叠管线研究,应从深度和电流强度均不相等的双管线异常曲线入手。

当两管线的水平距离为零时,变为上下重叠管线,此时,两条管线异常曲线形成叠加,管线曲线失真,形成一条管线异常曲线,此时按照图像曲线能判别目标管线的平面位置,但管线深度就是一个拟合位置,处于两条管线之间。两条管线的电流强度不同,显示的位置相应也不同。因此,对上下重叠管线探查是尽量增加探查目标管线的电流强度,压制重叠管线的信号,这样才能对目标管线异常区分出来。

上下重叠管线有多种情况,按其材质电性可分为金属管线重叠、金属与非金属管线重叠、非金属管线重叠。重叠管线的探查是管线探查中的难点之一,单一方法探查很难达到目的,必须采用综合物探方法技术进行探查。

金属管线重叠:在使用电磁法探查时,由于重叠管线二次场相互叠加,对其只能精确定位,而在平面定深会存在较大误差,但重叠管线总有分开的地方,可在其分开处分别定深,来推知重叠处管线的深度。

金属与非金属管线重叠:由于金属管线和非金属管线的电性差异,可用电磁法对金属管线进行定位、定深。

非金属管线重叠:使用电磁法很难解决,可采用电磁波法(地质雷达)、声波法等进行探查。

2.5.4　深埋管线的探查

为了减少城市市容市貌的影响,地下管线采用穿越顶管方法埋设的越来越多,这部分管线埋设一般都比较深,探查起来有一定的难度,需要针对不同情况选择不同的探查方法。要根据管线的材质、管径等一些属性,然后确定采用探查方法。

(1) 材质为金属的穿越顶管

为了起到一定的保护作用,一般材质为钢。由于材质为钢的管线在使用地下管线探查仪时探查信号都比较好,可以直接使用管线探查仪探查,采用的方法主要是直接法和夹钳法。对于金属管道的探查,采用双端连接法(长导线法)探查,利用导线对管线穿越点两端裸露点进行连接施加谐变电流,直接进行探查,比较准确。

直接法就是将发射机与管道测试桩直接连接起来,对金属管线直接加载电流,使管线和发射机地线形成一个电流回路,产生电磁场,通过探测磁场,就可以对金属穿越金属管线进行定位、定深,达到探测地下管线的目的。线缆类管线探查采用同样的定位和定深原理。

对于金属材质的管线埋设较深时,可以加大探查仪发射机发射信号;使用信号增益模式进行探查,一般可以有效确定其位置,对深度确定需要采用多种方法,反复探查,不同仪器,采用不同发射点进行探查。

1)平面位置的确定:由于管道埋设较深,在管顶的位置磁场变化平缓,很难准确找到极大值位置;现场采用两侧对称法,先垂直管道走向找出磁场变化规律,在疑似管道两侧找到两个同数值的磁场读数,采用钢卷尺找到两点的中心位置,然后通过正反向探测确定位置,同时通过变换频率反复探测,可以确定管道的平面位置。

2)埋深的确定:平面位置基本确定以后,仔细读取中心位置磁场读数即为最大值,然后,仍然保持接收机垂直状态向两侧移动,寻找最大值的70%幅值点位置,该两点之间的距离即为管道中心埋深。

(2)深埋非金属管线探查

对于埋深较浅的非金属管线可以利用传统物探方法进行探查,可以直接采用高密度电法、地质雷达浅层地震法等方法进行探查,但对于深埋管线而言,由于受导电导磁和波阻抗的影响,有效信号随着深度的增加而衰减增大。由于地面探测深埋管道,距离目标体越远,探测精度越差,另外有时也受到场地起伏的限制,无法从地球表面进行有效探查。

简单实用的方法是钻孔+物探技术,在管线的旁侧附近进行钻孔,将探头自上而下进行探测,这样就把一个离目标体较深的探测问题转换为离目标体较浅的探测问题,信号强度、探测精度相应地提高了。具体的探查方法有钻孔高密度电法、钻孔浅层地震法等。

钻孔+物探方法具体可分为地面定位、钻孔布设、孔中探测3个步骤。

地面定位目的有两个:其一是通过夹钳法探测本次高压电力管线的大致走向和埋设情况。其二是为了探测钻孔位置有无其他的管线,为布置地面钻孔位置提供保障。主要物探方法为地面管线仪+地质雷达法。

钻孔布设根据收集资料和地面探测基础上进行。在最深管线区域平行布置2~3个钻孔点。设计孔深要超过被探查深埋管线深度,并布置了相应PVC管,以免塌孔。并在技术员指导下,采取专门的保障措施,以避免直接破坏管线,造成不必要损失。

孔中探查主要利用了介质异常与危岩的物性差异进行探测。异常距离越近,越能被物探设备所识别。

(3) 大口径深埋管道探查

对大口径深埋管道的探查,现行各类管线仪及相应的技术还比较困难。因为大口径管道多以短管串接而成,管间电性接触不良,与大地不能形成良好的回路,管道中形不成环流。即使大口径管道有良好的电性连接性,且与大地连通,采用电磁法激发探查时,在管道壁内也形不成体电流。

大口径深埋管道探查当其埋深在地质雷达有效探查深度范围内可采用地质雷达法,也可使用移动信标探查法探查。如果管道较深,可以采用钻孔物探技术方法。

2.6 综合物探探查管线方法要领

地下管线探测地球物理的方法主要有探地雷达法、高密度电法、浅层地震法、磁测法等。探地雷达法根据反射波的时间、幅度、相位和频率等,判断管线的空间位置和形态;高密度电法利用电极阵列排列方式观测人工建立的地下稳定电流场分布规律,对管线位置进行探查;浅层地震法管线探查包括反射波法和面波法两种方式;磁测法采用电磁法的充电法、单端连接、水平双线圈进行管道探测。

2.6.1 综合物探技术方法分析

每一种物探方法均有相应的应用条件,探测条件和环境不允许将无法达到预期的探测效果。电磁感应法、电磁波法(雷达)、地震波法(弹性波法)、高密度电法、磁法等管道探测方法都存在自身优势,发挥各自的优势和长处,相互弥补才能够取得精准的探测效果。电磁感应法常用的仪器为管线探测仪,具有仪器轻便,效率高的特点,对一般地下电缆和连通性较好的金属管道有很好的探查效果,因此成为最为常用的简便快速的探查手段,也是地下管线普查中使用的主要方法。但是对非金属管道和电连通性不好的金属管道,管线仪探测效果不佳。电磁波法(探地雷达法)利用地下管线与周围介质之间普遍存在的介电性、导电性和导磁性差异,是探测非金属管道和金属管道的主要方法。其操作简便、快速,且可做到无损探测。但是探地雷达法采用横剖面法作业,采集的剖面数据往往需要在室内做必要的数据处理和解释,效率较低。地震波法常用的仪器为地震仪或工程检测仪,利用地下管线与周围介质之间普遍存在的密度差异,可用于探测砼管、塑料管、复合塑料管等。该方法效率较低,易受运动车辆等周围环境的干扰。高密度电法用于地下管线探测的方法多为高密度电阻率法,它主要利用了地下管线与其周围介质间的导电性差异,可用于探查较大管径金属管线、非金属管线,但探查效果易受接地条件影响。因此,尤其是针对疑难或较复杂条件下的地下管线,要运用综合地球物理方法,以提高探测结果的精度和可靠性。

2.6.2 综合物探探查管线解释

对于探地雷达管线探测,金属管道成像双曲线特征明显,没有出现管底反射波现象。非金属管道双曲线特征明显,可见管底反射波。探地雷达法需要确定采集时窗,确保目标管线反射波组在所设置的时窗内。

对于高密度电法探测,电阻率剖面中金属管道表现为低阻,非金属管道表现为高阻。探测时需要增加接地电极与地面的耦合性,能够达到最佳的探测效果,并且注意其他金属异常体和含水体的干扰。

对于浅层地震法,由于管道的影响,反射波出现类似探地雷达的反射面,面波法出现弧状面波特征。地下管道探查可采用透视波法、折射波法、反射波法、瞬态面波法或地震映像法;水中或水底下管道探查时可采用旁侧声呐法、浅地层剖面法或地震映像法。

对于磁测法,在管线内进行充电后,井中或地面监测到磁异常峰值区域为管线存在位置。区分两条或两条以上平行管线时,宜采用直接法或夹钳法,通过直接对各条管线施加信号来加以区分;因场地条件限制,不宜采用直接法和夹钳法时,可采用感应法,通过改变发射装置的位置和状态以及发射的频率和功率,分析电磁异常的强度和宽度等变化特征以探查管道位置。

2.7　地下管线测量

地下管线测量和探查是城市地下管线外业数据采集的两个联系密切的工序,在管线探查准确的基础上,测绘工作也是地下管线数据采集质量成果和反映成果水平的关键。

管线外业测量主要包括以下内容:管线控制测量、已有管线测量、新建管线的定线与竣工测量、管线图测绘和测量成果的检查验收等。

2.7.1　控制测量

地下管线控制测量分为平面控制测量和高程控制测量,主要是指为进行管线点测量及相关地物、地形测量而建立的等级控制和图根控制,具有控制全局、提供基准和控制测量误差积累的作用。所有控制点是测量地下管线点和地物点的依据,必须采用统一的平面坐标系统和高程系统。

2.7.1.1　平面控制测量

传统的平面控制通常采用三角网测量、导线网测量和交会测量等常规测量方法进行。随着现代数字测绘技术的发展,目前,利用全球卫星定位系统(GPS、格洛纳斯、北斗、伽利略)进行 GNSS 控制网测量,利用各省市 CORS、天寻位置进行实时动态(RTK)测量已成为建立平面控制的主要方法;对于建筑密集、上空有遮挡或不便利用 RTK 进行测量的区域,利用电磁波测距导线(网)进行平面控制测量。

管线平面控制的发展方向是采用城市网络差分和网络 RTK 技术,只需要用一台 GPS 接收机即可获得地面上任意一测站点的平面坐标,这时不需要布设控制网就可进行管线点测量和管线图的数字测绘,在城市地区,主要通过 GPS 技术与全站仪技术相结合。

(1) 电磁波测距导线(网)

1) 主要技术要求。电磁波测距导线是以城市各等级控制为基础,沿管线点分布位置布设。其最弱点点位中误差应不超过 ±5 cm。电磁波测距导线测量的主要技术要求应符合表 2-4～表 2-6 中的有关规定。

表 2-4   电磁波测距导线的主要技术要求

等级	导线长度/km	平均边长/m	测角中误差/″	测距中误差/m	测回数		方位角闭合差/″	相对闭合差	备注
					DJ2	DJ6			
一	3.6	300	±5	±15	2	4	$\pm 10\sqrt{L}$	$\dfrac{1}{14000}$	
二	2.4	200	±8	±15	1	3	$\pm 16\sqrt{L}$	$\dfrac{1}{10000}$	L 为测站数
三	1.5	120	±12	±15	1	2	$\pm 24\sqrt{L}$	$\dfrac{1}{6000}$	
图根	0.9	80	±20	±15		1	$\pm 40\sqrt{L}$	$\dfrac{1}{4000}$	

表 2-5   水平角方向观测法的技术要求

经纬仪型号	半测回归零差/″	一次回内 2c 互差/″	同一方向值各测回较差
DJ2	8	13	9
DJ6	18	—	24

表 2-6   电磁波测距的主要技术要求

测距仪精度等级	导线等级	总测回数	一测回读数较差/mm	单程测回较差/mm	往返较差
Ⅱ 级	一级	2	5	7	$2(a+b\cdot D)$
	二、三级	1	≤10	≤15	
	图根	1	≤10	≤15	

2）作业步骤。

① 选点埋石。选点是一件十分重要的工作,各级导线和图根导线主要沿道路敷设,选点时应主要考虑施测方便、易于保存和利于提高精度要求,应符合下列要求。

a. 相邻点之间应通视良好,点位之间视线超越（或旁离）障碍物的高度（或距离）应大于 0.5 m。

b. 点位应选设在土质坚实、利于加密和扩展的十字路口、丁字路口、工矿企业入口、人行道上或其他开阔地段。

c. 不致严重影响交通或因交通而影响测量工作。

d. 便于地形测量和管线点测量使用。

e. 尽量避开地下管线,防止埋设标石时可能破坏地下管线或埋设标石后因管线施工被破坏。

f. 尽量利用原有符合要求的标志(点位)。

控制点标石规格和埋设深度参见《城市测量规范》。一、二、三级导线点的标石形式可以不同,但要求结构牢固、造型稳定、利于长期保存、便于使用。一般用混凝土预制而成,顶面中心浇埋标志。各级导线点均要绘制"点之记"。图根点标志可根据实际自行设计选用。

② 外业观测。导线观测使用相应等级的全站仪,在通视良好、成像清晰时进行,测前应做仪器检校,包括照准部旋转正确性的检验、水平轴不垂直于垂直轴之差的测定、垂直微动螺旋使用正确性的检验、底座位移而产生的系统误差的检验及光学对中器的检验和校正。

为了提高测量精度,宜采用三联脚架法测量水平角和边长。按技术要求见表 2-5~表 2-7。

导线测量宜采用电子手簿记录,要按规定格式打印并装订成册。用手工记录时,应记载清楚,填写齐全。

③ 平差计算。测距边长应根据导线等级进行倾斜改正,气象改正,加、乘常数改正,高程归化和长度改正。

平面导线(网)应采用经鉴定合格的平差软件进行严密平差。

(2) 城市 GNSS 控制网测量

1) GPS 控制测量的主要技术要求见表 2-7。

表 2-7　GPS 控制测量的主要技术要求

等级	平均点距/km	最弱边相对中误差	闭合环或附和路线边数	观测方法	卫星高度角/°	有效卫星观测数	平均重复设站数	观测时间	数据采样间隔/s
四等	2	$\frac{1}{45000}$	≤10	静态	≥15	≥4	≥1.6	≥45	10~60
				快速静态		≥5		≥15	
一级	1.0	$\frac{1}{20000}$	≤10	静态	≥15	≥4	≥1.6	≥45	10~60
				快速静态		≥5		≥15	
二级	≤1.0	$\frac{1}{10000}$	≤10	静态	≥15	≥4	≥1.6	≥45	10~60
				快速静态		≥5		≥15	

2）作业步骤。

① 选点。为保证对卫星的连续跟踪观测和卫星信号的质量,测站上空应尽量开阔,测站应远离对电磁波信号反射强烈的地形、地物,同时在测站不能有强电磁波干扰源。

② 布网原则。GPS 网相邻点间不要求全部通视,为便于常规测量方法加密时的应用,每点应有一个以上的通视方向。

GPS 网可以由一个或若干个独立观测环构成,也可以采用附合路线形式。各独立观测环或附合路线的边数应符合有关规定。

布设 GPS 网时,应与附近的国家或城市控制网点联测,联测点数不得少于 3 个,并均匀分布于测区中。当测区较大或改建城市原有控制网时,还应适当增加重合点数,以便取得可靠的坐标转换参数。

③ 外业观测。外业观测应制定外业观测表,主要包括同步环测量时间、搬站时间、每一个同步环里各接收机所在的点名以及车辆等的安排调度等内容。

各等级 GPS 测量作业应严格按照《城市测量规范》和《全球定位系统城市测量技术规程》的有关要求进行,仪器要严格对中和整平,认真量取并记录天线高,随时检查接收机的工作状态,开关机时间要服从统一安排。

④ GPS 内业数据处理。GPS 数据处理主要包括数据粗加工、预处理和基线向量解算、网平差等。

粗加工包括数据传输和数据分流,由随机软件自动完成,形成观测值文件、星历文件和测站控制信息文件等。

GPS 数据预处理包括卫星轨道方程的标准化、时钟多项式拟合、整周跳变探测与修复、观测值的标准化等,预处理和基线向量解算一般由厂家提供的随机软件一并完成,其中基线向量解算可以通过人工干预做精细处理。

网平差包括提供在 WGS−84 坐标系下的三维无约束平差成果和所在城市坐标系下的二维约束平差成果,可用随机软件或商品化 GPS 网平差软件进行。

（3）城市 GNSS 控制网测量

RTK 测量可采用单基站 RTK 测量和网络 RTK 测量两种方法进行。已建立 CORS 系统的城市,宜采用网络 RTK 测量。网络 RTK 测量应在 CORS 系统的有效服务区域内进行且应符合单基站 RTK 测量的规定。

1）GNSS RTK 平面测量技术要求见表 2-8。

表 2-8　GNSS RTK 平面测量技术要求

等级	相邻点间距离/m	点位中误差/cm	边长相对中误差	测回数
一级	500	5	$\dfrac{1}{20000}$	4
二级	300	5	$\dfrac{1}{10000}$	5
三级	200	5	$\dfrac{1}{6000}$	3
图根	100	5	$\dfrac{1}{4000}$	2

2）外业观测。进行测量时,必须每次开始测之前找一个已知坐标点作为检核,当检核精度满足图根控制等级时,方可作业。

RTK 测量野外作业应满足以下要求:流动站手簿设置参考各型 RTK 设备使用手册,施测前认真逐项进行检核。平面精度控制在 2.0 cm 以内,高程精度控制在 3.0 cm 以内。GPS－RTK 流动站有效观测卫星数不少于 5 个,PDOP 值控制在不大于 6.0。

观测开始前对仪器进行初始化,并得到固定解,观测值在得到 RTK 固定解且收敛稳定后开始记录,测回间对仪器重新进行初始化,控制点均至少测量 2 个测回,取各测回平均值作为最后成果。

3）内业数据处理与检验。外业观测数据不进行任何剔除、修改,保存外业原始观测记录,RTK 测量成果进行 100% 的内业检查。内业数据检查主要包括外业观测数据记录和输出成果内容是否齐全、完整;观测成果的精度指标、测回间观测值及检核点的较差是否满足要求。

4）平面控制点检核。控制点应采用常规方法进行边长、角度活导线联测检核,导线联测应按低一个等级的常规导线测量技术要求执行。

表 2-9　RTK 平面控制点检核测量技术要求

等级	边长检核		角度检核		导线联测检核	
	测距中误差/mm	边长较差的相对中误差	测角中误差/″	角度较差限差/″	角度闭合差/″	边长相对闭合差
一级	15	$\dfrac{1}{14000}$	5	14	$16\sqrt{L}$	$\dfrac{1}{10000}$
二级	15	$\dfrac{1}{7000}$	8	20	$24\sqrt{L}$	$\dfrac{1}{6000}$

等级	边长检核		角度检核		导线联测检核	
	测距中误差 /mm	边长较差的相对中误差	测角中误差 /″	角度较差限差/″	角度闭合差 /″	边长相对闭合差
三级	15	$\frac{1}{4000}$	12	30	$40\sqrt{L}$	$\frac{1}{4000}$
图根	20	$\frac{1}{2500}$	20	60	$60\sqrt{L}$	$\frac{1}{2000}$

注：表中 L 为测站数。

2.7.1.2 高程控制测量

地下管线高程控制测量主要有水准测量方法和电磁波测距三角高程方法。高程控制测量应起算于等级高程点，按精度一般为四等或四等以下等级。电磁波测距三角高程导线，采用对向观测或中间设站观测，可以替代四等及四等以下水准测量。水准测量路线布设形式主要是附合路线、结点网和闭合环，只有在特殊情况下才允许布设水准支线。

（1）主要技术要求

主要技术要求见表 2-10～表 2-12。

表 2-10　水准测量的主要技术要求

等级	每千米高差中数中误差/mm		附合路线或环线闭合差 /mm	检测已测测段高差之差	备注
	全中误差 M_w	偶然中误差 $M_\triangle$			
四等	±10	±5	$±20\sqrt{L}$	$≤30\sqrt{L}$	L 为附合或环线的长度或已测测段的长度，均以 km 计。
图根	±20	±10	$±40\sqrt{L}$	$≤60\sqrt{L}$	

表 2-11　电磁波测距三角高程测量的主要技术要求

项目	线路长度/km	测距长度/m	高程闭合差/mm	备注
限差	4	100	$±10\sqrt{n}$	n 为测站数

表 2-12 垂直角观测的主要技术要求

等级		测回数	指标差	垂直角互差
一次附合	DJ2	1	15″	
	DJ6	2	25″	25″
二次附合	DJ6	1	25″	

（2）作业方法

一、二、三级导线点的高程一般采用四等水准测量方法获得,也可采用光电测距三角高程测量方法。

1）四等水准测量。

① 测前工作。四等水准点应选在土质坚实、稳定、安全、便于施测、寻找和长期保存的地方,点位埋设后应绘制点之记。

四等水准作业前应对水准仪和水准尺进行检验。

② 外业观测。可采用中丝读数法,图根水准观测应使用不低于 DS10 级水准仪和普通水准尺,按中丝读数法单程观测（支线应往返测）,估读至 mm。

③ 数据处理。

a. 对外业观测成果进行检查,确保无误并符合有关限差要求。

b. 进行各项改正计算,得到消除系统误差后的观测高差。

c. 评定观测精度,计算附合路线闭合差、往返测不符值,进而计算每千米高差中数的偶然中误差 $M_\triangle$ 和全中误差 Mw。

f. 平差计算。得到各待定点平差后的高程,高差和高程的中误差。

四等水准网可采用等权代替法、逐渐趋近法以及多边形法等方法进行。

2）电磁波测距三角高程测量。四等电磁波测距三角高程测量一般按高程导线形式布设,高程导线边长不超过 1 km,边数不超过 6 条,当边长短于 0.5 km时,边数可适当增加。

边长采用不低于Ⅱ级测距仪往返观测,各观测二测回。垂直角可用 DJ2 级经纬仪对向观测,采用中丝法观测三测回或三丝法观测一测回。四等以下的边长可单程观测,二测回垂直角用中丝法观测一测回。

2.7.1.3 控制测量内外业一体化

控制测量内外业一体化是指控制测量主要的内外业工作连续性地完成。

对控制测量的野外观测和内业数据处理,传统测量法均是采用人工记录,内业数据处理时再以手工方式录入到计算机。随着电子经纬仪、全站仪以及GPS 等新型测量仪器的普遍使用,工程控制测量的内外业一体化便成了必然的发展趋势。

以清华大学研制的"工程测量控制网平差系统 NASEW"为例:

"NASEW"与支持各种全站仪进行等级测量的 PDA 电子测量记簿保持了程序级的连接,真正实现了从数据采集,记簿、整理,平差和成果打印的一体化。具有如下特点:

① 操作简单,图、文、数、控四者合一。

② 具有广泛兼容性,支持各种数据采集方式。

③ 使用任意电子表格进行数据的编辑,在输入数据的同时对坐标、高程、差值等自动计算,网图同时动态显示。

④ 智能化推理,对任意网型任意规模的平面和高程控制网均可按统一方式进行概算、平差、优化设计,且无须编码。

⑤ 具有单次平差、迭代平差、验后定权、多粗差剔除等多种平差方法。自动求解控制网的各种路线闭合差,提供可靠性分析、灵敏度分析等功能。

⑥ 自动生成各种误差椭圆网图,全部的平差数据输出。

2.7.2 地下管线点测量

在管线调查或探查工作中设立的管线测点统称为管线点。一般在地面设置明显标志,管线点测量是对管线点的平面位置坐标和高程的测量。

(1) 管线点测量的基本方法和要求

管线点测量主要采用全站仪极坐标法、GPS 法和导线串联法等。全站仪极坐标法是目前普遍采用的方法,可同时测得管线点坐标和高程,测站宜采用长边定向,经测站检查和第三点(控制点或邻站已测管线点)检测后开始管线点测量,仪器高和觇标高量至 mm,测距长度不得大于 150 m。水平角及垂直角均观测半个测回记录到全站仪内存上只记录管线点的坐标及编号。也可利用全站仪记录管线点的基本观测量(点号、边长、水平角、垂直角、觇标高),在内业计算管线点坐标。

测量中,应特别注意仔细检查、核对图上编号与实地点号对应一致,防止错测、漏测和错记、漏记,严格做到测站与镜站一一对应,不重不漏。测量时,司镜员将带气泡的棱镜杆立于管线点地面标志上(隐蔽点以现场标记"十"字为中心,明显点测定其井盖几何中心),并使气泡严格居中,观测员快速准确瞄准目标测定坐标。

为了确保每个管线点的精度,每一测站均对已测点进行邻站检查,每站检查点不少于 2 点,记录两次测量结果并计算差值,坐标差不大于 5 cm,高程差不大于 3 cm,若发现超差,应查明原因并重新定向和测量。

采用 GPS 技术测量管线点平面位置时,要顾及环境影响,可采用快速静态法或 RTK 法。

导线串联法通常用于图根点比较稀少或没有图根点的情况,这时需重新布设图根点,可将全部或部分管线点纳入图根导线,在施测导线的同时,未纳入导线的管线点,采用极坐标法或解析交会法测量。导线串联法的导线起闭点不低于城市三级导线。

(2) 管线点的精度要求

1) 平面位置精度。一般管线点平面位置精度是用管线点相对于邻近解析控制点平面位置的中误差来衡量的。模拟法测图时,主要受下列误差影响:

解析控制点的展绘误差—$m_展$;

图解图根点的测量误差—$m_图$;

测量管线点的视距误差—$m_视$;

测量管线点的方向误差—$m_向$;

管线点的刺点误差—$m_刺$。

管线点的平面位置精度可用式(2-20)表示:

$$M_p = \sqrt{m_展^2 + m_图^2 + m_视^2 + m_向^2 + m_刺^2} \qquad (2\text{-}20)$$

采用数字测图法时,主要受下列误差的影响:

定向误差的影响—$m_定$;

仪器对中误差的影响—$m_中$;

观测误差的影响—$m_测$;

棱镜中心与待测地物点不重合的影响—$m_重$。

管线点的平面位置精度可用式(2-21)表示:

$$M_p = \sqrt{m_定^2 + m_中^2 + m_测^2 + m_重^2} \qquad (2\text{-}21)$$

由上可见,数字测图与模拟测图的误差影响因素是不同的,根据有关文献分析,数字法测图则管线点平面位置中误差如表 2-13 所示。

表 2-13　数字法测图管线点的平面位置中误差　　　　单位:cm

全站仪的 9.SS 标称精度	半测回水平角中误差/″	平距/m						
		50	100	150	200	300	400	1000
3mm+2ppm.D 2″级	4	3.0	3.0	3.1	3.1	3.1	3.1	3.6
5mm+5ppm.D 6″级	12	3.0	3.1	3.2	3.2	3.5	3.8	6.5

《城市地下管线探测技术规程》规定,地下管线点的平面位置中误差不得超过±5 cm。由表 4-8 可以看出,即使使用最低精度的全站仪(测距精度 5 mm+5 ppm.D,测角精度 6″),在平距不超过 500 m 时,都可保证在 5 cm 以内,体现了数字法测图的优越性。

2)高程位置精度。管线点的高程精度是指裸露的管线的管外顶或管内底高程以及检修井井缘的高程相对于邻近高程控制点的中误差。采用数字测图,生产单位大多采用电磁波测距三角高程法由高程控制点单向测定,主要误差来源有:测距误差、测角误差、量测仪器高和目标高的误差以及球气差的影响等。据分析,测距误差和球气差的影响可忽略不计,因此,管线点高程精度 m_H 用下式计算:

$$m_H^2 = D^2 \cdot m_z^2/\rho^2 + m_i^2 + m_v^2 \qquad (2\text{-}22)$$

式中,D 为测站至管线点的水平距离,m_z 为天顶距观测中误差,m_i 为仪器高量测中误差,m_v 为目标高量测中误差,用钢尺量取仪器高和目标高时,一般不超过 0.5 cm,按式(2-22)计算的管线点高程中误差如表 2-14 所示。

表 2-14　数字测图管线点(实地)高程中误差　　　　单位:cm

仪器标 9.SS 称精度	半测回天顶距中误差/″	平距/m						
		50	100	150	200	300	400	1000
3mm+2ppm.D 2″级	6	0.7	0.8	0.9	0.9	1.1	1.4	3.0
5mm+5ppm.D 6″级	18	0.8	1.1	1.5	1.9	2.7	3.6	8.8

《城市地下管线探测技术规程》中规定,高程中误差不得超过±3 cm。采用电磁波测距三角高程法测管线点高程完全可行。

2.7.3　管线带状地形图测绘

进行带状地形图测量主要是为了保证地下管线与邻近地物有准确的参照关系。

城市地下管线带状地形图的测图比例尺一般为 1∶500 或 1∶1000。大中城市的城区一般为 1∶500,郊区、城镇一般为 1∶1000。测绘范围和宽度要根据有关主管部门的要求来确定,对于规划道路,一般测绘道路两侧第一排建筑物或红线外以 20 m 为宜。测绘内容按管线需要取舍,测绘精度与相应比例尺的基本地形图相同。

带状地形图测绘主要包括野外数据采集和图形编辑与输出两大部分。

(1) 野外数据采集

带状地形图野外数据采集按数据采集设备主要分为全站仪法和 GPS－RTK 法。数据采集包括采集模式、地形信息编码、连接信息以及绘工作草图等内容,它们是数字成图的基础。

1) 数据采集模式。按数据记录器的不同一般分为电子手簿、便携机、全站仪存储卡以及 GPS－RTK 等模式,下面予以简要说明。

① 电子手簿模式。电子手簿和全站仪通过电缆进行连接,可以实现观测数据和坐标值的在线采集,在控制点、加密图根点或测站点上架设全站仪,经定向后观测碎部点上的棱镜,得到方向、竖直角和距离等观测值,记录在电子手簿中。在测碎部点时要同时绘制工作草图,记录地形要素名称、绘出碎部点连接关系等;也可在电子手簿上生成简单的图形,进行连线和输信息码。室内将碎部点显示在计算机屏幕上,采用人机交互方式,根据工作草图提示进行碎部点连接,输入图形信息码和生成图形。

② 便携机模式。在测站上将便携机和全站仪通过电缆进行连接,可以实现观测数据和坐标值的在线采集,便携机和全站仪也可做无线传输数据。在便携机上可即刻对照实际地形地物进行碎部点连接、输入图形信息码和生成图形。便携机模式可作内外业一体化数字测图,称"电子平板法"测图。

③ 用全站仪的存储卡模式。采用具有内存和自带操作系统或可卸式PCMCIA 卡的全站仪,由用户自主编制记录程序并安装到全站仪中,勿须电

缆连接,野外记录十分方便。可将存储卡或 PCMCIA 卡上的数据方便的传输到计算机,其他过程同电子手簿模式。

④ GPS－RTK 模式。采用 GPS－RTK 模式进行大比例尺数字测图时,仅需一人身背 GPS 接收机在待测点上观测数秒到数十秒即可求得测点坐标,通过电子手簿或便携机模式,可测绘各种大比例地形图。采用 GPS－RTK 技术测图,可以直接得到碎部点的坐标和高程。在城市作带状地形图测绘时受顶空障碍和多路径的影响较大,故 GPS－RTK 模式只适用于较空旷的郊区或规划区,一般还需要采用全站仪方法进行补测。

2) 地形信息编码。为使绘图人员或计算机能够识别所采集的数据,便于对其进行处理和数据加工,须给予碎部点一个代码(称为地形信息编码)。编码应具有一致性、灵活性、高效性、实用性和可识别性等原则。

3) 碎部点间的连接信息。要确定碎部点间的连接关系,特别是一个地物由哪些点组成,点之间的连接顺序和线型,可以根据野外草图上所画的地物以及标注的测点点号,在电子手簿或计算机上输入,或在现场对照地物在便携机上输入。按照所使用的数字测图系统的要求,组织数据并存盘,即可由测图系统调用图式符号库和子程序自动生成图形。

4) 工作草图。工作草图是图形信息编码、碎部点间的连接和人机交互生成图形的依据。如果工作区有相近的比例尺地形图,则可以利用旧图做适当放大复制或裁剪后,制作成工作草图的底图。作业人员只需将变化了的地物反映在草图上即可,在无图可利用时,应在数据采集的同时人工绘制工作草图。工作草图应绘制地物的相关位置、地貌的地性线、点号标记、量测的距离、地理名称和说明注记等,地物复杂、地物密集处可绘制局部放大图。

(2) 图形编辑输出与质量要求

1) 图形编辑。带状数字地形图的编辑是由技术人员操作有关测图系统软件来完成的。将野外采集的碎部数据,在计算机上显示图形,经过人机交互编辑,从而生成用的地形图。所选用的数字测图系统必须具有基本功能,包括碎部数据的预处理功能、地形图编辑功能、地形图输出功能。

2) 图形输出。图形输出设备主要有绘图仪、打印机、计算机外存(包括软盘、光盘、硬盘)等。数字带状地形图在完成编辑后,可以储存在计算机内或外存介质上,或者由计算机控制绘图仪直接绘制地形图。

3) 质量要求。带状地形图的质量主要通过其数学基础、数据分类与代码、位置精度、属性精度、要素完备性等特性来衡量,其质量要满足相应的技术标准要求。

2.7.4 新建管线定线测量与竣工测量

定线测量是把图上的设计管线放样(或称测设)到实地的测量,竣工测量是对新敷设管线进行测量,并绘到管线图上。管线定线测量是管线敷设的保证,管线竣工测量是规划、设计、施工和管理的依据。

(1) 地下管线定线测量

地下管线定线测量应依据经批准的线路设计施工图和定线条件进行测量。线路设计施工图上标明了设计管线的位置、主要点的坐标以及与周围地物的关系,所谓定线条件是指设计管线的设计参数、主要点的坐标和其他几何条件。为定线测量布设的导线称为定线导线,定线导线一般按三级导线等级布设,主要技术要求应符合相应的规定。定线测量主要采用下列方法。

1) 解析实钉法。根据线路设计施工图和定线条件所列待测设管线与现状地物的相对关系,在实地用经纬仪定出设计管线的中线桩位置,然后联测中线的端点、转角点、交叉点及长直线加点的坐标,再计算各线段的方位角和各点坐标。

2) 解析拨定法。根据线路设计施工图和定线条件布设定向导线,测出定线设计施工图中所列的地物点的坐标,推算中线各主要点坐标及各段方位角。如果定线条件和线设计施工图中给出的是管线各主要点的解析坐标或图解坐标,则可计算出中线各段的方位角和直线上加点的坐标。然后用导线点放样出中线上各主要点和加点,直线上每隔 $50\sim150$ m 设一加点。对于直线段上的中线放样点应做直线检查,记录偏差数,采用作图方法近似求取最短直线,量取改正数进行现场改正。

3) 自由设站法。根据定线导线点的坐标,在实地任选一个便于定测放样的测站,用电子全站仪做自由设站法(各种后方交会法)获得测站点的坐标并定向,然后根据测站坐标和新建铺设管线的设计坐标用极坐标进行放样。

4) GPS 法。采用 GPS-RTK 或网络 GPS-RTK 技术,将新敷设的管线点设计坐标事先加载到 GPS 的控制器(如 PDA)上,根据程序可在实地进行管线放样,采用这种方法的前提是在 GPS 测量的顶空障碍较小,适合在规划区的新建管线定线。

测量地物点坐标时,应在两个测站上用不同的起始方向用极坐标法或两组前方交会法进行,交会角控制范围为 $30°\sim150°$,当两组观测值之差小于限差时,取两组观测值的平均值作为最终观测值。

在定线测量过程中,应进行控制点校核、图形校核和坐标校核等各种校核测量,校核限差应符合表 2-15 的规定。

表 2-15　校核测量的主要技术要求

项目	异站检测点位坐标差(cm)	直线方向点横向偏差(cm)	条件角验测误差(″)	条件边验测相对误差
规划线路	≤±5	≤±2.5	60	$\frac{1}{3000}$
非规划线路	≤±10	≤±3.5	90	$\frac{1}{2000}$

用导线点测设的管线中线桩位,应作图形校核,并在不同测站上后视不同的起始方向进行坐标校核。

（2）**地下管线竣工测量**

新建地下管线竣工测量应尽量在覆土前进行。当不能在覆土前施测时,应设置管线待测点并将设置的位置准确地引到地面上,做好点之记。新建管线点坐标的平面位置中误差不得超过 ±5 cm,高程中误差不得超过 ±3 cm。

管线竣工测量应采用解析法进行。应在符合要求的图根控制点或原定线的控制点上进行,在覆土前应现场查明各种地下管线的敷设状况,确定在地面上的投影位置和埋深,同时应查明管线属性,绘制草图并在地面上设置管线点标志。对照实地逐项填写"地下管线探查记录表"。管线点宜设置在管线的特征点或其地面投影位置上。在没有特征点的管线段上,宜按相应比例尺设置管线点,管线点在地形图上的间距≤15 cm;当管线弯曲时,管线点的设置应以能反映管线弯曲特征为原则。

（3）**横断面测量**

为了满足地下管线改扩建施工图设计的要求,有时还要提供某个或某几个路段的横断面图,这时需要做横断面测量。

横断面的位置要选择在主要道路（街道）有代表性的位置,一般一幅图不少于两个断面。横断面测量应垂直于现有道路（街道）进行布置,规划道路必须测至两侧沿路建筑物或红线外,非规划道路可根据需要确定。除测量管线点的位置和高程外,还应测量道路的特征点、地面坡度变化点和地面附属设施及建(构)物的轮廓。各高程点按中视法实测,高程检测较差不应超过±3 cm。

2.7.5 管线测量的质量检查

(1) 基本要求

对地下管线测量成果必须进行成果质量检验,质量检验时应遵循均匀分布、随机抽样的原则。一般采用同精度重复测量管线点坐标和高程的检查方式,统计管线点的点位中误差和高程中误差进行统计计算。检查比例:对地下管线图进行100%的图面检查和外业实地对图检查:对管线点按测区管线点总数的5%进行复测。复测时,地下管线点的平面位置较差不得超过±5 cm,高程的较差不得超过±3 cm。

(2) 质量评定标准

应按每一个测区随机抽查管线点总数的一定比例进行测量成果质量的检查,复测管线点的平面位置和高程。根据复测结果按公式(2-23)和(2-24)分别计算测量点位中误差 m_{cs} 和高程中误差 m_{ch}。当重复测量结果超过限差规定时,应增加管线点总数的5%进行重复测量,再计算 m_{cs} 和 m_{ch}。若仍达不到规定要求时,整个测区的测量工作应返工重测。

$$mcs = \pm\sqrt{\frac{\Sigma\Delta sci^2}{2nc}} \tag{2-23}$$

$$mch = \pm\sqrt{\frac{\Sigma\Delta hci^2}{2nc}} \tag{2-24}$$

式中, ΔSci、Δh_{ci} 分别为重复测量的点位平面位置较差和高程较差; n_c 为重复测量的点数。

(3) 检查报告编写

质量自检报告内容应包括以下几方面。

1) 工程概况。包括任务来源、测区基本情况、工作内容、作业时间及完成的工作量等。

2) 检查工作概述。检查工作组织、检查工作实施情况、检查工作量统计及存在的问题。

3）精度统计。根据检查数据统计出来的误差,包括最大误差、平均误差、超差点比例、各项中误差及限差等,这是质检报告的重要内容,必须准确无误。

4）检查发现的问题及处理建议。检查中发现的质量问题及整改对策、处理结果;对限于当前仪器和技术条件未能解决的问题,提出处理意见或建议。

5）质量评价。根据精度统计结果对该工程质量情况进行结论性总体评价(优、良、合格、不合格)。

2.8　架空管线调查与测绘

　　架空管线是工业厂区各生产装置之间不同介质输送的重要通道,液化烃、硫化氢、可燃性液体、腐蚀性液体、有毒气体等管线都采用架空管道的敷设方式,这样敷设有利于防火、便于检修和管理,但由于大型厂区管线建设周期长,年代久远,资料缺失严重,且生产装置多,装置之间管线种类众多,连接关系错综复查,靠"人为记忆"老旧管理模式的方式已经远远满足不了数字化、精细化工厂管理需求。为了能够及时、准确地为石油化工部门及其工程项目的规划设计、建设实施与运行管理等提供管线数据,同时也为厂区管理决策、规划设计、资源开发、安全生产、应急救灾提供高效、统一的信息化平台数据资料,管线作为厂区总图管理重要的一部分内容,需要准确获得管线的空间位置和相关属性信息,并在此基础上,建立管线三维模型,实现信息化管理。

　　由于厂区综合管廊敷设的复杂性,常规探测定点难度大,遮挡较为严重,很难获取管线的三维坐标,常规的测量难以实现管线数字化,常规探测进度缓慢且精度无法满足。为完整、系统地查明地下综合管廊及廊内管线分布状况,可采用三维激光扫描技术。

2.8.1　三维激光扫描技术

　　三维激光扫描通过构建三维数据库,进而对空间三维物体进行三维测量、模拟和分析;是测量领域的革命性技术,由原来单点测量,到现在的面式、体式测量,是信息领域的里程碑,由传统的影像信息与方位信息分离,到现在二者合一,可实现快速获取三维物体的影像及方位信息,解决了传统方法(如全站仪)在地下管线测量中无法准确判定管道中心、无法准确标定管道位置、某些管道无法测量等问题。用三维激光扫描技术进行地下综合管廊信息采集从而建立管廊及内部管道模型,从管道模型中提取管线信息建立综合管廊数据库,建立管线连接管线,可生成完整的地上地下管线图。三维激光扫描在以下方面具有传统技术手段无法比拟的优越性。

(1)**速度快**

对于地下空间结构的复杂性、场地局限性及隐蔽性,三维激光扫描技术可以更加高效地获取实体数据的三维信息和属性信息。

(2)**精度高**

三维激光扫描所获取的数据量大,数据密度高,能够全面真实地反映地下空间中不同地物及其现状的重叠和交错情况,从而可以精确地获得空间信息。

(3)**作业安全性高**

三维激光扫描技术是一种非接触式测量技术,在人员不便到达的情况下也可以方便地获取数据。

(4)**扩展性强**

获取的数据易于处理分析,可直接进行三维量测,也可与其他常用软件进行数据交换和共享,扩展了三维模型空间领域,有利于促进三维数字城市全方面信息的发展。

2.8.2 架空管道分布特点

厂区内地上管线多以管架方式敷设,管道内输送有多种不同的介质载体。生产装置多,管架上管道种类多,整个厂区范围内的管道走向和密集度比较复杂,管架上管道少则 3 层,多则 7 层,架空管道材质多为钢,弯头、多通点较多。为满足施工工艺的要求,管廊上的管道"U"型弯头也较多,由于管廊上的管道缝隙很小,有些地方用人的肉眼甚至看不清楚,如此密集的管线常规测量难度非常大。架空管道示意图如图 2-26 所示。

图 2-26　架空管道示意

2.8.3　架空管道激光扫描

基于三维扫描技术的特点和优势,工业化工、冶炼等厂区综合架空管道数字化建设以三维扫描技术具有一定优势,工作流程及方法如下所述。

（1）**现场勘查**

勘查的目的是对整个厂区进行勘查,包括测区内的管道结构、管道走向、管道密集程度,以及不同区域内的情况差异等设计厂区内部的工作方案。通过踏勘,首先根据管道密集度及管廊变化情况,对管廊交汇处及管廊内管道密度较大的区域制定了重点扫描测量,增加架站测量密度,对管廊内部管线稀疏且视野良好的区域测量只需满足内业处理要求即可。其次勘察厂内的交通以及安全状况,根据测区现状将整个厂区划分成不同的测量区域,分别进行编号,方便控制点的编号及布设,在进行数据坐标配准时,小区域的坐标配准能够消除累积误差,提高数据配准精度。

（2）**布设控制点**

厂区范围内的测量区域划分编号之后,根据现场踏勘情况进行控制点的选点与布设,布设图根控制点。并且根据测区编号相应的对三维扫描靶标点进行编号,标注在影像图上,方便后续内业点云的大地坐标校正。

三维激光扫描测量系统对物体进行扫描后采集到的空间位置信息是以特定的坐标系为基准的,称为仪器坐标系,通常定义为:坐标原点位于激光束发射处,Z 轴位于仪器的竖向扫描面内,向上为正;X 轴位于仪器的横向扫描面内与 Z 轴垂直;Y 轴位于仪器的横向扫描面内与 X 轴垂直,同时 Y 轴正方向指向物体,与 X 轴、Z 轴一起构成右手坐标系,如图 2-27 所示。

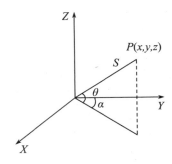

图 2-27 仪器坐标系

三维激光扫描点的坐标(X,Y,Z)为

$$X = S \cos \theta \sin \alpha \tag{2-25}$$

$$Y = S \cos \theta \cos \alpha \tag{2-26}$$

$$Z = S \sin \theta \tag{2-27}$$

在进行靶标点点位选取时,按照均匀合理分布的原则,选择不在同一直线和平面上,防止坐标配准时的误差增大,黑白靶标平面正对测量方向,保证靶标平面有足够的点云数据,能够精确拟合中心位置。同时靶标选择施工期间的固定位置,不能布设在临时的钢结构支架等临时位置,防止被破坏。为保证点云数据配准的精确性,布设的靶标点数目至少是 5 个,其中 4 个进行坐标校正,剔除其中校正误差最大的控制点,另外一个靶标点作为备用点防止控制点脱落或被破坏,使用扫描仪匹配的黑白靶标作为坐标校正点布设到测区的不同位置。

使用精确检校的带有免棱镜测量功能的全站仪进行靶标点的坐标测量,将仪器架设在已经布设的厂区内的工程控制网图根点上,使用免棱镜模式,照准黑白靶标的中心位置进行测量,测量点号与靶标点编号相同。通过图根控制点对靶标点进行测量,利用布设的靶标点对点云数据进行坐标校正,使其拥有相同的本地坐标系或者国家大地坐标系,方便后期做数据比对和分析。

（3）**管道扫描**

根据不同的复杂程度采取不同的测量方法。管道走向清晰、视野开阔的情况下不同测站间的距离可以适当扩大,相邻测站间的数据通过连接球进行拼接。在测站密度较大的区域可以直接进行测量,不同测站之间直接通过公共平面进行拼接。

部分管道拐点或者管廊之间相互交错,测量难度较大,可进行加密测站数量,通过不同管道中间的空间获取尽量完整的管道点云,首先增加管道拟合的精确度,其次使管道追踪拟合更加连贯,减少内业处理的难度以及外业调查的工作量,扫描时尽量通过不同的视野方向获取较为完整的扫描点云,保证内业数据处理的精确性。其中最为重要的是扫描仪架站位置的选择,通过肉眼观察,在保证管道扫描完整性的前提下尽量避免重复架站,减少点云重复采集。每个测区内尽量保证60~80个扫描测站为宜,根据测站数目及管道情况进行测区划分,管廊交叉的路口位置应尽量设置为一个测区。

在进行外业数据扫描时,应将测区内的黑白靶标控制点的大体位置标注在影像图上,记录控制点点号以及扫描控制点的测站号,以备内业控制点的提取。

(4)点云数据处理

1)点云提取。由于点云数据量较大,对计算机的软硬件要求极高,数据内业处理的工作量更加烦琐。为保证管道点云的细节完整性,将外业测量的所有点云全部提取。

2)点云拼接。以测区工程文件为单位进行测站拼接,拼接完成的点云数据进行保存,由于外业测量的测站密度较大,使用基于平面的无目标拼接方式一般能够满足拼接要求,如出现未配准的测站,可以根据不同测站之间的公共平面利用基于点云的配准工具进行人工配准,架空管廊点云示意图如图2-28所示。

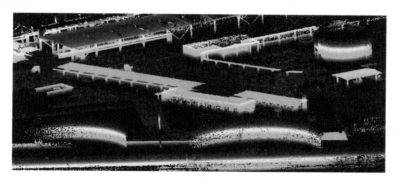

图 2-28　架空管廊点云数据

3)坐标统一。利用数据处理软件的目标提取工具,提取外业扫描的控制点,软件会根据黑白相间点云提取靶标中心位置并显示拟合误差,修改控制点点号使其与外业测量点号相同。利用大地坐标校正工具将全站仪测量的控制点坐标与点云提取坐标进行一一对应,参与校正的控制点不同校正误差也不同,选取校正误差最小的三个点进行坐标校正,使点云与厂区内工程控制网相匹配。

4)管线提取。删除点云数据中的噪声点以及非管道数据,将管道点云数据单独创建一个目标,提高计算机的数据处理效率,方便对管线数据的建模处理。通过点云数据提取的管线中心线如图2-29所示。

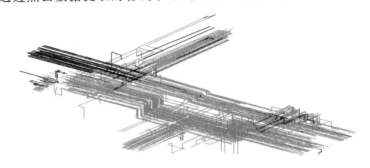

图2-29 点云数据提取的管线中心线

(5)管道数据复查

由于整个厂区范围内的管线数量巨大,管线走向相当复杂,内业处理的管线中心线有时不能完全准确,应通过再次进行外业调查对数据的准确性进行修正,以保证数据的精确无误。另外,外业厂区现有在用全部管廊管线种类、用途、管径和载体介质等属性调查尤为重要,应确保管线属性数据的完整性。

(6)管道建模

经过提取处理的管道点云数据需要进行管道模拟建模,由于不同的管道半径存在差异,需要对不同的管道逐个进行建模。根据扫描的管道点云数据进行管道半径模拟,然后根据同一半径进行管道模拟,直到这条管道结束。参与管道模拟计算的点云会高亮显示,管道的走向应与实际点云分布尽量好得贴合,减少整条管道的拟合误差。每一条管线模型形成一个数据文件,不同的走向变化形成一个模型段。最后将所有的管道模型的中心线输出成DXF文件。将不同测区内的管道中心线根据空间关系进行连接,进而使整个厂区内的中心线数据成为一个整体。通过管线中心线生成的管道模型对比图如图2-30所示。

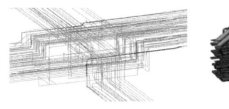 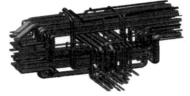

图 2-30　管线线型和模型对比

2.8.4　三维激光扫描效果

实践证明,相对于传统测量方法,三维激光扫描技术数据获取速度快,能够快速地反映目标的实时现状,提高了作业效率;三维扫描采集数据量大,点位精度高,能够非常精确地采集目标表面的数据信息;三维扫描技术采用主动激光测量,可以全天候地采集数据等,能够测获得管线表面点的三维空间坐标,完成复杂管线的点、线的三维测量,实现无接触测量,变传统测量方式,可以从不同视角获取海量密集精确的三维管线点云数据,辅以专业的后处理软件,快速建立厂区管道的三维模型,有助于实现架空管廊数字化测量。

③ 地下管线数据处理

城市地下管线普查后形成的数据是地下管线信息管理系统的核心,数据库包括地形信息及地下管线的空间和属性信息,将这些数据按照标准要求通过数据处理软件录入计算机,建立地形底图库、管线信息数据库,并经过查错程序检查、排查错误,确保数据库中数据和资料的准确,为建立地下管线信息管理系统打下坚实基础。

3.1　管线数据采集处理一体化

地下管线数据采集处理是一项烦琐、复杂的工作,数据量大、内容多,涉及质量和效率的问题。为了方便处理繁杂的管线数据,减少中间环节,提高内业处理管线数据的工作效率,设计研究内外业一体化技术的数据采集与处理技术系统,以期改善沿用多年且已逐渐落后于时代步伐的作业模式,为城市地下管线数据采集和处理提供一种新的工具与手段。

3.1.1　一体化体研发目标

（1）**先进性**

采用先进的技术理论体系,空间数据采集自动化程度高,内业数据处理及成图采用程序命令控制,人工干涉少、技术手段先进,可满足相关技术标准和要求的数据成果。

（2）**开放性**

数据处理软件需要强大的功能,在数据入库的同时可以根据用户的需要转换成用户所需求的各种数据格式。数据入库后,形成标准数据格式或者用户自定义的数据格式,便于数据编辑修改、增删,适用于多个内外业的数据通讯转换,使数据具有较好的开放性,才能满足地下管线信息安全系统平台的需要。

（3）**规范性**

根据地下管线探查特点,严格按相关技术所规定的标准执行。通过规范地下管线探查相关的技术标准为依据,结合实际生产过程,对每一工序的探查执行技术标准,加强工程的过程质量控制,保证各工序过程成果的正确性。

（4）**安全性**

地下管线运营管理涉及多部门和多过程,只有通过制定严格的加密程序和权限设置,约束各种成果资料及原始资料的泄密。

3.1.2　一体化体系构成

地下管线数据采集处理一体化主要由两大部分组成,即基于 Android 系统的地下管线数据外业采集记录系统和基于 AutoCad 二次开发的地下管线数据内业处理系统,二者通过数据通讯有机地结合起来,见图 3-1。

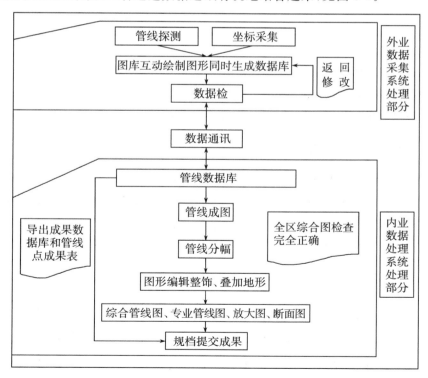

图 3-1　数据采集处理一体化流程

3.1.3 关键技术应用及开发

（1）在线地图本地缓存

利用在线地图离线缓存技术，可联网时在线读取如谷歌地图、微软必应地图、天地图等在线地图服务数据，同时将地图数据缓存到本地数据库中，实现地图二次读取缓存功能。

（2）GPS 纠偏处理与地图匹配

地图数据在互联网上发布前都要统一进行加密偏移处理，致使 GPS 采集的坐标和在线地图坐标两者之间存在一定偏差，偏差值与所在的地区有关，不同的地区，其偏差值不一样。因此，在利用互联网发布的地形底图作为管线参考底图时，必须先对 GPS 数据进行转换、修正等处理。

（3）数据通讯技术

利用 Android 平台和移动通讯网络，定义相关通讯协议，开发实时通讯与控制相关软件模块，实现双向数据通讯与控制。

（4）图库互动编辑

利用定义图库互动编辑相关消息和接口，在对数据库进行记录添加、删除、修改时发送相对应的消息，在涉及管线图形编辑，如管点管线绘制、修改、删除等模块中实现此接口，实现图库互动编辑功能。

3.1.4 一体化数据结构标准

数据分类和数据库结构是管线数据记录和成图的必要条件，只有建立标准统一的管线分类和数据库结构，才能为实现内、外业数据采集及处理一体化提供支撑。为了保证地下管线数据采集和数据处理系统的兼容，设计的数据结构标准具有开放性。开放的数据结构，不仅能够方便地转出不同结构要求的数据，也便于与其他系统进行数据转换，形成其他平台的数据结构及图形文件。

（1）管线数据分类

由于地下管线种类和管线属性较多，为了有效地区分不同的管线类别和不同的管线属性，在建立地下管线数据库前进行管线数据分类，确保能够在数据库和图形中区分开来，避免混淆，见表 3-1。

表 3-1 管线数据分类

管线分类				颜色	
大类		子类		名称	色号
给水	JS	给水	JS	深蓝	5
		原水	OS	深蓝	5
		中水	ZS	深蓝	5
排水	PS	雨水	YS	棕色	44
		污水	WS	棕色	44
燃气	RQ	煤气	MQ	粉红	6
		天然气	TQ	粉红	6
		液化气	YH	粉红	6
工业	GY	氢气	QQ	橘黄	30
		氧气	OQ	橘黄	30
		乙炔	YQ	橘黄	30
热力	RL	蒸汽	ZQ	紫色	200
		热水	RS	紫色	200
电力	DL	供电	GD	大红	1
		路灯	LD	大红	1
		交通信号	XH	大红	1
通讯	TX	中国电信	DX	深绿	94
		中国联通	LX	深绿	94
		中国移动	MX	深绿	94
		铁通	TT	深绿	94
		电力通讯	EX	深绿	94
		热力通讯	RT	深绿	94
		长途传输局	CX	深绿	94
		监控信号	KX	深绿	94
		军用光缆	JX	深绿	94
		保密	BX	深绿	94
		有线电视	TV	浅绿	70

管线分类				颜色	
大类		子类		名称	色号
能源	NY	石油	SY	橘黄	30
综合管沟	ZH	综合管沟	ZH	黑色	255
人防	RF	人防	RF	黑色	255
基础地形				灰色	252

（2）**数据库结构标准**

管线数据库包括管线点库和管线线库，管线点库是体现管线点的特征，而管线线库体现管线点之间的管线的属性，通过管线点库和线库将整条管线有机地统一起来，完整地显示其特征和属性。

① 管线点库结构见表 3-2。

表 3-2 管线点库结构

字段名	类型	中文意义	备注
Exp_No	Text(12)	物探点号	管类码＋测区号＋流水号
Map_No	Text(5)	图上点号	1∶1000 图幅内唯一识别码
X	DOUBLE	X 坐标	米为单位，小数位 3 位
Y	DOUBLE	Y 坐标	米为单位，小数位 3 位
H	DOUBLE	地面高程	米为单位，小数位 3 位
S_Code	Text(20)	点符号编码	
Feature	Text(8)	特征	
Subsid	Text(8)	附属物	
OFFSET	TEXT(12)	偏心井位	当 Exp_No 为偏心点时，填入偏心点附属物中心点号
XMAPNO	DOUBLE	位移后的图上点号的位置 X 坐标	按测量坐标系
YMAPNO	DOUBLE	位移后的图上点号的位置 Y 坐标	按测量坐标系

字段名	类型	中文意义	备注
PointCode	Text(8)	点分类代码	
Rotang	DOUBLE	点符号旋转角(弧度)	按 AutoCAD 坐标系
MapNumber	TEXT(14)	图幅号	
BDeep	DOUBLE	井底深度	
ROADCODE	TEXT(30)	道路代码	直接填写道路名称
井盖尺寸	TEXT(20)	井盖尺寸	
井盖材质	TEXT(20)	井盖材质	
探查单位	TEXT(50)	探查单位	
备注	TEXT(20)	备注	井盖中心点/淤塞

② 管线线库结构见表 3-3。

表 3-3　管线线库结构

字段名	类型	中文意义	备注
S_Point	Text(12)	起点物探点号	与点表编码同
E_Point	Text(12)	连接方向	终点物探点号
S_Deep	SINGLE	起点埋深	雨污排水管注管底埋深
E_Deep	SINGLE	终点埋深	雨污排水管注管底埋深
S_H	DOUBLE	起点管顶高程	雨污排水管注管底高程
E_H	DOUBLE	终点管顶高程	雨污排水管注管底高程
Material	Text(8)	材质	
D_Type	INTEGER	埋设类型	
D_S	Text(50)	管径	直径或宽×高或内径+外径(热力)
Mdate	Long Date	建设年代	
B_Code	Text(30)	管线权属单位代码	
PBCode	Text(10)	管线通道权属单位代码	管线通道指管沟、管块或套管
Line_Style	Text(20)	线型	
Cab_Count	Text(10)	电缆条数	例:3/1(材质为铜/光)
Vol_Pres	Text(10)	电压值/压力值	电压值/高压中压低压

字段名	类型	中文意义	备注
Hole_Count	Text(10)	管块或套管总孔数	孔数或列孔数 X 行孔数
B_Hole	Text(10)	本权属分配孔数	本权属分配孔数
Hole_Used	Text(10)	本权属占用孔数	本权属占用孔数
PD_S	Text(20)	套管尺寸	铁/塑/灰(含线类管沟通道)
ROADCODE	TEXT(30)	道路代码	
Flow_D	INTEGER	流向	0——起点到终点、 1——终点到起点
探查单位	TEXT(50)	探查单位	
备注	TEXT(20)	备注	工业、热力等流体类型或内容
壁厚	INTEGER	壁厚	排水类的标注壁厚
建设年代	日期		
Link_Code	TEXT(12)	管沟标志码	标志该段管线所在的管沟段
LineCode	TEXT(8)	线编码	

③ 管线点符号标准:为了在地下管线图形中显示各种管线点的特征和属性,制定各种管线点的符号及编码,方便在管线采集、处理及管理各个系统中利用。管线点符号表见表 3-4。

表 3-4　管点符号

适用管线类别(大类)	符号编码	符号	符号尺寸/mm	符号名称
JS/PS/RQ/RL/GY/TX/DL	QBD			图边点(测区边点)
JS/PS/RQ/RL/GY/TX/DL	TCD	○	1.0	探查点
JS/PS/RQ/RL/GY	BC		1.0	变材点
JS/PS/RQ/RL/GY	BJ	○▷	1.0+2.0	变径
PS/TX/DL	YLK	○---	2.0+8.0	预留口(短虚线 1:1)
JS/PS/RQ/RL/GY/TX/DL	FPC	○---	1.0+8.0	非普查区(虚线 2:1)

适用管线类别（大类）	符号编码	符号	符号尺寸/mm	符号名称
JS/PS/RQ/RL/GY/TX/DL	PXD		1.0	偏心点
JS/PS/RQ/RL/GY/TX/DL	LCD		1.0	量测点
JS/PS/RQ/RL/GY	FM		2.0+1.6	阀门
TX/DL	SG		1.0+3.0	上杆
JS/RQ/RL/GY	CD		1.0+3.0	出地
TX/DL	JBD		1.0	进出井点（一井多盖）井边点
JS/PS/RQ/RL/GY	DFM		1.0	一井多阀
JS/RQ/RL/GY	BZ		2.0	泵站
JS	JSYJ		2.0	窨井
JS	FMK		2.0＊1.0	阀门孔
JS	SBJ		2.0	水表井
JS	XFS		2.0+1.6	消防栓
JS	SB		2.0	水表
JS	JSFMJ		2.0	阀门井
JS/PS	PQF		2.0	排气阀（井）
JS	PSF		2.0	排水阀
JS	JYBZ		2.0	加压泵站
JS	CTD		2.0	测压点

适用管线类别（大类）	符号编码	符号	符号尺寸/mm	符号名称
JS	CLD		2.0	测流点
JS	SZJCD		2.0	水质监测点
RQ	RQYJ		2.0	窨井
RQ	RQTYX		2.0	调压箱
JS/RQ/RL/GY	GM		2.0+1.0	管帽（堵头）
RQ	BXG		2.0	波形管
RQ	NSG		2.0X1.5	凝水缸
RQ	YLB		2.0	压力表
RQ	RQYJ		2.0	阀门井
RQ	YJCSZ	Y	2.0	阴极测试桩
RQ	RQTYZ		2.0	调压站
PS	PSYJ		2.0	排水窨井
JS/PS	CSK	>	2.0<60度	出水口
JS/PS	JSK	<	2.0<60度	进水口
PS	YB		1.0X3.0	雨水篦
PS	YSJ		2.0	雨水井
PS	PSBZ		2.0	排水泵站
PS	YLJ		2.0	溢流井

适用管线类别(大类)	符号编码	符号	符号尺寸/mm	符号名称
PS	JCJ		2.0	检查井
PS	ZMJ		2.0	闸门井
DL	DLYJ		2.0	人孔
DL	DLSK		2.0	手孔
DL	BYQ		3.0×2.0	变压器
DL	PDF		3.0×3.0	配电房
DL	GGP		2.0	广告牌
DL	DLJXX		2.0×3.0	接线箱
DL	TFJ		2.0	通风井
DL	DG		2.0×4.0	路灯
DL	JTXHD		2.0×4.0	交通信号灯
DL	DD		2.0×1.0	地灯
DL	XG		1.0	电杆
DL	GYT		2.0	高压线塔架
TX	TXYJ		2.0	人孔
TX	TXSK		2.0	手孔
TX	DHT	T	2.0+2.0	电话亭
TX	TXJXX		2.0×3.0	接线箱

适用管线类别(大类)	符号编码	符号	符号尺寸/mm	符号名称
TX	TGFZD		1.0	同沟分支点
RL	RLYJ		2.0	窨井/检修井
RL	PCK		1.0+1.6	排潮孔
RL	FMJ		2.0	阀门井
RL	SSQ		1.6+2.0	疏水
RL	ZKB		1.6+2.0	真空表
RL	GDJ		2.0	固定节
RL	AQF		1.6+2.0	安全阀
RL	CSJ		2.0	吹扫井
GY	GYYJ		2.0	窨井
GY	FMJ		2.0	阀门井
RF	RFCRK		2.0×3.0	人防出入口
TX	JKQ		3.0×0.75	监控器
JS	XFJ		2.0+1.6	消防井

④ 点线编码表标准:为了系统开发的方便和有序,以代码的形式代替管线点、线类型,保证2个系统的一致。管线点线的编码见表3-5。

表 3-5　点线编码表

点线类型	代码	符号编码	名称	备注
DL-L	1000	DL	电力线	
DL-L	1001	GY	高压	35～220 kV
DL-L	1002	ZY	中压	6～35 kV(不含 35 kV)
DL-L	1003	DY	低压	6 kV 以下(不含 6 kV)
DL-L	1100	GD	供电电缆	
DL-L	1101	GY	高压	
DL-L	1102	ZY	中压	
DL-L	1103	DY	低压	
DL-L	1200	LD	路灯电缆	
DL-L	1300	XH	信号灯电缆	
DL-L	1400	DC	电车电缆	
DL-L	1500	GG	广告灯电缆	
DL-L	1600	LG	电力电缆沟	
DL-L	1601	GY	高压	
DL-L	1602	ZY	中压	
DL-L	1603	DY	低压	
DL-L	1700	ZX	直流专用线路	
DL-P	1800	DL	附属设施	
DL-P	1801	BDZ	变电站	
DL-P	1802	PDF	配电房	
DL-P	1803	BYQ	变压器	
DL-P	1804	DLYJ	人孔(检修井)	
DL-P	1805	KZG	控制柜	
DL-P	1806	DG	灯杆(路灯)	
DL-P	1807	XG	线杆	
DL-P	1808	SG	上杆	
DL-P	1809	DLJXX	接线箱	
DL-P	1810	TFJ	通风井	

续表

点线类型	代码	符号编码	名称	备注
DL-P	1811	DLSK	手孔	
DL-P	1812	GYT	高压线塔架	
DL-P	1813	DD	地灯	
DL-P	1814	GGP	广告牌	
DL-P	1815	JTXHD	交通信号灯	
DL-P	1894	JBD	井边点(进出井点)	
DL-P	1895	LCD	量测点	
DL-P	1896	PXD	偏心点	
DL-P	1897	FPC	非普查区	
DL-P	1898	YLK	预留口	
DL-P	1899	TCD	探查点	
TX-L	2000	TX	通讯电缆	
TX-L	2010	RT	热力通讯	
TX-L	2100	GB	广播电缆	
TX-L	2110	DX	中国电信	
TX-L	2120	LX	中国联通	
TX-L	2130	MX	中国移动	
TX-L	2140	TT	中国铁通	
TX-L	2150	EX	电力通信	
TX-L	2160	KX	监控信号	
TX-L	2170	JX	军用电缆	
TX-L	2180	BX	保密电缆	
TX-L	2190	TV	有线电视	
TX-L	2200	CX	长途传输	
TX-L	2300	BM	保密电缆	
TX-P	2400	TX	附属设施	
TX-P	2401	TXYJ	人孔(检修井)	
TX-P	2402	TXSK	手孔	

点线类型	代码	符号编码	名称	备注
TX-P	2403	TXJXX	分线箱（接线箱）	
TX-P	2404	XG	线杆	
TX-P	2405	SG	上杆	
TX-P	2406	DHT	电话亭	
TX-P	2407	JKQ	监控器	
TX-P	2493	TGFZD	同沟分支点	同沟不同井的沟分支点
TX-P	2494	JBD	井边点（进出井点）	
TX-P	2495	LCD	量测点	
TX-P	2496	PXD	偏心点	
TX-P	2497	FPC	非普查区	
TX-P	2498	YLK	预留口	
TX-P	2499	TCD	探查点	
JS-L	3000	SS	上水管道	
JS-L	3100	PS	配水管道	
JS-L	3200	XS	循环水管道	
JS-L	3300	XF	专用消防水管道	
JS-L	3400	LH	绿化水管道	
JS-L	3401	ZS	中水管道	
JS-P	3500	JS	附属设施	
JS-P	3501	JSYJ	检修井	
JS-P	3502	JSFMJ	阀门井	
JS-P	3503	SB	水表	
JS-P	3504	JSPQJ	排气阀（井）	
JS-P	3505	JSPWJ	排污阀（井）	
JS-P	3506	XFS	消防栓	
JS-P	3507	FM	阀门（地面）	
JS-P	3508	SYJ	水源井	
JS-P	3509	ST	水塔	

续表

点线类型	代码	符号编码	名称	备注
JS-P	3510	SC	水池	
JS-P	3511	BZ	泵站	
JS-P	3512	JSK	进水口	
JS-P	3513	CSK	出水口	
JS-P	3514	CDC	沉淀池	
JS-P	3515	FMK	阀门孔	
JS-P	3516	SBJ	水表井	
JS-P	3517	CD	出地	
JS-P	3518	JSPQF	排气阀	
JS-P	3519	JSPSF	排水阀	
JS-P	3520	JYBZ	加压泵站	
JS-P	3521	CYD	测压点	
JS-P	3522	CLD	测流点	
JS-P	3523	SZJCD	水质监测点	
JS-P	3524	GM	管帽	
JS-P	3525	XFJ	消防井	
JS-P	3592	BC	变材点	
JS-P	3593	BJ	变径	
JS-P	3594	DFM	一井多阀	
JS-P	3595	LCD	量测点	
JS-P	3596	PXD	偏心点	
JS-P	3597	FPC	非普查区	
JS-P	3598	YLK	预留口	
JS-P	3599	TCD	探查点	
PS-L	4000	YS	雨水管道	
PS-L	4100	WS	污水管道	
PS-L	4200	HS	雨污合流管道	
PS-P	4300	PS	附属设施	

点线类型	代码	符号编码	名称	备注
PS-P	4301	PSYJ	排水窨井	排水检修井
PS-P	4302	YB	雨篦	
PS-P	4303	CSK	出水口	
PS-P	4304	WB	污篦	
PS-P	4305	JSK	进水口	
PS-P	4306	CQJ	排气阀井	出气井
PS-P	4307	YSJ	雨水井	
PS-P	4308	PSBZ	泵站	
PS-P	4309	YLJ	溢流井	
PS-P	4310	JCJ	检查井	
PS-P	4311	ZMJ	闸门井	
PS-P	4312	HFC	化粪池	
PS-P	4313	FM	阀门	
PS-P	4393	BC	变材点	
PS-P	4394	BJ	变径	
PS-P	4395	LCD	量测点	
PS-P	4396	PXD	偏心点	
PS-P	4397	FPC	非普查区	
PS-P	4398	YLK	预留口	
PS-P	4399	TCD	探查点	
RQ-L	5000	MQ	煤气管道	
RQ-L	5100	YH	液化气管道	
RQ-L	5200	TR	天然气管道	
RQ-P	5300	RQ	附属设施	
RQ-P	5301	RQYJ	阀门井	
RQ-P	5302	FM	阀门（地面）	
RQ-P	5303	NSG	凝水缸	
RQ-P	5304	RQTYX	调压箱	

续表

点线类型	代码	符号编码	名称	备注
RQ-P	5305	RQTYZ	调压站	
RQ-P	5306	GM	管帽（堵头）	
RQ-P	5307	BXG	波形管	
RQ-P	5308	YLB	压力表	
RQ-P	5309	CD	出地	
RQ-P	5310	YJZ	阴极测试桩	
RQ-P	5311	JXJ	窨井	
RQ-P	5392	BC	变材点	
RQ-P	5393	BJ	变径	
RQ-P	5394	DFM	一井多阀	
RQ-P	5395	LCD	量测点	
RQ-P	5396	PXD	偏心点	
RQ-P	5397	FPC	非普查区	
RQ-P	5398	YLK	预留口	
RQ-P	5399	TCD	探查点	
RL-L	6000	ZQ	蒸汽管道	
RL-L	6100	RS	热水管道	
RL-P	6200	RL	附属设施	
RL-P	6201	RLYJ	阀门井	
RL-P	6202	FM	阀门（地面）	
RL-P	6203	RLYJ	检修井	
RL-P	6204	CD	出地	
RL-P	6205	ZKB	真空表	真空表、真空井
RL-P	6206	GDJ	固定节	
RL-P	6207	AQF	安全阀	
RL-P	6208	SSQ	疏水	疏水器、疏水器组、疏水井
RL-P	6209	CSJ	吹扫井	吹扫口
RL-P	6210	PCK	排潮孔	

点线类型	代码	符号编码	名称	备注
RL-P	6292	BC	变材点	
RL-P	6293	BJ	变径	
RL-P	6294	DFM	一井多阀	
RL-P	6295	LCD	量测点	
RL-P	6296	PXD	偏心点	
RL-P	6297	FPC	非普查区	
RL-P	6298	YLK	预留口	
RL-P	6299	TCD	探查点	
RS-P	6300	CSK	出水口	
GY-L	7000	QG	氢气管道	
GY-L	7100	YG	氧气管道	
GY-L	7200	YQ	乙炔管道	
GY-P	7400	GY	附属设施	
GY-P	7401	GYYJ	检修井	
GY-P	7402	GYYJ	检修井（石油）	
GY-P	7403	CD	出地	
GY-P	7492	BC	变材点	
GY-P	7493	BJ	变径	
GY-P	7494	DFM	一井多阀	
GY-P	7495	LCD	量测点	
GY-P	7496	PXD	偏心点	
GY-P	7497	FPC	非普查区	
GY-P	7498	YLK	预留口	
GY-P	7499	TCD	探查点	
RF-L	8000	RF	人防/人行地下通道工程	
RF-P	8001	RFCRK	人防/人行地下通道出入口	
NY-L	9000	SY	石油管道	
NY-P	9100	NY	附属设施	

续表

点线类型	代码	符号编码	名称	备注
NY-P	9101	NYYJ	检修井	
NY-P	9102	NYYJ	检修井（石油）	
NY-P	9103	CD	出地	
NY-P	9104	BC	变材点	
NY-P	9105	BJ	变径	
NY-P	9106	DFM	一井多阀	
NY-P	9107	LCD	量测点	
NY-P	9108	PXD	偏心点	
NY-P	9109	FPC	非普查区	
GY-P	9110	YLK	预留口	
GY-P	9111	TCD	探查点	

3.2 管线数据采集系统开发

地下管线外业数据采集系统采用电子记录技术,研究开发移动式基于 PDA 的地下管线探查数据采集系统。作为地下管线数据采集记录的第一道关,系统将管线探查数据以图、库相结合的形式,通过快速、高效、直观地对管线数据采集记录进行操作,然后通过数据通讯到内业数据处理,实现内外业管线成图一体化、图库互动的作业模式,开发出管线数据采集系统实现以下目标。

地下管线数据采集系统以 Arcgis for Android 为底层开发平台,sqlite 作为数据库平台,采用了面向对象的设计方法,使用 Visual Studio 2005 可视化程序开发工具,系统可以在 Android 4.1 版本及以上等操作系统中运行。

地下管线数据采集系统特征体现在系统自定义设置功能灵活、图库互动录入功能全面、管线动态更新功能简单、地图显示功能强大和数据通讯转换功能方便。

3.2.1　系统文件构成与界面布置

（1）系统文件构成

地下管线数据采集系统研发时考虑系统文件多样的特点及数据的可追溯性需求，在文件管理上建立了规范的目录和路径管理，系统相关文件全部存放在特定的主目录中，在主目录下建立不同的子目录文件，每个子目录存放不同的内容，包括系统设置相关数据库、工程数据库、本地离线地图数据，系统管点符号、系统多媒体文件、系统日志相关文件、系统文本格式输出文件及系统临时文件。

（2）系统界面布置

系统主界面分为两部分，位于屏幕顶部的操作工具条和工具条下部的地图显示窗口。工具条中包括当前管类选择列表框和操作工具按钮，地图显示窗口中包括操作工具按钮和一个指北针，系统所有功能通过调用系统主菜单进行实现，主菜单通过设备菜单按键调出。

3.2.2　系统结构设置

在地下管线探查数据采集中，由于各个地方技术标准的要求不同，在基于一体化体数据结构和标准的基础上，对地下管线数据外业采集系统内研发出针对不同对象的设置处理，实现各项功能应用。系统设置涵盖以下方面。

（1）系统目录设置

系统目录设置用于指定系统的工作路径和相关文件保存位置，建立默认工作路径为主的 sdcard 子目录 pdcrs 中，见图 3-2。

图 3-2　系统目录界面

（2）系统模式设置

系统模式设置用于指定系统管线图形加载模式，见图 3-3。当管线数据量效小时，可指定为"打开模式"或"加载模式"，当管线数据量比较大时，选择"重绘模式"，系统默认为"重绘模式"。

图 3-3　系统绘图模式

（3）数据表名设置

数据表名用于指定系统管类表名命名规则，数据表设置可以按照"数据表按管线大类命名"，也可以按照"数据表按管线小类命名"，视工作要求而定。管线大类命名主要以管线的功能而定，一般分为 8 大类，而小类命名则是以管线的权属单位命名，一般大约 30 小类。数据表设置见图 3-4。

图 3-4　数据表设置

（4）管线类别设置

管线类别设置用于设置当前数据格式中所有管线代码及管线名称，可以按照子类代码和名称设置,也可以按照大类代码设置,视管线探查要求而定,通过管线类别的设置实现管线不同类别、颜色和埋设方式,见图 3-5。对应管线类别在图形中所显示的颜色,可以填写 AutoCAD 索引颜色,也可以填写格式如:0,0,255 RGB 颜色。根据管线顶、中心、底不同类型可用数字"1、2、3"表示,操作方便。

图 3-5　管线类别设置

（5）管线字段设置

管线字段设置用于当前数据格式中点表字段和线表字段的字段名称和字段类型等信息,包括字段名称、显示字段、数据类型、字段长度、小数位数、所在位置及是否为空,见图 3-6。

（6）管线特征设置

管线特征设置用于当前数据格式中点表字段和线表字段的可选填写字段值信息设置,管线特征设置包括子别代码、字段名称、字段值、编码、代码、符号、符号角度等,见图 3-7。

图 3-6　管线字段设置　　　　图 3-7　管线特征设置

（7）字段对应设置

字段对应设置用于当前数据格式中点表字段和线表字段中某些必要字段的标识信息设置，只能对记录进行修改，不能新增或删除记录，见图3-8。

图 3-8　字段对应设置

（8）管点字体大小设置

用于设置地图窗口中管点对应的物探点号的字体的大小，见图3-9。

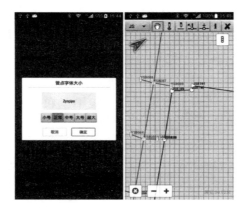

图 3-9　管点字体大小设置

（9）管点符号大小设置

用于设置地图窗口中管点符号的显示大小，见图3-10。

图 3-10　管点符号大小设置

（10）明显点标识设置

用于对明显管线点进行标识，设置值为明显管线点的特征或附属物字段值，不同值之间用逗号进行分隔，见图 3-11。

图 3-11　明显点标识设置

（11）背景地图模式设置

用于设置地图显示窗口背景地图的显示模式，共可分为以下模式：矢量图层、卫星图层、地形层、道路层等，见图 3-12。

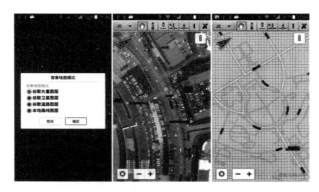

图 3-12　背景地图模式设置

（12）其他设置

其他设置包括开启晃动截图、屏幕常亮、显示收测点号等。

3.2.3　采集系统功能设计

（1）工程项目文件操作

按设备菜单按键实现工程项目文件系统主菜单实现新建工程文件、打开已有工程文件、关闭打开的工程文件等功能，见图 3-13。

图 3-13　数据录入界面

（2）选定当前管类

在开始绘制管点或管线录入属性前，根据当前管类通过工具条上下拉例表框进行选定,见图 3-14。

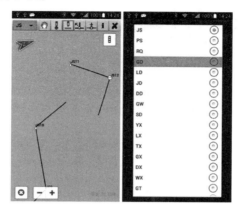

图 3-14　管类的选取操作

（3）**绘制管点**

绘制管线点考虑了两个方面的因素:方便适用和管线点的唯一性。使用时系统自动调入当前管类前一次管点绘制时保存的各字段历史内容,系统默认对物探点号在前次点号值上进行序号累加处理,也可重新指定点号。如果当前给定物探点号在数据库中已经存在,系统将进行提示,另外增加了拍照功能,见图 3-15。

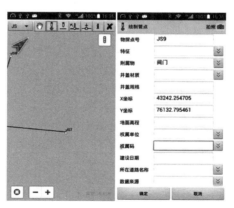

图 3-15　绘制管点

（4）**绘制管线**

在工具条上选定管线绘制按钮并在管类下拉列表中选定当前管类代码,系统自动调入选定的起终点的点号及埋深信息,输入管线相关属性后,点击"确定",系统会在地图窗口新建一条选定起点至终点的管线段,同时在当前打开工程数据库对应线表中加入相关记录信息,见图3-16。

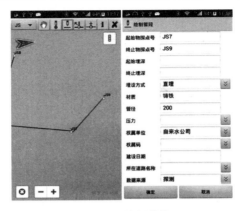

图3-16　绘制管线

（5）**移动管点**

在工具条上选定移动管点按钮以画线方式起笔在管线点上,在合适位置抬笔,如果起笔位置存在管线点,则该管点和与之相连管段被移动到抬笔位置,此功能用于对管线位置调整,见图3-17。

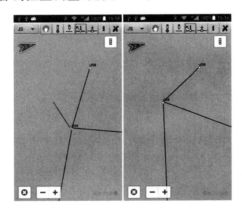

图3-17　移动管点

（6）**插入管点**

在工具条上选定插入管点按钮,在需要插入管点的管线段上点击后会弹出插入管点对话框,输入插入管点相关属性后,点击确定后将在图面点击位置所选管线段上插入指定管号的管线点,见图3-18。

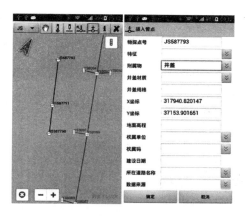

图 3-18　插入管点

（7）**属性查询修改**

在工具条上选定属性查询修改按钮，在需要进行属性查询或修改的管线点或管线段上点击，弹出属性查询修改对话框，即可通过该对话框进行属性查询与修改操作，见图 3-19。

图 3-19　属性查询修改

（8）**点线删除**

通过在工具条上选定删除按钮，实现从图面和数据库中删除选定的管线点和管线段功能，见图 3-20。

（9）**查找点号**

通过输入要查找的物探点号（注意大小写），选择"查找点号"，弹出相应对话框,图面中央位置将自动定位至该点号并显示,见图3-21。

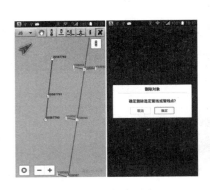
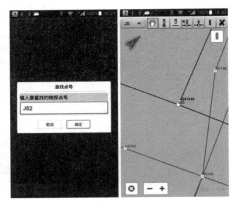

图 3-20　点线删除　　　　　　　图 3-21　点号查找

（10）**管点数量统计**

管点数量统计实现以列表形式按管类明显点、隐蔽点显示当前数据库中管线点数量功能,见图3-22。

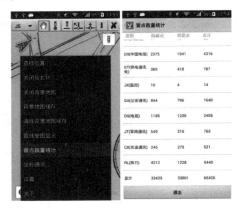

图 3-22　管点数量统计

（11）**地图显示**

地图显示实现管线全图显示、背景地图缓存、清除背景地图缓存等功能,见图3-23。

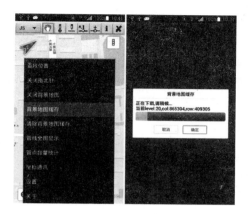

图 3-23 **地图显示**

3.2.4 数据通讯

数据通讯可以实现数据采集系统和电脑上的地下管线数据处理系统之间的双向数据交换,使两者之间实现数据格式共用以及数据更新等一体化操作。在数据采集系统 PDA 设备和桌面平台的地下管线数据处理系统通讯连接的方法采用 USB 连接和局域网连接两种方式,见图 3-24。

图 3-24 数据通讯

3.3 管线数据处理系统开发

地下管线数据处理系统涵盖了地下管线外业数据采集系统的管线数据

录入、更新、成图、查错、图库联动编辑、查询、统计、分析等功能,使管线外业探查和内业数据处理二者有机联系起来,优化了生产工艺。达到了先进、智能以及自动化程度高的要求。

《地下管线数据处理系统》是利用 Visual C++ 8.0 和 ObjectArx 2008,在 AutoCad2008 上进行二次开发而成,系统可以在 Windows XP、Windows Vista 其它操作系统中运行。

3.3.1　数据处理系统目标设计

（1）数据建库形式多样

系统可以根据需要以以下三种方式录入管线数据。

1）物探库过渡录入方式:此录入方式录入和外业采集记录格式一致,方便直观,便于前期大批外业数据的录入、查错和修改。

2）直接分离点线录入方式:将物探数据直接分离为点记录和线记录,便于管线内业数据的后期处理和修改。

3）图库联动绘制录入方式:通过图库联动的方式在绘制管线点和管线段图形的同时建立点线数据库。

（2）数据查错功能定位准确

系统通过可自定义的数据查错方式,实现全新错误记录定位功能:通过双击错误提示行(在错误输出窗口中),既可自动跳转定位到对应数据库的错误记录行(如果当前管种录入界面已打开),又可自动跳到管线图形对应的管点和管线(如果当前图形已打开)。

（3）管线成图、查询功能快速

通过改进的管线成图算法缩短管线成图时间,适合对大批量数据进行处理。按照分管类、分图幅、自定义 SQL 条件等条件实现三维管线成图和查询功能。

（4）图形、数据维护功能方便

图形与数据库转换有图库联动和库图联动两种方式。图库联动是通过管线图形直接对数据库进行查询修改。库图联动是对数据库的修改可直接反馈给管线图形中,自动更新图形中的有关的符号、注记等相关属性。

（5）自定义设置灵活

自定义设置主要针对数据录入、管线成图、成果表的生成及界面的定义,自定的目的是实现相关功能的灵活使用。用户可自定义数据录入的"管线类型""管线字段""管线特征"等设置,管线成图的"图层设置""字体设置""线型设置""注记设置""图廓设置""扯旗设置"等设置,自定义生成管线成果表样式和内容等以及界面美观的自定义设置。

3.3.2　系统界面设计和文件结构组成

(1)数据处理系统界面

由于系统是基于 Autocad 2008 进行二次开发而成,在 Autocad 原来标题栏、菜单栏、绘图窗口、命令窗口、状态栏等界面元素基础上,默认在主窗口左侧加入了一个停靠工具栏,工具栏内包含类别浏览、操作工具、属性编辑和信息输出 4 个工作页,如图 3-25 所示。

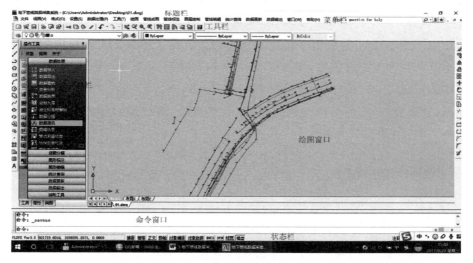

图 3-25　数据处理操作界面

1)浏览工作页用于显示当前打开数据库路径名称和数据库中已有管线类别信息。在某一类别名称上双击,可以打开该类别数据录入界面进行数据录入和编辑等操作,如图 3-26 所示。

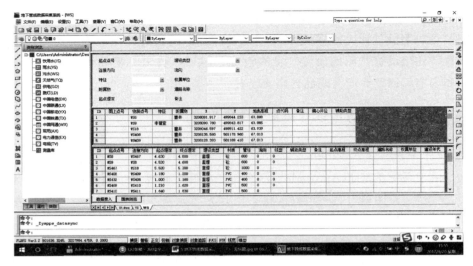

图 3-26　浏览工作业界面

2）操作工具工作页用于实现对系统的所有命令操作。工作页内包含有一个菜单条和多个选项页，通过对菜单条和选项页的命令点取，可完成如数据库的新建、打开、关闭，数据处理的导入、导出、查错、通讯，成图分幅的管线成图、管线分幅，图形编辑的管线复制、管线删除、管线编辑等所有系统相关命令工作，如图 3-27 所示。

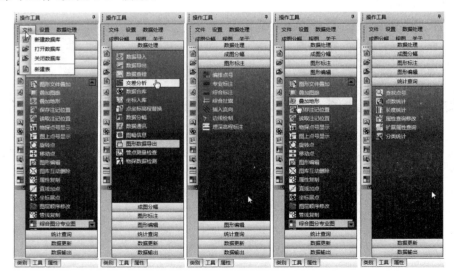

图 3-27　操作命令页面

3）属性编辑工作页主要用于完成所有图库互动相关编辑功能，页面由位于顶部的两个工具条和工具条下的属性浏览编辑网格两部分组成,通过工具条操作可完成图库互动的管点与管段新建、删除、移动、插入、重绘等操作,编辑网格可完成图面选定管点或管段的属性浏览及修改操作,如图 3-28 所示。

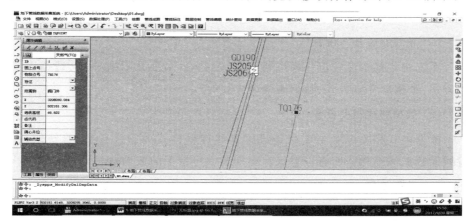

图 3-28 属性编辑操作

4) 信息输出工作页位于界面绘图窗口底部,默认处于关闭状态,工作页在数据查错完成后将自动打开并显示,可通过操作工具工作页中菜单条中相关命令进行打开显示。工作页以表格形式显示并记录系统的运行日志、错误、数据查错、信息提示等,在表格内按右键弹出菜单可对表格进行查找、过滤及分组等处理,如图 3-29 所示。

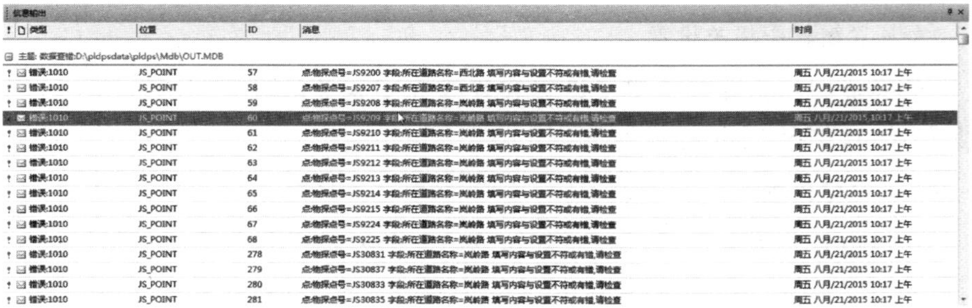

图 3-29 信息输出操作

(2) 系统文件构成

用于存放文件包括:可执行文件程序和动态链接库文件;默认系统生成 DWG 图形文件;地形 DWG 图形文件;数据查错输出文件有其他错误文件;系统生成放大图文件;管线数据库文件;各种格式输出文件;实测剖面数据文件;实测剖面图形文件;系统支持文件;系统临时文件。

3.3.3　数据处理系统设置

在地下管线数据处理前,根据相关技术要求,在数据处理系统主菜单栏中建立设置对话框,以此灵活地对各项内容设置。

（1）**系统相关基本设置**

系统相关基本设置包括系统路径、用户路径、物探库数据格式、数据库录入方式、数据库存盘方式、数据表命名方式等。

（2）**数据格式相关设置**

数据格式相关设置主要用于设置管线数据格式的管线种类、管线字段、管线元数据等信息。所有设置保存在安装主目录下的数据格式设置文件中。

（3）**特征设置**

特征设置用于设置管线点表字段和线表字段元数据内容,即点线各可选字段的默认可选值及时管线成图时管线附属性的符号。

（4）**图幅信息设置**

图幅信息设置用于设置系统当前标准分幅信息,在对管线进行标准分幅、按标准图幅进行自动图上点号编排等操作时,必须先建立好测区范围的图幅信息,可能使用系统功能模块"图幅信息管理"来对"图幅信息"进行生成、删除、绘制等操作。

（5）**管线成图相关设置**

管线成图相关设置是用于设置和管线成图相关的设置,如管线图层、线型、字体、比例尺、注记样式等。

（6）**注记设置**

注记设置用于设置管线专业标注、管线综合标注、管线扯旗的文字注记内容。

3.3.4　数据处理系统功能实现

（1）**数据录入**

数据录入是管线数据处理系统的基本功能,数据录入分为属性数据录入（物探数据）和空间数据（管点坐标）录入两大部分。属性数据的录入是根据外业管线数据采集系统的数据库文件直接通讯到处理系统中,也可利用系统的数据录入功能完成。空间数据的录入则是在已有管点坐标文本的基础上，利用系统的坐标入库功能完成的。

管线内业数据处理系统的需求建立"综合工作库"，作为地下管线探查成果的数据格式，该库融合了相关技术标准的要求，充分展示了各字段属性。通过字段和信息完整的"综合工作库"，格式数据可以输出分离出地下管线点库和线库。数据录入见图 3-30。

（2）**图库联动数据录入**

图库联动数据录入方式以图库联动的方式在图面绘制管点或管段的同时建立点线属性数据的过程。主要由绘制"管点""绘制管段""插入管点""移动管点""重绘管点""点线删除"等功能组成，见图 3-31。

图 3-30　数据录入操作

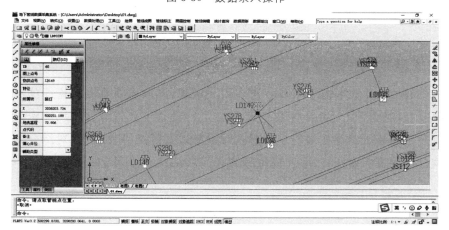

图 3-31　图库联动数据操作

（3）数据查错

对外业数据采集记录数据库或数据处理系统建立的数据库,可实时对管线数据进行逻辑查错处理,并输出错误记录文件,进行错误记录定位修改等操作,见图3-32。查错时可对以下方面的管线的常规或逻辑性错误进行查错处理:点线记录重复检查;不可为空字段检查;固定输入项合法性检查;连接关系检查;直通点检查;多通(分支)检查;变径检查;空线检查(材质,条数,孔数等);排水流向和起终点管底高程检查;坐标检查;管线超长检查;管线管径埋深材质孔数等检查;点表点符号代码检查;管点井底、井脖、井室深和管段高程埋深检查关系;点线同名字段一致性检查;管点高程异常检查。

通过数据处理系统的差错,初步找出管线数据的异常情况,通过检查处理,才能进行下一步的数据输出工作。

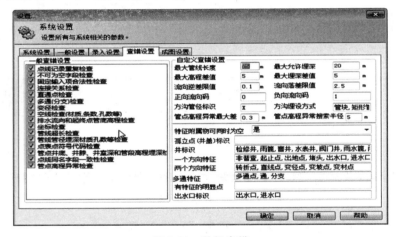

图 3-32　数据查错

（4）管线成图与编辑

管线成图是在数据录入和数据查错完成后,读取当前数据中管线的属性信息(物探数据)和空间信息(管点坐标),进行自动生成管点、管段、注记等绘图处理。管线编辑是按规程相关要求对图形进行标准分幅,同时对综合地下管线分幅图进行管线标注、流向符号插入、管线扯旗等操作,见图3-33。

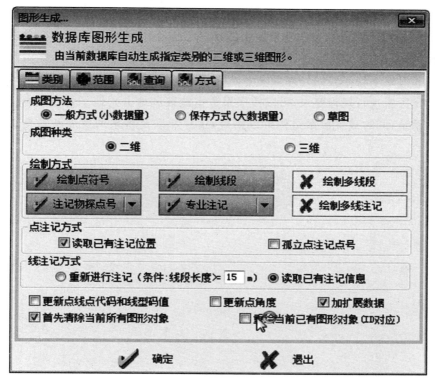

图 3-33　管线成图与编辑

（5）**属性查询与修改**

利用系统的图库互动功能,可以通过以下五种方式对管点或管段的属性进行图库互动查询或者修改:点线属性适时查询、工具栏"属性编辑"选项页属性查询与修改、"属性查询修改"对话框、利用 CAD"特性"对话框、批量属性修改。

（6）**管线统计**

管线点号查找:提供简单从图面查找指定点号管点的功能,查找时需要输入待查找管点的物探点号。

管线点数量统计:该功能提供简单从图面统计管点数量的功能,统计时对图面所有管点分管类按明显点、隐蔽点、图边点三种类型进行分类显示。

管线长度统计:此功能可实现对图面范围内管线进行长度统计的功能。

（7）**管线点成果表生成**

系统可根据当前数据库或外部文本自动编制 excel 格式电子表格形式管

线点成果表,编制时根据系统图幅信息以图幅为单元进行,每一个图幅对应一个 xls 文件,文件名以图幅信息中"图幅号"命名,生成后各管类在文件中分工作表进行存放。

通过地下管线数据处理系统生成的数据库及图形文件,数据格式及图形要满足国家现行规程要求,可以使成果数据能顺利地进入地下管线安全信息管理系统,同时成果数据结构可以拓展,这样能满足将来的发展及数据更新要求。

④ 地下管线空间安全性评估及隐患排查

为了加强地下管线空间的安全性管理，进一步了解目前地下管线埋设隐患风险，需要对采集到的地下管线数据进行安全性解释评估，获取可靠的信息成果。

地下管线空间安全性分析评估聚焦于管线安全评价的对象、过程、方法及结果，即管线数据挖掘和分析。地下管线隐患排查是对管线自身、管线周边、管线所处环境的隐患通过现场验证环节能够有效筛选出因为数据误差造成的疑似隐患点，为管线治理提供了有效管理手段，提高管线数据的准确性。

4.1　地下管线空间安全性评估

地下管线空间安全性评估及隐患排查验证是建立在完整的管线数据和地形数据的基础上进行的，管线评估是根据管线数据对管线水平净距分析、垂直净距分析、覆土深度、占压情况、服役年限等情况进行，通过对指定范围内的管线数据与规范中的规范值进行比较，综合分析从而得出一个初步分值，确认管线安全隐患类型和隐患程度，对分析结果进行筛选，确定出风险程度较高的疑似隐患点，并生成可能存在的安全隐患表，对指定区域内的管线安全性做出评估结果，并给出整改建议。

4.1.1　评估依据

地下管线空间安全性评估是对各种技术标准、行业规范的融合，由于其涉及的各种技术标准和行业规范众多,需要找出各个标准之间的差异与共同点,才能设置参数、构建数学模型、分析现状资源,评估参考的主要技术标准和行业规范:

①《城市工程管线综合规划规范》(GB 50289－2016);

②《国家基本比例尺地图图式第一部分:1:500 1:1000 1:2000 地形图图式》(GB/T 20257.1－20);

③《城市道路设计规范》(CJJ 37－90);

④《城市地下管线探查技术规程》(CJJ 61－2017);

⑤《油气输送管道安全隐患分级参考标准》等。

4.1.2 评估方法及隐患风险划分

(1)**安全性评估方法**

隐患评分采用异常数据挖掘技术,寻找探查结果与参照值之间的差别,通过研究偏离的异常点检测算法,优化数据属性检测与拓扑检查的准确度。

地下管线空间安全性评估采用比值法:管线建设规范标准值减去管线探查值的差与规范标准值的比值。即将管线探查结果实际值设定为 A 米,标准值为 B 米,那么比例为(B－A)/B,分值越高隐患越小。

① 地下管线存在风险的形式多样,管线评估采用分段评估,一般按照管线数据库线表中点与点之间进行分段。然后对分段进行优化,如考虑管线性质、管线所处人口密度等因素影响。

② 对管段的风险评估采用"最坏情况"执行。如某一段管线长 100 m,其中 99 m 埋深为 6 m,1 m 埋深为 0.1 m,那么这段管线的埋深为0.1 m。

③ 管段风险等级取本段管线所有风险类型中最高,而比值最小分。如占压 100 分、净距 60 分、埋设时间 40 分、覆土深度 30 分,那么该段的风险系数为 30 分。

(2)**隐患风险等级划分标准**

根据城市道路地下管线隐患风险发生可能性及风险后果进行等级划分,地下管线隐患风险等级划分为Ⅰ(安全)、Ⅱ(较安全)、Ⅲ(一般安全)、Ⅳ(不安全)、Ⅴ(极不安全)5 个等级,见表 4-1。

表 4-1 城市道路地下隐患风险等级划分

等级	范围	分值	措施
Ⅰ 安全	(0.8~1.0)	100	仅仅正常的监测工作
Ⅱ 较安全	(0.6~0.8)	80	仅仅正常的监测工作
Ⅲ 一般安全	(0.4~0.6)	60	加强监测工作,特定管线需维修
Ⅳ 不安全	(0.2~0.4)	40	建议有计划性地维修或更换
Ⅴ 极不安全	(0~0.2)	30	强烈建议立即更换

4.1.3 安全性评估数据要素

地下管线空间安全性分析评估聚焦于管线安全评价的对象、过程、方法及结果,即管线属性数据挖掘和分析,地下管线安全性评估分析所需的数据包括以下几方面。

(1) **管线数据**

① 管线类别。管线数据是指市各种专业性管线及相关设施信息,主要包括给水、排水、燃气、热力、电力、通讯、工业等。

② 管线属性和空间数据。管线属性数据即地下管线需要进入数据库的相关数据,包括管线材质、附属设施、管点特征、压力/电压、管径、电缆条数、光缆条数、总孔数、已用孔数、埋设年代、权属单位。

管线空间数据主要包括管线的埋深、管线的平面坐标和高程、所在道路等属性。

(3) **地形数据**

① 地形类别。基础地形数据包括定位基础、水系、居民地及设施、交通、管线、境界与政区、地貌、植被和土质八类地理要素。根据几何特征,每类地理要素分为点、线、面、注记四个要素层。

② 地形属性。地形属性数据是标示地形要素是什么地物的数据及一些地物的附属信息数据,主要包括要素代码、要素名称、房屋层数、房屋结构、建筑面积、道路名称等。

(3) **设备数据**

数据包含管线属性信息的一部分,主要是设备的详细信息,如阀门的生产年限、生产厂家、投入使用时间、运行状态、维修次数、检测次数、检测时间等等,还包括一些管线的巡检信息,记录管线的运行状态。

4.1.4 安全性评估分析

（1）管线近距评估分析

管线之间如果水平或者垂直间距较小,不符合规范时,容易产生事故。管线碰撞评估分析是把指定范围内的管线数据进行水平净距、垂直净距评估,并将评估的结果与规范中的规范值进行分析比较。工程管线之间及其与建(构)筑物之间的最小水平净距(m)和最小垂直净距(m)参考标准国家市政道路管道敷设标准。

（2）管线占压评估分析

占压建筑自身及占压造成的地面不均匀沉降会对被占压管道产生一定作用力,易造成管道受损,发生燃气泄漏、爆炸等事故。

对指定范围内的管线数据的占压情况进行分析,记录占压位置、占压类型、占压管线长度、所占比例等信息。

（3）覆土深度评估分析

管线覆土深度是管线安全的一种保障手段。如果覆土深度不符合要求,极易造成事故。可以对指定范围内的管线数据进行覆土深度检查。工程管线的最小覆土深度见表4-2。

表4-2　工程管线的最小覆土深度　　　　单位:m

序号		1		2		3		4	5	6
管线名称		电力管线		电信管线		热力管线		燃气管线	给水管线	排水管线
		直埋	管沟	直埋	管沟	直埋	管沟			
最小覆土深度	人行道下	0.50	0.40	0.70	0.40	0.50	0.20	0.60	0.60	0.60
	车行道下	0.70	0.50	0.80	0.70	0.70	0.20	0.80	0.70	0.70

对评估内管线在地下相对于地面的管顶埋深进行分析。在要查看的管线处做近乎垂直的剖切,计算与该剖面相交的管线,记录其埋深值,与相关国家规范限定值进行比较,判断是否符合规范要求。

（4）管线超期评估分析

管线年久失修、超期服役,老化腐蚀情况也容易造成安全事故,可通过对指定范围内的管线数据进行服役期限超期预警。根据管线埋设日期、使用年限数据计算管线服役期限,与当前使用日期进行比较,根据比较结果统计各类管线超期服役进行预报预警,同时,还对超期未进行检测的管线进行统计。

（5）设备运行状态数据评估分析

设备数据是管线属性信息的一部分,主要包含设备的详细信息,如阀门的生产年限、生产厂家、投入使用时间、运行状态、维修次数、检测次数、检测时间等。还包括一些管线的巡检信息,记录管线的运行状态。

4.2　地下管线隐患排查

地下管线隐患排查是通过前期地下管线普查数据评估分析基础上,实地排查验证地下管线空间安全隐患点,准确把握管线的安全状况。

地下管线隐患验证分用物探方法重复探查和开挖验证两种方法。对于不同类型的隐患点需要采取不同的验证方法。为了保证准确度,采取对疑似隐患地段管线进行详查,实地验证详查时定点间距进行加密,确保对管线位置和深度的提高,对于不具备仪器探查或有条件开挖的可以进行开挖验证。

4.2.1　管线安全隐患点收集

要排查地下管线的安全隐患,需收集到翔实的地下管线数据库和地形图,只有在充分明确了管线相关信息之后,才能对地下管线存在的安全隐患进行验证。

根据地下管线评估分析得出带有坐标的隐患点信息,将隐患点根据隐患等级的不同分为不同颜色展在管线 CAD 图上,参照地形地物确定隐患点位置,用该隐患点的图上点号在隐患点数据库中查询该点的其他隐患参数,隐患点位置及属性的确认。

4.2.2　管线隐患现场踏勘

现场踏勘应在搜集、整理和分析已有隐患资料的基础上进行,对原有管线成果资料的可靠性进行实地考证并做相应记录,以便隐患点现场验证时加以进一步确认。踏勘的目的是初步评价资料的隐患点的可信度和分布状况,勘查测区的地物、地貌、交通和地下管线分布情况、地球物理条件及各种可能的干扰因素,核查测区内测量控制点的位置及保存状况,以便验证是对管线位置及高程的测量。

4.2.3　隐患排查方法

（1）管线净距核查

净距隐患排查核查两种管线的相对平面位置、深度距离。当供电、给水、燃气管线与排水存在净距问题时,量取距离隐患点较近的雨水井明显点深度及管径。对供电管线隐患点探查,应打开隐患供电线穿过的供电井,采用夹钳法在隐患点附近探查供电线的平面位置和深度,最后对供电管块进行修正。对于铸铁的给水管线应使用感应法或直连法进行探查,非金属管线量取明显点深度,不易确定深度的,用探地雷达法确定管线的位置和深度,能钎探开挖的地方,要进行最后验证。燃气钢管隐患点的探查可使用感应法,有阴极保护的燃气管线可用直连法夹取阴极保护进行探查。对于燃气 PE 管线,量取明显点推测隐患点深度,不易确定的要使用探地雷达法,满足开挖条件的,应进行开挖。最后通过比较两种管线的深度及管径,判断两种管线的上下位置关系,垂直净距的计算是下部管线管顶的深度与上部管线管底深度的差值,若差值为负值,则两种管线可能存在碰撞隐患。

（2）管线占压核查

对于占压隐患的排查,首先要找到隐患点位置,用物探方法确定隐患管线位置和深度,查看实地是否有建筑物占压,排除由于地形变迁或管线位置错误导致的占压隐患。确定有占压隐患的位置,需要管线与建筑物相交处,各定一个隐患点,确定占压长度和面积。实地未占压的,应量取管线到建筑物距离。存在占压隐患的,在实地探查出管线在建筑物内的详细情况,如管线深度、管径、材质、占压分析（面积、距离）等,判断地下管线隐患等级。

（3）管线覆土埋深核查

对于覆土埋深隐患核查,主要要使用物探方法确定管线管顶的埋深。一般管线探查验证时要定点加密,另一种方法是多种方法结合使用,特别是非金属管线必要时进行开挖验证。

（4）管线超期服役检查

管线超期服役检查隐患点排查是基于地下管线建设年代和服役年限的数据进行分析,将管线最长服务年限设为上限,将无服年限作为危险参照,按照评估安全性评估分析与评价标准进行数值计算,然后排查其隐患程度。

(5)**设备运行状态检查**

通过管线设备属性数据库对管线的运行状态建立预警提示,实行定期跟踪检查,通过早发现、早处理的方式进行管线附属设施,以跟踪检查。

4.3　安全性评估及隐患排查验证报告编写

根据经现场验证的隐患点信息,结合管线的建设年代、运行环境等外部信息,编写全面真实的城市地下管线安全性评价及隐患点报告。报告从城市管线的埋设布局、位置关系、安全隐患等多个方面做出详细客观的评价,并给出管线整改及管线综合规划建议。

⑤ 地下管线周边地质病害体探测

随着我国城市建设的迅速发展，城市地下空间的开发利用，地下管线及周边形成了不少的地质病害体，就其成因主要有三个方面：一是管线本身造成的隐患，如超期服役严重老化、防腐层破损等，导致地下管道裂缝、泄漏、接头松脱错位、管身断裂穿孔，造成管道周围水土局部流失；二是管线建设过程中造成的隐患，如管线布局、铺设等存在不符合施工规范的现象，形成土层松动；三是管线周边其他地质环境带来的隐患，如地层沉降造成管线变形、断裂等。以上因素直接形成了空洞、脱空、疏松体、富水体等地质病害体，这些病害体通过道路交通动荷载和施工的扰动直接加剧了其发育程度，使地下管线事故频繁发生，严重影响了人民群众生命财产安全和城市运行秩序，地下病害体工程特性、地球物理特征见表5-1。因此，需要通过对地下管线周边地质病害体进行检测，查清病害体的分布范围、性质、类型等情况，为病害体防治提供可靠依据。利用高频电磁法、浅层地震反射波法效果较好，通过对比检测地下管线周边异常病害体可说明有效性。

表 5-1 地下病害体工程特性、地球物理特征

类型	工程特性	地球物理特征
脱空	位于道路硬壳层与地基土之间，埋置深度浅	（1）相对介电常数为1，明显小于周边土体； （2）波阻抗趋近于0，明显小于周边土体； （3）电阻率明显高于周边土体，充水时电阻率低于周边土体
空洞	位于地基土中，规模大小不一，其上下界面一般均不平整，其上部土体或结构具有失稳风险	

续表

类型		工程特性	地球物理特征
松体	严重	(1) 相对周围土体,具有结构松散、密实度低、强度低、高压缩性等特点,浸水后极易变形或流失; (2) 土体主要呈现骨架颗粒排列很乱、基本不接触的碎石土或松散的砂土、流塑的黏性土以及其他密实程度很低、极易变形的土体; (3) 钻进容易,孔壁易坍塌,钻孔回填欠缺量大; (4) 疏松体范围扩大、松散程度增大,自身强度降低,内部土体易发生坍塌,致使上部发展为空洞、脱空或发生沉陷	(1) 相对介电常数小于周边土体,疏松程度越高,相对介电常数越小; (2) 疏松程度越高,相对周边土体波阻抗越低,弹性波速度越低; (3) 疏松程度越高,相对周边土体电阻率越高,电阻率等值线不均匀;富水时电阻率低于周边土体
	一般	(1) 相对周围土体,具有结构不均匀、略松散、密实程度较低,完整性较差,浸水后易变形或流失; (2) 土体主要呈现骨架颗粒排列较乱,大部分不接触的碎石土或稍密—中密的砂土、软塑—可塑的黏性土以及其他密实程度较低、易变形的土体; (3) 钻进较容易,孔壁较易坍塌,钻孔回填欠缺量较大; (4) 强度随疏松体的松散程度增大而降低	
富水体		(1) 相对周边土体含水率高、流塑状、灵敏度高、强度低、孔隙比大、高压缩性等特点; (2) 富水体区域因水力作用,土体结构弱化,强度降低,其上部宜发展为空洞、脱空或发生道路沉陷	(1) 相对介电常数大于周边土体,富水性越高,相对介电常数越大; (2) 富水性越高,相对周边土体电阻率越小,电阻率等值线不均匀

5.1　地下病害体风险分级

地下病害体风险评估应采用单个地下病害体为评价对象,在地下病害体探测的基础上,结合周边环境条件,确定其风险等级,提出风险控制对策建议。考虑地下病害体探测作为预防道路塌陷事故的特殊属性和地下病害体验证方法的破坏性环节与后续处理流程的连贯性,尤其是应急探测和小范围重点区域探测的需要,进行简单的地下病害体风险等级划分,以便于实际应用、管理。对地下病害体进行简单风险分级见表5-2。

表 5-2　地下病害体风险等级划分

病害类型	风险等级	处理建议
空洞	I	钻孔验证,注浆处理或开挖回填
脱空	II	钻孔验证,注浆处理或开挖回填
严重疏松体	II	钻孔验证,注浆处理
一般疏松体	III	加强巡视,定期探测
富水体	III	加强巡视,定期探测

5.2　影响检测地下病害体的因素

地下病害体进行地球物理方法探测应具备下列条件。

(1)地下病害体与周围土体应存在一定的地球物理性质差异。地球物理性质差异包括介电常数差异、电阻率差异、波阻抗差异等。为了获得目标体的反射时间,必须有可靠的识别目标体的反射回波,要求雷达记录有较高的信噪比。一般来说,介质的电磁参数差异越大,反射也越大,反射波的能量就越强。在斜入射时,反射系数通过入射角、波的极化性质而变化。

（2）病害体的深度与介质对电磁波的吸收作用。一般来说,不同介质的衰减常数差异较大,因此,随着病害体埋深和周围介质对电磁波吸收作用的变化,地面上所接收的反射波的强度也会发生改变。如果反射波的强度小于干扰背景水平时,要想在记录剖面上识别来自目标体的有效反射是不可能的,在此条件下探地雷达就难以作为可行的检测方法。

（3）病害体的几何形态及规模,地下病害体应具有一定规模,能产生可被观测的地球物理异常场。地下病害体相对于其埋藏深度或探测距离应具有一定规模,以地下病害体产生的异常信号能被准确探测和识别为准。地球物理方法一般要求地下病害体尺寸相对于其埋藏深度或探测距离之比应大于1∶10～1∶5,考虑城市作业环境复杂性,地下病害体直径不宜小于 0.5 m。

（4）干扰波的类型、强度及特点,干扰场强度应不影响有效异常辨识,或能被识别。不同地球物理方法有不同的干扰因素,如探地雷达法应避开强电磁干扰,地震映像法应避开强震干扰等,对于不能识别的强干扰应选择避开或变更作业方法。在接受病害体的有效反射波时,不可避免地会受到各种各样的干扰波,无论是规则干扰波还是无规则干扰波,对于识别有效波是不利的。如果干扰波很强,有效波的振幅与干扰波振幅之比及记录的信噪比不高,那么有效波就会被干扰波所淹没。

（5）工作现场应具备布置探测装置和实施探测的条件。地球物理探测工作布置宜符合测网布置,应根据探测目标规模确定,测线长度、间距应满足探测成果连续、完整、便于追踪,对重点区域或异常区域应适当加密或网状布设。

测线宜在保障覆盖探测目标范围的前提下,避开环境干扰的影响。

测线宜通过或靠近已知点布设,测线长度宜覆盖探测目标。

定期复测的普查测线宜固定布设。

5.3　病害体地球物理探测方法

地下病害体探测应遵循从简单到复杂、从已知到未知的原则,复杂探测环境或单一方法存在多解性时宜采用多种方法综合探测。地下病害体探测方法选择时应考虑场地地质条件对不同方法的适用性、多解性、探测深度的影响,在下述区域工作时应在已知点对方法适用性和有效探测深度进行现场试验。探测方法或方法组合宜根据探测目的,结合表5-3进行选择。

表5-3 地球物理探测方法适用性

探测方法	脱空	空洞	疏松体	富水体	埋藏深度 D
探地雷达法	●	●	●	●	$D < 7.0\ m$
高密度电阻率法	—	●	○	●	$3.0\ m < D \leqslant 30.0\ m$
瞬态面波法	○	●	●	—	$1.0\ m < D \leqslant 30.0\ m$
地震映像法	○	●	○	—	$D \leqslant 30.0\ m$
瞬变电磁法	—	●	○	●	$3.0\ m < D \leqslant 30.0\ m$
井中探测法	●	●	●	●	$0.0\ m < D \leqslant 30.0\ m$

注:●—使用,○—可用;其他探测方法应根据方法试验确定其适用性

1)地下病害体探测的测量工作应符合下列规定:测线的起止点、转折点、地形突变点、非均匀分布的各测点、重要的探测异常点及验证的点位,应进行平面和高程测量;测量点测量精度应符合行业标准《城市测量规范》的有关规定;探测使用地形图比例尺不宜小于1∶1000。

2)探测中应按不同探测方法和探测目的需要填写现场记录,记录内容应清晰、准确、完整;电子记录应进行备份。

3)探测成果解释应结合探测区域的地质资料、地上和地下设施及周边工程环境等调查资料进行。

4)地球物理方法采集数据须经质量检查合格后,方可用于解释,质量检查应符合行业标准《城市工程地球物理探测标准》的有关规定。

5.3.1 探地雷达法

地下病害体与周围土体之间存在介电性质差异,且地表无强反射层或强衰减层时宜采用探地雷达法探测。在地下水位埋深较浅或回填疏松、含铁磁性土等探地雷达信号衰减明显区域,应考虑其对探测深度的影响,设计探测深度不宜大于3.0 m。影响探地雷达探测的主要干扰源包括:地上干扰,临近建构筑物、过街天桥、高架桥、指示牌、井盖、钢板等临设、金属栅栏、车辆等;地下干扰,地下管线、管沟及井室、地下通道、地下防空洞、地下加固体、旧基础、树根等;电磁干扰,路灯、信号灯、变电室、架空输电线缆、发射塔等。

（1）**探地雷达法仪器设备应符合下列规定**

1）车载探地雷达系统宜由承载车辆、多通道探地雷达系统、定位设备、视频记录设备等组成。

2）车载探地雷达系统探地雷达天线支架应设计牢固、拆卸方便，可同时挂接不少于四副天线，宜具有遇障碍自动翻转保护设计。

3）车载探地雷达系统承载车辆车尾及车四周应安装明显警示闪光系统。

4）车载探地雷达系统不宜少于四通道，宜采用不同频段天线组合，满足道路地下病害连续探测要求。

5）探地雷达设备应满足下列要求：

① 应具有实时监测显示功能；

② 系统增益不应小于 150 dB，计时误差不应大于 0.2 ns；

③ 信噪比不应低于 110 dB，动态范围不应小于 120 dB；

④ 车载探地雷达设备最大扫描速度应不低于 256 scan/s，满足以 10～50 km/h 车速进行探测的需要。

6）车载视频设备宜能对道路前方、侧方道路设施及道路表面进行实时视频采集，并满足下列要求。

① 1280×960 像素时，拍摄帧率不低于 25 帧/秒；

② 应满足 10～50 km/h 探测速度需要；

③ 设施目标定位误差不大于 1 m；

④ 防护等级不宜低于 IP66。

7）车载探地雷达系统采用差分 GNSS 进行测线轨迹定位时，更新频率不小于 10 Hz，并应合理设置基准站进行定点测量验证。

8）车载探地雷达系统应可同步触发、同步采集。

9）排水等管涵中探测天线防水等级不低于 IP68。

（2）**探地雷达数据采集技术方法**

探地雷达工作参数的合理优化配置、干扰波的有效处理及雷达图像的精准识别是检测地质病害体的关键，这些问题的解决可为探地雷达检测病害体提供可靠的技术支撑。

仪器工作参数选择设置包括天线中心频率、时窗、采样率、测点点距与发射、接收天线间距、增益控制等。

1）天线中心频率选择。天线中心频率选择通常需要考虑三个主要因素，即涉及的空间分辨率、杂波的干扰和检测深度。根据每一个因素的计算都会得到一个中心频率 f_0(MHZ)。系统中心频率可由下式确定：

$$f_0 = \frac{150}{x\sqrt{\varepsilon}} \tag{5-1}$$

其中，x 是要求的空间分辨率，单位：m；ε 是围岩的相对介电常数。

一般来说，在满足分辨率且场地条件许可时，尽量使用中心频率较低的天线。如果检测深度小于目标埋深，需降低频率以获得适宜的检测深度，在检测重点区域及重点异常区详查时，为了兼顾深部与浅部探测效果应选用多种频率天线组合探测。

2）时窗选择。时窗 w(ns)主要取决于最大检测深度 h_{max}(m)与地层电磁波速度 v(m/ns)。检测深度越大时窗越小；电磁波速度越大，时窗越小。时窗可按照下式估算。

$$w = 1.3\frac{2h_{max}}{v} \tag{5-2}$$

为了给地层速度与目标深度的变化留出余量，实际应用时，在时窗可选择的基础上应增加 30%。

3）采样率选择。采样率由 Nyquist 采样定律控制，即采样率至少应达到记录的反射波中最高频率的 2 倍，为使记录波形完整，一般采样率为天线中心频率的 6 倍。即时间采样间隔 Δt(ns)由下式确定：

$$\Delta t = \frac{1000}{6f_0} \tag{5-3}$$

4）测量点距选择。离散测量时，测点间距选择取决于天线中心频率与地下介质的介电特性。遵循 Nyquist 定律，为确保介质的响应在空间上不重叠，采样间隔 n(m)应为围岩中子波涉长的 $\frac{1}{4}$。如果测点点距大于 Nyquist 采样间隔，地下介质的急倾斜变化特征就难以确定，当已知检测的目标体规模较大或平坦时，点距可适当放宽，以提高工作效率。

5）天线间距选择。使用分离式天线时，适当选取发射与接收天线之间的距离，可使来自目的体的回波信号增强。偶极天线在临界角方向的增益最强，因此，为增强来自地下目标体反射回波的信号强度，天线间距的选择应使最深目的体相对接收与发射天线的张角为临界角的 2 倍。实际测量中，天线距的选择通常要小于该数值,原因一是天线间距加大,增加了测量工作的不便;二是随着天线间距增加,垂向分辨率降低,特别是当天线距接近目的体深度的一半时,该影响将大大加强。

6)天线的极化方向。天线的极化方向或偶极天线的取向是目标体检测的一个重要方面,通过不同极化方向的雷达波检测,获得的图像有明显的不同,且背景也有较大的差异,这有助于确定目标体的形状,从而有可研究目标体的性质。

7)增益控制。现场检测对雷达数据增加增益可直接观察分析检测效果,现场增益一般按照最大反射信号经增益后不超过数据可存储最大值的1/2。

由上述可见,探地雷达天线主频选择应符合探测深度和精度要求,并符合下列规定:

① 宜选择主频为 50～1000 MHz 的屏蔽天线,当多种频率的天线均能满足探测深度要求时,宜选择频率相对较高的天线;当工作环境电磁干扰弱且探测深度较大时,可选择非屏蔽的低频天线;重点区域及普查中确定的重点异常区详查探测时,宜选用多种频率天线组合探测。

② 机动车道地下病害普查工作宜优先采用车载探地雷达系统实施,采集时速宜选用 10～30 km/h。

③ 在地面干扰因素大或不易开展工作且地下埋设有排水等管涵的,可采用管中探测方式,探测方向应为管涵上部,测线沿管涵轴线方向布置。

④ 采集信号的增益宜使信号削波部分不超过全剖面 5%。

⑤ 单道波形采样间隔不大于 0.2 ns。

⑥ 点测时,应在天线静止时采集,道间距应保证至少有三个采样点落在目标体上;连续测量时,天线移动速度应均匀,并应与仪器的扫描率相匹配,普查时道间距不宜大于 5.0 cm,详查时道间距不宜大于 2.5 cm。

⑦ 采用测量轮测距时,采集前应对其进行标定;采用手动标记定位时,应等间距标记,间距不宜大于 5 m;点测时,可采用叠加采集方式提高信号的信噪比;使用分离天线点测时,可调整天线间距以使采集的信号最强。

⑧ 现场记录宜包含地点、测试参数、文件号、测线位置、各类干扰源及地面积水、变形等环境情况。

⑨ 当发现疑似地下病害体时,应进行标记,与周围管线分布等已知资料对比,并及时进行复核;当探测区域局部不满足探测条件时,应记录其位置和

范围,待具备探测条件后补充探测或采用其他方法探测。

⑩ 数据剖面上不应出现连续的坏道,重复观测数据与原数据应一致性良好。

(3) 资料处理

探地雷达数据处理应符合下列规定:

1) 探测数据信噪比应满足数据处理、解释的需要。

2) 数据处理分为数据整理及编辑、信号分析、增益调整、滤波、背景消除、反褶积、偏移归位、数据平滑、地形校正等数字信号处理手段、目标特性识别及提取等步骤。

3) 消除背景干扰可采用带通滤波、小波分析、点平均、道平均方法。

4) 突出反射波边界拐点可使用反褶积、小波分析法。

5) 可采用反褶积压制多次反射波干扰,反射子波宜为最小相位子波。

6) 当反射信号弱、数据信噪比低时,不宜对数据进行反褶积、偏移归位处理。

由于地下管线埋设复杂多样,分支较多,道路两端高压线众多,电磁干扰强烈,介质中通常包含有非均匀体的干扰会使雷达波波形杂乱。频率越高其响应越明显,频率增加到一定程度时,很难分辨主要目标体和干扰体的响应,这对探地雷达法的检测造成影响。为了达到突出有效异常、消除部分干扰等目的,综合考虑各种因素的影响,干扰波的处理应采取以下方法。

检测前搜集区域管线图,仔细分析了管线材质、位置,现场布线时尽量减小受地下管线干扰影响。

获得该区域的地下剖面数据后,进行数据资料分析,确定空洞(裂缝、地质沉降)的数量、大小及其各项边界参数,并结合已有的资料形成重点区域的空洞、沉降剖面示意图。

雷达图像处理根据实际需要对信号进行增益调整、频率滤波、f-k 倾角滤波、反褶积、偏移、空间滤波、点平均等处理。信号中高频干扰明显时,通过点平均去除信号中的高频干扰。

(4) 资料解释

在经过数据处理的探地雷达探测剖面上识别异常的过程称为资料解释。解释结果的准确度依赖于解释人员的基础理论知识和工作经验的积累。探地雷达资料解释应符合下列规定：

1）用于成果解释的探地雷达图像应清晰、信噪比高；

2）宜根据探地雷达图像的波组形态、振幅、相位、频谱等特征进行异常识别；

3）应结合现场记录和已知资料，排除干扰异常；

4）地下病害体宜结合地面变形、管线破损、历史塌陷等情况及测区地质资料进行综合解释；

5）探地雷达法探测成果图件宜包括探地雷达剖面图及地下病害体解释成果图。

地下病害体主要有脱空、空洞、疏松体和富水体，在雷达剖面上判断异常性质时所产生的波形特征要仔细识别。当有采空沉陷发生时，在其边界上的反射波同相轴会出现分叉、合并、错断等现象，并且在这些位置电磁波的能量、相位和频率等也会发生变化；而对于空的采空区或巷道，电磁波反射同相轴表现为近似的双曲型，采空位置电磁波能量很小或形成空白带，但当采空区被水或土、石填充时，双曲型反射并不明显，但电磁波振幅、频率会发生变化，亦即波的反射规律易受到充填物的影响。探地雷达探测地下病害体可按表 5-4 探地雷达探测地下病害体典型识别特征进行识别。

表 5-4　探地雷达探测地下病害体典型识别特征

地下病害体	波组特征	振幅	相位与频谱
脱空	脱空顶部一般形成连续反射组，似平板状形态；多次波明显，重复次数较少	整体振幅强，雷达波衰减很慢	顶部反射波与入射波同向，底部反射波与入射波反向，底部反射不易观测；频率高于背景场
空洞	近似球形空洞反射波组表现为倒悬双曲线形态；　近似方形空洞反射波表现为正向连续平板状形态；多次波、绕射波明显，重复次数较多	整体振幅强，雷达波衰减很慢	顶部反射波与入射波同向，底部反射波与入射波反向，底部反射不易观测；频率高于背景场

地下病害体		波组特征	振幅	相位与频谱
疏松体	严重	顶部形成连续反射波组;多次波较明显、绕射波较明显;内部波形结构杂乱,同相轴很不连续	整体振幅强,衰减很慢	顶部反射波与入射波同向,底部反射波与入射波反向;频率高于背景场
	一般	顶部形成连续反射波组;多次波、绕射波不明显;内部波形结构较杂乱,同相轴较不连续	整体振幅较强,衰减较慢	顶部反射波与入射波同向,底部反射波与入射波反向;频率略高于背景场
富水体		顶部形成连续反射波组;两侧绕射波、底部反射波、多次波不明显	顶部反射波振幅强,衰减很快	顶部反射波与入射波反向,底部反射波与入射波同向;频率低于背景场

5.3.2 高密度电阻率法

地下病害体与周围介质之间存在较明显的电阻率差异、表层没有电阻屏蔽层,且具有良好的接地条件或能通过采取措施加以改善时可采用高密度电阻率法探测。城镇道路高密度电阻率法探测的主要干扰源包括:

① 地表存在电阻率非常低的电性屏蔽层:地表富水区段、埋设金属构件的区段、铁磁性渣土回填区段等或电阻率非常高的电性绝缘层;干燥的沥青、混凝土路面等。

② 地下存在的游散电流,以及工业输电线路意外裸露造成的接地放电等。

③ 测线附近存在的水池、沟渠、金属管线、变电站、配电箱等低阻体以及地下管线、防空洞、加固体等地下建构筑物。

④ 含铁磁性矿物土体。

(1) 高密度电阻率法仪器设备应符合下列规定

仪器应具有即时采集、显示功能以及对电缆、电极、系统状态和参数设置的监测功能;

多芯电缆应具有良好的导电和绝缘性能,芯线电阻应小于 10 Ω/km,芯间绝缘电阻应大于 5 MΩ/km;

AB、MN 插头和外壳之间的绝缘电阻不应小于 100MΩ;

输入阻抗不应小于 50 MΩ;

输出最大电压不应小于 450 V,输出最大电流不应小于 3 A;

电位差测量允许误差小于±1.0%,分辨率应优于 0.1 mV;

电流测量允许误差小于±1.0%,分辨率应优于 0.1 mA;

对 50 Hz 工频干扰抑制不应小于 80 dB;

宜使用不锈钢电极或铜电极。

(2) 高密度电阻率数据采集技术方法

正式探测前应进行方法试验,以确定观测装置、排列长度、电极距等关键参数;

高密度电阻率法的测线不宜布置在地下管线的正上方或靠近地下管线的区域,尤其是金属管线、电力管线;

同一排列的电极应呈直线布置,电极接地位置在沿排列方向上的偏差不宜大于极距的 1/10;在垂直排列方向上的偏差不宜大于极距的 1/5;

实施滚动观测时,每个排列伪剖面底边应至少有 1 个数据重合点;

复杂条件下,应采用抗干扰能力和分辨率不同的至少两种观测装置进行探测,但不得相互替代观测数据;

对于每个排列的观测,坏点总数不应超过测量总数的 1%,对意外中断后的续测,应有不少于 2 个的重复点;

完成一种装置形式的测量,对同一条测线开始新装置形式测量之前,应重新测量接地电阻;

现场记录宜包含探测地点、测试参数、测线编号、文件名、测线位置、地面及附近异常环境等。

(3) 高密度电阻率法数据处理

当存在坡度大于 15°的地形起伏时,应进行地形校正;

数据预处理时,可进行数据平滑、异常点剔除和滤波,对于个别无规律的数据突变点,可结合相邻测点数值进行修正,无法判断的测点可以删除;

反演成像时,应将正演获得的理论值与相应的实测值相减获得残差值,再利用反演计算获得电阻率分布;

有钻孔资料或已知资料时,应结合已知地层电性资料对反演计算进行约束。

高密度电阻率法探测地下病害体宜按表5-5探测地下病害体典型识别特征进行识别。

表5-5 高密度电阻率法探测地下病害体典型识别特征

地下病害体	典型识别特征
空洞	空洞有水充填时,表现为相对低电阻率异常;当空洞无水充填时,表现为相对高电阻率异常
疏松体	疏松体有水充填时,表现为相对低电阻率异常;疏松体无水充填时,表现为相对高电阻率异常;在不易区分时,可以在高水位与低水位时分别探测,进行对比解释
富水体	表现为低电阻率异常

(4)**高密度电阻率法资料解释**

绘制电阻率等值线图时应设置色标,同一场地的色标宜保持一致;

应根据单剖面或不同剖面对比分析,确定剖面图中规模基本相同或相似的电性结构,在分析电性结构基础上,结合其他有关资料综合推断电性异常;

成果解释宜结合钻孔或其他相关资料修正深度转换系数或解释深度,识别假异常;

高密度电阻率法探测成果图件宜包括视电阻率或反演电阻率断面图及地下病害体解释成果图。

5.3.3 瞬态面波法

地下病害体与周围介质间存在波阻抗差异,且地表平坦、无临空面、陡立面时可采用瞬态面波法探测。影响瞬态面波法探测的主要干扰源有以下因素:

位于测区或附近运转的工厂设备、施工的工程机械、行驶的交通工具等;

地下管线、管沟及井室、地下通道、地下防空洞、地下加固体、旧基础、树根等。

(1)**瞬态面波法仪器设备选择**

① 瞬态面波法仪器应符合下列规定:

记录通道数不应少于12通道;

仪器放大器的通频带应满足 0.5～4000 Hz；

放大器各通道的幅度和相位应一致，各频率点的幅度差应小于 5％，相位差不应大于采样间隔的一半；

仪器动态范围不应小于 120 dB；

仪器应具有频响与幅度一致性自检功能；

仪器应具备剖面滚动采集功能。

② 检波器的选择应满足下列要求：

宜采用速度型检波器；

检波器的固有频率宜选择 4～20 Hz 的低频检波器；

同一排列检波器之间的固有频率差不应大于 0.1 Hz，灵敏度和阻尼系数差不应大于 10％；

同一排列检波器的幅值差不应大于 5％，相位时差不应大于所用采样间隔的一半；

绝缘电阻应大于 10 MΩ。

（2）瞬态面波探测方法

数据采集时，宜采用剖面方式追踪病害体的分布范围。

瞬态面波法测线位置应根据探测目的、待测场地地形条件及规避干扰的需要，合理布设。

数据采集前应进行有效性试验，仪器通道及检波器一致性试验。

通过采集参数试验，确定道间距、偏移距、采样间隔、记录长度等参数：偏移距应根据探测深度要求确定，并能够分离基阶面波与高阶面波，偏移距一般不宜小于道间距，最小偏移距可与道间距相等；道间距应根据最大探测深度、病害体规模确定，一般应小于最小探测深度所需波长的 1/2；采样间隔的选取要兼顾垂向分辨率及勘探深度的要求，样点数不宜少于 1024 点；记录长度应满足最大偏移距基阶面波的采集需要。

应根据探测深度要求、介质条件等确定激振方式，震源点应布设在排列的延长线上。

瞬态面波法检波器布置应满足检波器位置垂直插入地面，且与地面耦合良好；检波器的安置应尽量以直线形式等道间距排列。如条件不允许，检波器沿垂直排列方向的移动距离不得大于道间距的 1/5，沿测线方向移动时，移动距离不得大于道间距的 1/10。

瞬态面波法数据采集系统应满足：宜采用线性排列方式，排列长度应大于预期面波波长的 1/2,同一测线的排列方向应一致;排列中点位置等效为面波勘探记录点的位置;仪器各通道应处于全通状态,且各通道增益应一致;震源道不应出现削波,不应出现相邻坏道,非相邻坏道不应超过使用道数的 10%;检波器与电缆连接应正确,避免漏电、短路、反向及接触不良;测点间距应根据探测任务与场地条件确定,应满足横向分辨率的要求。

激震时,宜采用单边激发方式,激发能量宜保持一致,在信噪比较低时,可进行多次叠加。

记录中噪声振幅不应大于基阶面波主同相轴振幅的 10%,噪声干扰过大时,宜避开强震干扰时段测试。

采集过程中应填写现场采集班报记录,记录应包括工程名称、工程地点、测线号、文件名、测点位置、炮点位置等内容。

(3) **瞬态面波法数据处理**

数据处理时,应剔除明显的畸变点、干扰点数据。

频散曲线提取应符合规定:应在 f-K 域中提取频散曲线;二维滤波计算应突出基阶面波能量。

频散曲线的分层应依据拐点、斜率及频散点疏密等特征确定。用于计算地层速度的频散曲线应具有收敛的特征;不收敛段的起始拐点可解释为地层界线。

应结合已知的钻探资料、其他物探资料对曲线的拐点和曲率变化做出正确解释,计算对应层的面波相速度,绘制相速度—深度曲线,或根据需要进行速度反演,绘制剪切波速度—深度曲线。

瞬态面波法探测地下病害体宜按表 5-6 瞬态面波法探测地下病害体典型识别特征进行识别。

表 5-6　瞬态面波法探测地下病害体典型识别特征

地下病害体	波速特征	波组特征	频谱特征
空洞	与周边正常地层剖面对比,表现为明显的低速圈闭区	边界波组杂乱、振幅强,内部波组衰减明显;局部存在镜像波	频散曲线变化剧烈,存在明显"之"字形拐点

地下病害体	波速特征	波组特征	频谱特征
严重疏松体	与周边正常地层剖面相比,表现为较明显的低速区	整体波组杂乱,分布很不规则	能量团较分散,频散曲线存在"之"字形拐点,不易提取完整的频散曲线
一般疏松体	与周边正常地层剖面相比,表现为低速区	波组略杂乱,分布不规则	能量团略分散,频散曲线"之"字形拐点不明显

（4）**瞬态面波法资料解释**

资料解释时,宜将面波波速转换为剪切波波速;

利用面波法换算深度、力学参数时,应首先利用已知资料标定;

瞬态面波法探测成果图件宜包括测点频散曲线图、面波相速度或视剪切波速度剖面图及地下病害体解释成果图。

5.3.4　地震映像法

地下病害体与周围介质间存在明显波阻抗差异,且地表平坦时可采用地震映像法探测。影响地震映像法探测的主要干扰源包括位于测区或附近运转的工厂设备、施工的工程机械、行驶的交通工具等以及地下管线、管沟及井室、地下通道、地下防空洞、地下加固体、旧基础、树根等。

（1）**检波器的选择应满足的要求**

宜采用速度型检波器,固有频率应满足现场激振频率响应要求;检波器灵敏度与阻尼应满足探测分辨率要求。

检波器的最小动态范围不小于 54 dB,绝缘电阻应大于 10 MΩ。

（2）**地震映像探测方法**

探测前应进行方法试验,确定偏移距、激发方式及检波器频率等。

检波器可选择单道或多道,多道时可选择不同频率检波器,根据探测深度和精度要求确定点距、采样间隔、记录长度。

测线宜选择地形起伏较小、表层介质较为均匀的地段沿道路走向布设,测线宜布设成直线,当测区条件限制时,测线可布设成折线,遇到陡坎时,应另起新测线。

测线间距应不大于探测要求最小目标病害体投影长度的 1/2,测线上反映目标体的测点不应少于 3 个,测点间距应不大于探测要求最小目标体地面投影宽度的 1/3。

检测器应垂直地面安置,与地面耦合良好,同一测线各测点激发能量应均匀,应避开强震干扰时段作业,可采用叠加的方式提高信噪比。

采集数据剖面应记录清晰,信噪比满足数据处理、解释的需要,现场记录宜包含探测地点、检波器数量、测试参数、文件名、测线号、测线位置、环境干扰情况等。

（3）**地震映像法数据处理**

数据预处理工作包括道炮编辑、振幅恢复（补偿）、去噪、和静校正等;数据处理时应剔除坏道数据,宜采用带通滤波,消除环境干扰。对复杂的重点异常,可采用小波变换、速度分析等进行处理。

浅层地震反射波法采集的每一道数据都具有相同的偏移距,对地下介质的反射界面的反映较为直接,数据处理较简单,浅层地震反射波法数据处理使用专业软件,数据处理后获得的浅层地震反射波剖面图。

资料处理内容主要包括格式转换、频谱分析、滤波、道均衡、增益调节、初至提取等,经数据处理后获得地震剖面。获得的地震剖面中横坐标为各测点在测线上的平面位置（单位:m）,纵坐标为反射波双程旅行时间（单位:ms）,通过分析地震剖面中各道地震波的波形信息及双程旅行时间,可对地下介质的性质及分布形态进行推测。

地震映像法探测地下病害体宜按表 5-7 进行识别。

表 5-7　地震映像法探测地下病害体典型识别特征

地下病害体	波组特征	频谱特征
脱空	同相轴消失或分叉	频率低于背景场
空洞	同相轴上凸或下凹现象明显,边界处同相轴明显错断;内部振幅衰减明显,局部有散射现象,呈现空白带	频率低于背景场
严重疏松体	波形结构变化大,同相轴上凸或下凹现象较明显,地震波历时延长	频率低于背景场
一般疏松体	波形结构变化较大;同相轴连续性差,有上凸或下凹现象,地震波历时延长	频率略低于背景场

（5）**地震映像法资料解释**

根据剖面中地震波的波形、振幅、频谱、相位等异常变化并结合已知资料对地下病害进行综合解释。通常由于不同介质密度、弹性性质的不同,分布形态的差别,地震波在其中传播时表现为不同的特征:当基岩岩体完整,介质组成单一时,在地震剖面图像上反映为同相轴连续、波形规则;当岩体中存在裂隙、破碎、溶蚀、空洞等不良地质现象时,由于它们与围岩间的波阻抗差异,对地震波的传播产生影响,从而表现出地震剖面的异常,主要表现为:波形杂乱、同相轴错断、同相轴起伏、振幅和频率的变化等。

地震映像法换算异常深度、规模时,应首先利用已知资料标定;探测成果图宜包括地震映像剖面图、地下病害体解释成果图。

5.3.5 瞬变电磁法

地下病害体与周边介质之间存在电性差异,且场区无强电磁干扰时,可采用瞬变电磁法探测。影响瞬变电磁法探测的主要干扰包括:附近的周期性电磁信号,如工业和民用电网产生的工频干扰、工业机械产生的稳定电磁源、低频电台或广播、附近电力管线产生的信号源等;附近的电磁干扰源,如金属建(构)筑物、临近的车辆、机械以及其引擎的电火花放电等;地下管线、管沟及井室、地下通道、防空洞、加固体、旧基础等建构筑物。

(1) **瞬变电磁法仪器设备应符合规定**

发射电流可调,进行城镇道路病害探测时,一般应满足电流可调整范围 1 A~10 A;动态范围不小于 120 dB;对工频干扰抑制不小于 60 dB。

等效输入噪声电压应小于 1 μV;使用 10 m×10 m×1 匝的线圈发射电流 1 A 时,关断时间应小于 10 μs。

(2) **瞬变电磁探测方法**

城镇道路地下病害体探测宜选用等值反磁通装置或中心回线装置。

探测前应进行有效性试验,以确定观测装置形式、发射线圈参数、接收参数、观测基频等关键参数。

1) 采用中心回线装置时,发射回线边长(L)可根据最大发射电流(I)、探测深度(H)按下式计算:

$$H = 0.55 \left(\frac{L^2 I P_1}{\eta} \right)^{\frac{1}{5}}$$

$$\eta = R_m N \tag{5-4}$$

式中,H 为探测深度(m);L 为发射回线边长(m);I 为发射电流(A);ρ 为上覆地层电阻率(Ω·m);η 为小可分辨电平,一般为 0.2~0.5 nV/m;R_m 为最低限度的信噪比;N 为噪声电平。

2）采用等值反磁通装置时,可按下式计算探测深度:

$$H = 28\sqrt{\rho t} \tag{5-4}$$

式中,ρ 为上覆地层电阻率($\Omega \cdot m$);H 为探测深度(m);t 为衰减时间(ms)。

3）瞬变电磁法的工作布置:测线应尽量布置在与异常目标走向垂直的方向上,点距与线距应能完整覆盖探测目标的分布范围。发射和接收线框应避开铁路、地下金属管道、高压线、变压器、输电线等,测线宜按直线布置,当受场地条件限制时,可布置成折线。

4）瞬变电磁法现场观测应符合下列规定:

现场观测时,除最后 5 个测道外,其余观测值均应在噪声水平以上,否则应查明原因,并重复观测;

对瞬间干扰应暂停观测,排除干扰后再进行探测;

曲线出现畸变时,应查明原因并重复观测;必要时,可移动点位避开干扰源重测,并记录;

若曲线衰减变慢时,应扩大测道时间范围重复观测;

每个测点观测完毕后,应检查数据和曲线,合格后方可进行下一点观测;

应设计不少于总数量 10% 的检查点,进行重复观测和一致性验证。

现场记录宜包含探测地点、装置参数、测试参数、文件名、测线号、测点号和环境干扰状况等内容。

（3）**瞬变电磁法数据处理**

宜剔除干扰大、质量差的数据;

仅允许使用或不使用某一道的数据,当某一道或几道数据质量不佳时,可以不使用该测道数据,不可对数据进行改动;

应绘制每个测点的衰减曲线、其对应的视电阻率曲线、反演结果曲线;

应按测线绘制多测道图曲线,视电阻率剖面、反演结果模型剖面用于综合对比与解释。

宜结合测区工程地质资料进行反演处理。

瞬变电磁法探测地下病害体宜按表 5-8 瞬变电磁法探测地下病害体典型识别特征进行识别。

表 5-8　瞬变电磁法探测地下病害体典型识别特征

地下病害体	典型特征
空洞	二次场幅值小，衰减快，多测道图微小下凹；表现为高电阻率异常，与背景差异不明显，体积小时一般难以识别； 有水或泥质充填时：衰减较慢，多测道图上凸；上表现为低电阻率异常
疏松体	无水充填时，表现为高电阻率异常； 疏松体有水充填时，衰减曲线衰减较慢，多测道图上凸，表现为低电阻率异常
富水体	二次场衰减缓慢，多测道图上凸，表现为低电阻率特征

（4）瞬变电磁法资料解释

应根据瞬变电磁多测道剖面图、视电阻率断面图进行地下病害体识别与解释；

应结合已知资料进行地下病害体定性或半定量解释；

瞬变电磁法成果图宜包括多测道剖面图、视电阻率断面图和地下病害体解释成果图。

5.3.6　井中探测法

井中探测法可包括采用电阻率、弹性波、电磁波等特性的探测以及钻孔全景光学成像观测。工作时应根据场地条件，通过现场试验，选择适宜的方法、设备，确定观测装置及工作参数。

井中探测法具有精度高、探测环境干扰因素弱的优点，也具有效率低和需提前施工破坏性钻孔的特点，可在地面方法受限、对精度有特殊要求的重点路段或存在其他方法难以解决的疑难问题路段实施。

（1）仪器设备应符合的规定

深度测量误差不应大于 0.5%；

地面仪器之间及其对地、绞车集流环对地、供电电源对地的绝缘电阻应大于 10 MΩ；

电缆缆芯对地、电极系各电极之间、井下仪器线路与外壳之间的绝缘电阻应大于 2 MΩ。

（2）井中探测法现场探测方法

深度标记间隔应与深度比例尺相适应，长度相对误差不应大于 0.2%。

测试钻孔（套管）内径不宜小于 75 mm。

测井深度比例尺宜与钻孔柱状图比例尺一致,同一测区宜采用同一深度比例尺。

原始测井数据或曲线应准确标记深度。

连续测井方法在测试时电缆的升降速度应均匀,升降速度应保证深度准确、数据清晰。

弹性波井间层析成像探测时钻孔应无金属套管且有井液,宜等间距激发、等间距接收,且间距不应大于要求探测目标体的尺寸;可在孔间地表处补加发射、激发点或观测点,提高水平分辨率。

电磁波井间层析成像探测时钻孔应无套管,对孔壁完整性差的可安装塑料套管;工作频率应由现场试验确定,每个剖面在完成一次完整的观测后,发射机和接收机应互换后实施第二次测量。

电阻率井间层析成像探测时钻孔应无套管、静充水,宜采用高密度电阻率法探测。

(3) **井中探测法数据处理与解释**

1) 钻孔深度应以孔口为深度零点。

2) 探测成果推断应根据测井资料结合地质、钻探等有关资料进行综合解释。

3) 弹性波井间层析应抽取共激发点道集,拾取初至时间,并宜交替采用共接收点道集、共激发点道集检查初至拾取的准确性。

4) 成像区域宜按正方形剖分,边长应等于激发点间距、接收点间距的最小值;成像的影像宜采用伪彩色色块、等值线方式;同一场区采用统一的色谱、色标。

5) 成果图件应包括影像图、地下病害体解释成果图。

6) 当孔深大于 15 m 时,进行井间层析宜进行井斜校正。

(4) **钻孔全景光学成像要求**

1) 钻孔全景光学成像应于干孔、清水孔或管道中进行,当水质透明度不足时,应采用清水循环冲洗或排干水。

2) 摄像机分辨率不应低于 500 万像素,摄像角度宜为 360°,方位精度不小于 1°。

3) 光学成像可相片与连续影像相结合,也可对异常部位静止拍摄影像。

4) 成像图像宜展开,拼接成分段连续的图片,横向宜沿从左到右,按北、东、南、西方向展开,并标注方位;垂向应标注深度和高程。

（5）井中探测法探测地下病害体识别

井中探测法探测地下病害体宜按表5-9识别特征进行识别。

表5-9 井中探测法地下病害体典型识别特征

地下病害体	典型识别特征
空洞	（1）弹性波井中探测呈现低速或空白异常区； （2）电阻率井中探测呈现高阻异常区，充水时呈现低阻异常区； （3）电磁波井中探测呈现低电导率或低吸收系数异常区，充水时呈现高电导率或高吸收系数异常区
疏松体	（1）弹性波井中探测呈现低速或不均匀异常区，频率低于背景场； （2）电阻率井中探测呈现高阻异常区，疏松程度越严重与背景场相比电阻率越高，充水时呈现低阻异常区； （3）电磁波井中探测呈现低电导率或低衰减系数异常区，充水时呈现高电导率或高衰减系数异常区
富水体	（1）电阻率井中探测呈现低阻异常区； （2）电磁波井中探测呈现高电导率或高衰减系数异常区

5.4 地下病害体验证

由于地球物理探测异常具有多解性，且空洞、脱空、严重疏松体对城市安全影响较大，建议对此类异常全部验证，其他病害体按比例验证，也可选择一定数量的物探异常不明显的不良地质体（探测成果有疑问或不易确定的异常）进行验证。

探测成果验证点的选择直接影响验证效果，原则上宜综合考虑病害体危害程度、场地安全作业条件、危害对象重要性等因素选择。验证点位置一般选在物探异常反应最强或中心部位，便于较好的揭露地下病害体的类型、深度、规模。对于埋深较浅或横向规模较大的空洞，考虑钻探过程中的塌陷危险，可在病害体边缘进行验证。因钻探、挖探等方式具有破坏性，选点时应避开地下管线等市政设施。

（1）**地下病害体探测成果的验证应符合的规定**

应确定地下病害体的类型、埋深等属性。

探测成果中的脱空、空洞、严重疏松体宜全部验证。

其他地下病害体的验证数量不宜少于总数的 20%，且不宜少于 3 处。

验证成果与探测结果不一致时，应分析原因，对探测成果重新进行判识，并重新组织验证。

（2）**成果验证的方法**

成果验证前应进行公共交通安全和场地危险源辨识与评价，验证点位应避开地下管线等市政设施。

宜采用钻探、开挖、钎探等方法。

验证点位置宜布设在地下病害体的物探异常反应最强部位或中心部位；

如现场不具备钻探、开挖、钎探等作业条件，可选用其他物探方法进行验证。

（3）**钻探验证现场作业要求**

钻探操作应执行相关规定，验证完成后，应及时回填。

每回次钻孔进尺不宜大于 1.0 m，宜采取减压、慢速钻进或干钻等方法。

宜对疏松体进行标准贯入试验或动力触探测试，可对富水体取样进行室内土工试验。

宜采用内窥设备记录钻探所揭露空洞范围、影像。

（4）**成果验证的记录应符合的规定**

钻探过程中应记录地下病害体起止深度、岩土体性状、钻进状态等信息，可记录塌孔状态、含水率变化等信息。

钎探验证时宜记录每 10 cm 的击数及击数突变等信息。

开挖验证时应记录地下病害体起止深度、岩土体性状、病害体横向规模等信息。

（5）**成果验证结果的判定方法**

钻探、钎探过程中发生掉钻，可判定地下病害体类型为空洞或脱空。

钻探过程中钻进速率较上部土层明显加快、标贯或触探击数较上部土层明显降低或开挖揭露土体松软不密实时，可判定地下病害体类型为疏松体。

提取土样为软塑-流塑或含水率明显升高时，宜判定地下病害体类型为富水体。

成果验证完成后宜根据验证结果修正相关物探探测结论,完善物探解释,确认地下病害体类型、规模及性状等特征,可按表 5-10 所示编制地下病害体统计表。

表 5-10　地下病害体成果统计表

编号	类型	位置	中心点坐标/m		积/m²	埋深/m	特征	风险等级	备注
			X	Y					

5.5　病害体探测成果编制

地下病害体探测成果应包括文字报告和成果图件,成果报告编制中引用收集到的已有资料,在探测成果验证后,根据验证结果对已有资料进行辨析,确认无误后方可使用。

1）文字报告宜包含下列内容：

① 项目概况；

② 工作依据；

③ 工程地质、水文地质及工作环境条件分析；

④ 工作方法技术及质量评价；

⑤ 数据处理和解释；

⑥ 成果验证；

⑦ 结论与建议；

⑧ 附图、附表。

2）地下病害体成果表宜包括病害体编号、类型、位置、中心点坐标、情况描述、风险等级及处置建议等,可按表 5-11 执行。成果图件应包括探测工作布置图、地下病害体平面分布图、解释成果图等。

3）成果图件应层次清晰,图式、图例、注记、比例尺等要素齐全；成果图件的比例尺应保证地下病害体在图件上得到清晰的展布；测线、测点、验证点等应根据测量成果展绘。

4）探测工作布置图采用统一的代号和图例编制,如表 5-10 所示,并符合下列规定:

① 工作布置图应标明测线、测点、验证点、剖面起止点等的平面位置、编号;

② 连续测线应在测线的起止点、转折点、地形突变点以及其他重要的点位设置测线特征点,当测线太长没有特征点时宜设置测点标记;

③ 测线特征点、测点等宜由探测方法代号和阿拉伯数字组成,且保证同一测区唯一;

④ 单点点测应采用与方法相应颜色的测点图例表示,连续测线应采用相应颜色实线连接测线特征点表示;

⑤ 验证工作布置应按规定的代号、颜色和图例统一编号绘制。

6）地下病害体平面分布图应根据地下病害体类型采用统一的代号、颜色和图例编制,地下病害体代号和图例可按表 5-11 的规定执行。地下病害体平面分布图宜在工作布置图的基础上编制;编制内容应包括病害体编号、位置、范围、类型等;病害体编号宜设置在病害体区域中心位置处,由病害体类型代号和顺序号组成,且保证同一测区唯一。

表 5-11　地下病害体探测成果代号和图例

名称		代号	颜色	图例	说明
探测方法及验证点	探地雷达法	LD	蓝	LD1　　　　LD2 以雷达测线为例	(1) 测点、测线特征点用直径 0.5 mm 实心圆表示 (2) 连续测线用宽 0.2 mm 实线连接测线特征点表示
	高密度电法	GM	紫红		
	瞬态面波法	RL	紫红		
	微动勘探法	WD	紫红		
	地震映像法	DZ	紫红		
	瞬变电磁法	SB	紫红		
	井中探测法	JZ	大红	JZ1 ◉	用 2 mm 小圆表示
	验证点	YZ	大红	YZ1 ◉	用 2 mm 小圆和 1 mm 同心实心圆表示

续表

名称		代号	颜色	图例	说明
地下病害体类型	脱空	TK	大红	TK1	（1）范围线用线宽0.3 mm虚线表示，不同类型病害体用不同符号填充 （2）中心位置用直径1 mm圆和中心加点表示
	空洞	KD	大红	KD1	
	疏松体 严重	YS	蓝	YS1	
	疏松体 一般	YB	绿	YB1	
	富水体	FS	褐	FS1	

7）解释成果图绘制。成果图编号宜沿用工作布置图中的测线编号，用"—"连接表示；应标明病害体的空间位置、形态及类型；宜标明验证点（孔）的位置及编号。

5.6　病害体信息化管理

地下病害体的形成和发展具有动态变化的特点，地下病害体作为地下空间开发利用过程中的重要信息，应对地下病害体探测资料进行信息化管理，做好长期跟踪管理工作，为城市建设、地下空间开发利用以及防灾减灾提供服务，是城市建设发展的实际需要，也是新型智慧城市建设的重要内容。对地下病害体探测成果及相关资料进行信息化管理，地下病害体信息化管理宜基于现势基础地理信息，构建信息管理系统。

地下病害体信息化管理的内容除包含地下病害体探测成果外，宜包括病害体周边地下管线、市政设施、建（构）筑物等环境资料、现场影像资料、历次探测方法数据和病害体工程处理资料等。

（1）地下病害体数据库的构建除应符合国家标准《基础地理信息城市数据库建设规范》的相关规定外，应符合下列规定：

① 地下病害体类型应符合病害体分类规定；

② 地下病害体信息应包括病害体坐标、范围、埋深、类型、规模、风险等级、处理状态等；

③ 属性数据中的地下病害体三维表达数据项、内容以及相应的精度应符合三维建模要求；

（2）地下病害体信息管理系统应基于GIS平台构建,应具备数据输入、编辑、查询、统计、分析等基本功能,宜具备三维可视化、数据交换服务等应用功能。

（3）地下病害体信息管理系统宜建立动态更新机制,可根据时间轴展现不同历史时期病害发展过程。

（4）地下病害体信息交换与应用服务应符合行业标准《城市基础地理信息系统技术标准》的相关规定。

（5）地下病害体信息管理系统的安全设计应符合国家标准《信息安全技术信息系统安全等级保护基本要求》的相关规定。

⑥ 地下专业管线隐患检测

　　管道的破损、泄漏和腐蚀是影响管线安全性的主要原因,专业管道检测是管道安全性的重要组成部分,也是保证管道安全性的最经济有效的方法。只有通过对不同专业的管道采取不同的技术方法,有步骤的实施检测,才能保证管道平稳运行。

6.1　排水管道检测

　　排水管线自身存在的隐患一般是排水管道不畅、堵塞或者渗漏。在下雨天,管道内流量比较大,流速也比较大,此时若排水不畅,不仅容易造成城市内涝,而且极易发生水流倒涌顶开井盖,若发生行人不慎掉进井内,将会被高速流动的管道水冲进管内,其后果是不堪设想的。因此,对于排水管道不畅、堵塞或者渗漏等隐患需仪器设备进行排除,制定消隐方案进行改正。

　　排水检测主要是对部分地下排水管线(沟、渠)进行结构性和功能性缺陷探测评估。最终管线普查成果以文字、图件及数据库共享方式提交成果,建立地下综合管线数据库(包括图形和属性数据库),并将检测后的计算机数据转入地下管线信息管理系统中,为及时维修提供数据保障,确保排水管线安全高效运行。

6.1.1　排水管道检测工作内容

　　排水管道隐患排查是对排水管道的结构性和功能性状况进行排查,根据排查数据评估管道的结构缺陷程度和功能缺陷程度,及时发现破裂、脱节、堵塞等严重或重大缺陷隐患,为消隐措施的制定提供数据保障,保证排水管道的高效、安全运营。

6.1.2 排水管道检测工作流程

(1) **管道清淤**

管道清淤分三个步骤:前期准备、施工、后期清扫现场。具体流程如图6-1。

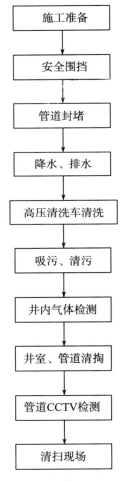

施工准备

↓

安全围挡

↓

管道封堵

↓

降水、排水

↓

高压清洗车清洗

↓

吸污、清污

↓

井内气体检测

↓

井室、管道清掏

↓

管道CCTV检测

↓

清扫现场

图 6-1 管道清淤流程图

(2) **管道检测**

根据地下排水管线检测评估工作程序,结合工程的技术特点,制定地下排水管线检测评估工作流程，见图 6-2，用于指导开展工作。

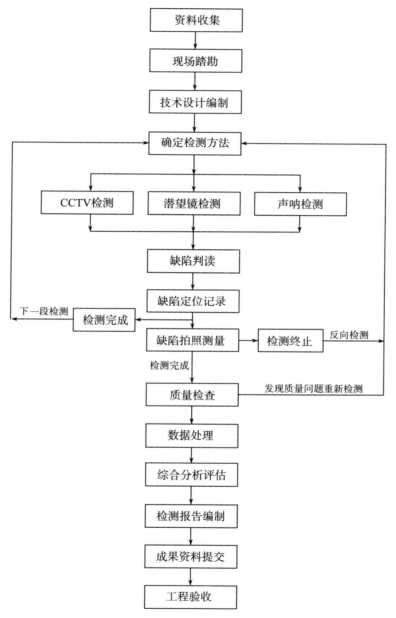

图 6-2 管道检测流程图

6.1.3 检测工作技术方法及实施

(1) 管道清淤技术要求及工作方法

1) 安全围挡。工程施工前,对施工区域做安全防护,使用安全路锥与小彩旗围挡施工现场,夜间施工时配备警示闪光灯,防止闲杂人员进入施工现场,施工人员配备安全帽、工作服、安全条幅等安全施工用品。

2) 降水、排水。管道封堵后,利用潜水泵及泥浆泵放置在检查井内抽水,派专人看管抽水泵,防止水泵抽水时管道内一些生活垃圾、建筑垃圾卡住水泵扇叶,待管道内水位降至高压清洗车冲洗管道应用条件后,即进行管道清洗疏通作业。

3) 高压清洗车疏通。使用高压清洗车将高压水管从下游伸入管道内至上游检查井底部,以便于高压水喷头可以从上游往下游冲洗。如果管道内部结垢、沉积、堵塞情况严重,则利用高压喷头来回反复地对管道内部进行清洗,以达到管道 CCTV 检测要求。

4) 吸污、清污。管道高压清洗的同时,由于管道下游已经封堵,清洗喷头水射流冲出来的污水,无法正常排除,所以要用吸污车或泥浆泵对检查井内清洗出的污水进行抽运,以便于高压喷头清洗出来的污水可以继续顺畅排出管道。

5) 通风、毒气检测。施工人员进入检查井前,必需使用四合一气体检测器进行井下气体安全检测和持续监测,同时用鼓风机进行换气通风,井室内气体状况符合安全要求,方可让施工人员进入井内作业。

6) 井室清理。在下井施工前检查施工人员安全措施准备情况,准备完毕后,由施工人员下井对检查井内剩余的砖、石、部分淤泥等残留物进行清理。采用短把铁锹将井内残留物装入灰桶运至井上,倒入运输车,运至指定土场。对井内流状稀泥采用吸污车将稀泥吸出清理。

7) 管道清淤疏通。

① 对管径小于 800 mm 的管道用绞盘进行清理,将管道内杂物、淤泥等带到检查井后人工装载提升至地面。

② 对管径大于 800 mm 的管道在确保安全的前提下由人工进管清理。作业之前,用多功能气体检测仪对井内各个高度进行气体检测,达到安全标准时方下人作业。

③ 对于堵塞的管道,以高压水枪反复冲洗管道,使杂物淤泥等流入检查

井内沉淀,再由人工清理出去。

8)清理现场。清理完毕后,清扫作业现场。

9)淤积物堆填。对淤积物自检测现场运至堆填场的装车、运输和卸载的工作符合现行环卫标准。

10)其他。清淤降水位结果满足《城镇排水管道检测与评估技术规程》CJJ181—2012的相关要求。

(2)排水管道隐患排查实施

排水管道隐患排查过程主要包括:收集资料—现场踏勘—编制排查方案—排查前的管道准备—现场排查并采集影像数据—影像编辑与判读—数据总结及评估—编写并提交评估报告。

1)收集资料。确定隐患排查管道后,应收集对象管道的管线图等技术资料,以及评估所需的其他相关资料。

2)现场踏勘。现场察看对象管道周围地理、地貌、交通和管道分布等情况,核对收集到资料的真实性和可利用性。

3)编制排查方案。根据资料收集与现场踏勘结果,明确排查的目的、范围和期限,认真分析并确定排查技术方案,包括制定管道封堵、清洗方法,对仪器设备进行必要的改造,可能存在的问题和对策,制定安全预案,工作量估算及工作进度计划,人员组织、设备、材料计划,拟提交的成果资料等。

4)排查前的管道准备。开展排查前的准备工作,主要包括管道冲洗,确保管道内积水不能超过管径的15%,如有支管流水应先将其堵住,检测设备检查,确保CCTV"机器人"所摄录的影像资料清晰、检测准确,同时排查开始前必须进行疏通、清洗、通风及有毒有害气体检测等。

5)现场排查。排水管网普查除了调查排水管网的空间位置和拓扑关系外,还应对管道现状进行调查,如该管道是否淤积、堵塞,是否破裂,是否暗接分支等。

① CCTV 检测:管道 CCTV(Closed Circuit Television)检测采用先进的CCTV 管道内窥电视检测系统,在管道内自动爬行,对管道内的锈层、结垢、腐蚀、穿孔、裂纹等状况进行探测和摄像,依据检测技术规程再进行评估,为制定修复方案提供重要依据。

准备工作完成后进行现场设备入管排查,对待排查的管道分段,每段由1个小组负责,包括现场工作指挥 1 人,负责现场协调并承担相关的辅助工作,设备操作人员 3 人,分别负责 CCTV"机器人"、传输电缆、主控制器的操作和监视,并承担相关的下井操作。

排水管道隐患排查作业技术要求:

CCTV 检测要求管内水位≤20%。

CCTV 检测前必须校准主机的系统时间。CCTV 计数器归零及补偿设置办法如图 6-3。

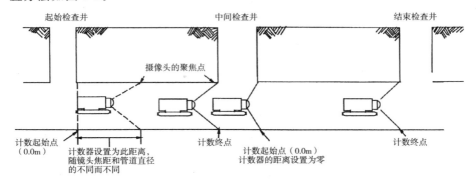

图 6-3　CCTV 计数器归零及补偿设置

镜头移动轨迹偏离管道中轴不超过管径的 10%,矩形暗渠偏离应不大于短边的 10%。

直向行进摄影时不能改变拍摄角度和焦距。侧向摄影宜停止行进,可以变动角度和焦距以获得最佳图像,继续行进时应回复最短焦距。

不应出现录像暂停、间断等情况。检测中停止行进后继续行进检测时,则检测距离应在中止前检测距离上继续累计,而不应将计数器归零。

管道缺陷定位方法与计数器补偿设置法相同,即以镜头最近的聚焦点为准,不能再以镜头垂直管道走向来确定缺陷位置。

为了观察缺陷整体轮廓或者准确定位而进行倒车时,电缆应同步收紧,计数器也同时回复到倒车位置的正确数值。当探头无法前行时,或探头埋入泥、沙等使图像异变,应停止检测。

对管道缺陷必须抓取缺陷图片,缺陷图片必须清晰且轮廓完整,不得仅仅拍摄缺陷的某一个部分。

对各种缺陷、特殊结构和检测状况应作详细判读、量测和记录,并按规程规定的格式填写电视检测结果。无法确定的缺陷类型或等级必须在评估报告中加以说明。管道缺陷定位误差要求不大于±0.5 m。

剪辑图像应采用现场抓取最佳角度和最清晰图片方式,特殊情况下也可采用观看录像抓取方式。

② QV 检测。QV 管道潜望镜是管道快速检测设备，它通过可调节长度的手柄将高放大倍数的摄像头放入窨井或隐蔽空间，对排水管道进行检测。QV 管道潜望镜对检测排水设施的窨井非常适用，它具有人员无需下井、速度快、焦距可调节等优点。

当管道内的水位＞20％时，采用带有激光测距功能的管道潜望镜进行检测。

管道潜望镜检测前，必须校准主机的系统时间。

管道潜望镜检测测距初始补偿设置方法比照 CCTV 补偿设置方法进行，将补偿修正值在记录中注明。

管道潜望镜变焦应平稳控制，变焦速度从感觉上不得明显快于 CCTV 进行时的画面变化速度。

管道潜望镜检测同样不应出现录像暂停、间断等情况。

管道潜望镜检测缺陷定位、中止定位和终止定位均采用激光测距法，所测得的距离同样要做初始补偿校正。

③ 声呐检测。声呐检测是检测排水管道的一种有效手段，当管道内的水位大于300 mm时，采用水下声呐检测设备进行检测。声呐检测系统包括水下声呐检测仪、连接电缆、声呐处理器。连接电缆给检测仪供电，通过声呐信息和串行通信对检测系统进行控制。可旋转的圆柱型检测仪探头一端封装在塑料保护壳中，另外一端与水下连接器连接，该系统安装在滑行器、牵引车或飘浮筏上，然后检测仪可在管道内进行移动。声呐检测主要应用于管道的破损、变形、淤积等缺陷的检测。声呐头通过发射声呐波，反射到管壁后成像，形成一个管道内的声呐扫描图，可以判断管道内的积泥、破损等情况。

声呐检测前，必须校准主机的系统时间。声呐检测前应从被检管道中取水样通过调整声波速度对系统进行校准。

声呐检测在进入每一段管道记录图像前，必须录入地名和被测管段的起点、终点编号。

声呐探头应水平安放在合适的位置，以减少几何图片变形。滚动传感器标志应朝正上方。探头的发射和接收部位必须镂空或者超过承载工具的边缘。

声呐探头放入管道起始位置时，必须将电缆计数测量仪归零。在声呐探头前进或后退时，电缆应保持绷紧状态。

根据管径的不同，应按下表选择不同的脉冲宽度。

声呐检测以普查为目的的采样点间距约为 5 m,其他检查采样点间距约为 2 m,应根据检测结果绘制沉积状况纵断面图。

声呐检测在间隔处和图形变异处的轮廓图必须现场捕捉,检测经校准后线状测量误差应小于 3%。

6.1.4　排水管道检测数据处理及成果输出

(1) 管道缺陷或结构特征在管道环向位置的时钟表示法

在描述管道缺陷或结构特征在管道环向上的位置时应采用时钟表示法,如图 6-4。按顺时针方向前两位数字表示开始位置,后两位数字表示结束位置。如果缺陷在某一点上就用 00 代替前两位,后面两位数字表示缺陷点位。0000 表示缺陷为满管或者分布于全部 360 度管壁上。

0903　　　　　　　0310　　　　　　　0002

图 6-4　缺陷环向位置时钟表示法示例

(2) 缺陷测量

有激光测距图片的管道缺陷,使用激光测距分析软件准确量取管道缺陷的大小和面积,根据测量结果修正外业的缺陷等级判断错误项,并将测量结果补充进检测记录表。

(3) 管道检测成果报表要求

管道检测报表必须包括:工程名称(或合同号)、检测时间、地名、路名、录像文件(带)编号、管道用途、开始/结束井编号、管径、材质、内衬、检测方向、缺陷位置、分布时钟、代码级别及缺陷照片等,对于连续性缺陷还应注明起/止位置和长度。

(4) 检测数据录入

排水检测数据录入是在 excel 电子表格中将外业采集到的数据进行,生成 *.XLS 文件,录入后进行 100%校对检查,无误后进行数据合并,并进行数据排序。

（5）检测数据检查

根据整理好的＊.XLS数据文件，进行数据检查，检查项包括以下内容：

1）检查相同管段不同视频。

2）检查相同管段不同管径、材质。

3）检查相同管段相同缺陷。

4）检查未检测完管段。

5）检查未作内窥检测管段。

6）检查缺失管段（作了内窥检测，未作管线探测）。

7）检查缺失的检测井照片。

（6）数据处理、缺陷统计分析及管道状况评估

管道评估根据检测资料进行，管道评估工作按照《城镇排水管道检测与评估技术规程》，采用相应的计算机软件进行。

（7）管道CCTV检测缺陷分布图编绘

1）管道缺陷分布图在排水系统图基础上加绘缺陷要素。

2）利用《排水管道内窥检测数据处理系统》把最终处理好的管道缺陷属性数据库处理出管道缺陷分布正式图（AutoCAD Dwg格式）。

3）点、缺陷注记标准：管道缺陷分布图中，标注结构性、功能性缺陷注记，格式为缺陷代码（2位字母）＋"－"＋缺陷等级（1位罗马数字）＋"－"＋缺陷照片的序号＋流向（顺流为"＋"，逆流未"－"）。标注录像编号注记，使用录像所属管线编号＋流向（顺流为"＋"，逆流未"－"）标识。见表6-1。

表6-1　管线缺陷分布图线注记内容

序号	要素名称	代号（CAD层）	颜色	
			色号	颜色
1	结构性缺陷	结构性缺陷	1	红色
2	功能性缺陷	功能性缺陷	1	红色
3	检测方向	检测方向	3	绿色

注：线标准字体为宋体，字高为0.5 mm。

4）管道缺陷编辑成图：在AutoCAD套合正式排水管线图、管线缺陷分布图、正式图框整饰文件、正式地形数据进行缺陷分布注记编辑等操作，缺陷分布注记编辑原则为各种文字、数据注记不得压盖管线及其附属设施的符号,地形图中与排水管线重复的内容要删除。非普查区去向、预留口、盖堵、进水口、出水口、雨篦图例均按照实地方向进行旋转。注记编辑完成后进行了100%检查,无误后利用绘图仪输出正式管线图成果。

5) 缺陷分布图上的代码、图例和颜色见表6-2。

表6-2　缺陷代码、图例和颜色对照表

分类	符号名称	符号代码	图例	说明
结构性缺陷 （大红）	脱节	TJ		
	变形	BX		
	错位	CW		
	支管暗接	AJ		
	渗漏	SL		
	腐蚀	FS		
	胶圈脱落	JQ		
	破裂	PL		
	异物侵入	QR		
功能性缺陷 （大红）	沉积	CJ		
	结垢	JG		
	障碍物	ZW		
	树根	SG		
	洼水	WS		
	坝头	BT		
	浮渣	FZ		
结构性连续缺陷起、止点（大红）			⊢−−⊣	
功能性连续缺陷起、止点（大红）			⊢−−⊣	
检测方向、录像编号（绿色）			∠LHCJB1011	
结构性缺陷注记（大红）			PL_Ⅳ_1−	
功能性缺陷注记（大红）			CJ_Ⅲ_1−	

6) 管道检测数据库基本结构,见表6-3～表6-8。

表 6-3 功能缺陷评价表

字段名	类型	备注
OID	int	主键，自动添加
管段编号	varchar(20)	管段唯一识别码，系统自动填写
管线编号	varchar(50)	系统自动填写
起点	varchar(20)	起点物探点号
终点	varchar(20)	终点物探点号
管径	varchar(20)	公称直径，单位 mm
沟截面宽高	varchar(20)	宽×高，单位 mm
K	int	地区重要性参数
E	int	管道重要性参数
T	int	管道周围的土质影响参数
检测长度	decimal(20,3)	实际检测长度
检测方向	varchar(20)	管段检测方向，"顺流"或"逆流"
管段长度	decimal(20,3)	检测的管段长度，单位 m
缺陷位置	varchar(20)	缺陷所在管段位置，单位 m
功能缺陷状况	varchar(20)	缺陷所属类型，沉积，树根等
功能缺陷等级	varchar(20)	缺陷所属级别
缺陷长度	decimal(20,3)	单位 m
权重值	decimal(20,3)	缺陷等级对应权重
Y 值	decimal(20,3)	运行状况系数
G 值	decimal(20,3)	功能性缺陷参数
MI 值	decimal(20,3)	管道养护指数
功能状况评定等级	varchar(20)	缺陷评价等级，一级、二级等
修复养护建议	varchar(20)	
照片名称	varchar(50)	缺陷照片文件名称，"/"分隔
录像名称	varchar(50)	检测录像文件名称
是否参与计算	varchar(50)	"是"或"否"

表 6-4 结构缺陷评价表

字段名	类型	备注
OID	int	主键,自动添加
管段编号	varchar(20)	管段唯一识别码,系统自动填写
管线编号	varchar(50)	系统自动填写
起点编号	varchar(20)	起点物探点号
终点编号	varchar(20)	终点物探点号
管径	varchar(20)	公称直径,单位 mm
沟截面宽高	varchar(20)	宽×高,单位 mm
K	int	地区重要性参数
E	int	管道重要性参数
T	int	管道周围的土质影响参数
检测长度	decimal(20,3)	实际检测长度
检测方向	varchar(20)	管段检测方向,"顺流"或"逆流"
管段长度	decimal(20,3)	检测的管段长度,单位 m
缺陷位置	varchar(20)	缺陷所在管段位置,单位 m
结构缺陷状况	varchar(20)	缺陷所属类型,错位,破裂等
结构缺陷等级	varchar(20)	缺陷所属级别
缺陷长度	decimal(20,3)	单位 m
权重值	decimal(20,3)	缺陷等级对应权重
S 值	decimal(20,3)	损坏状况系数
F 值	decimal(20,3)	结构性缺陷参数
RI 值	decimal(20,3)	管道修复指数
结构状况评定等级	varchar(20)	缺陷评价等级,一级、二级等
修复养护建议	varchar(20)	
照片名称	varchar(50)	缺陷照片文件名称,"/"分隔
录像名称	varchar(50)	检测录像文件名称
是否参与计算	varchar(50)	"是"或"否"

表 6-5　特殊结构缺陷表

字段名	类型	备注
OID	int	主键,自动添加
管段编号	varchar(50)	管段唯一识别码,系统自动填写
管线编号	varchar(50)	系统自动填写
起点	varchar(50)	起点物探点号
终点	varchar(50)	终点物探点号
管径	varchar(20)	公称直径,单位 mm
K	int	地区重要性参数
E	int	管道重要性参数
T	int	管道周围的土质影响参数
检测长度	decimal(20,3)	实际检测长度
检测方向	varchar(50)	管段检测方向,"顺流"或"逆流"
管段长度	decimal(20,3)	检测的管段长度,单位 m
缺陷位置	varchar(20)	缺陷所在管段位置,单位 m
特殊缺陷状况	varchar(50)	缺陷所属类型,错位,破裂等
特殊缺陷等级	varchar(50)	缺陷所属级别
缺陷长度	decimal(20,3)	单位 m
照片名称	varchar(100)	缺陷照片文件名称,"/"分隔
录像名称	varchar(100)	检测录像文件名称
是否参与计算	varchar(50)	"是"或"否"

表 6-6　管段缺陷视频表

字段名	数据类型	备注
OID	Int	主键,自动添加
名称	Varcher	视频文件名称,无扩展名
管段编号	Varcher	管段唯一识别码,系统自动填写
管线编号	Varcher	系统自动填写
更新时间	DateTime	视频更新时间

表 6-7　管段缺陷照片表

字段名	数据类型	备注
OID	Int	主键,自动添加
名称	Varcher	照片文件名称,无扩展名
管段编号	Varcher	管段唯一识别码,系统自动填写
管线编号	Varcher	系统自动填写
跟新时间	DateTime	照片更新时间

表 6-8　检查井照片表

字段名	数据类型	备注
OID	int	主键,自动添加
名称	varchar(50)	照片文件名称,无扩展名
井编号	varchar(50)	检查井编号
更新时间	varchar(50)	照片更新时间

（8）**管道检测数据转换**

管道检测数据转换使用相关的排水管道内窥检测数据处理软件处理内业数据。经过数据检查、管网数据与内窥数据合并入库、数据挂接、数据处理、管网评估等处理过程,生成检测成果表、管道状况评价表、管段缺陷视频表、管段缺陷照片表、管道缺陷分布图。

（9）**管道检测成果资料制作**

管道检测成果资料制作应按档案管理中统一载体、装订规格的要求,分为文字、表、图和光盘（录象带）四大类进行编号和组卷。

6.1.5　排水管网雨污混接调查

6.1.5.1　雨污混接调查内容

雨污混接调查及评估应参考行业或地区相关的技术导则要求,管道CCTV 及声呐检测需满足《城镇排水管道检测与评估技术规程》及相关规范要求：

1）对排水管线雨污混接情况进行总体评价；

2）提供混接点分布图；

3）说明相关问题及处理措施。

6.1.5.2　雨污混接调查技术方法

（1）现场开井调查

现场开井调查是通过打开雨、污水检查井，通过目测、反光镜、量杆等方法判断系统内管网是否与周边排水系统的管网混接；是否与区域内河道有连通；是否有雨污管混接等现象存在，但其正确判断主要针对检查井水面以上部分。开井调查可与排水管网探测同步进行，管网探测期可做为初步调查，打开井盖，依照一定的安全原则，进行混接调查工作，并将调查结果用统一的表格记录和统计，主要记录混接管位置、编号、混接情况等，该方法简单、高效、经济，但只能准确判断检查井内水面以上部分的混接情况。

（2）管道内窥镜检测

管道内窥镜，通过可调节长度的伸缩杆将高放大倍数的摄像机伸入到管道进行检测，配备强力光源和全方位变焦摄像机，根据管道内部情况检查纵深可达 30 m 以上。适合检查 100 mm～2 m 管径的管道，能够清晰观察管道裂纹、堵塞等内部情况，在管道混接调查中，其具有操作简单，适用范围广，成像清晰等特点，在调查中发挥较大作用。

（3）管道 CCTV 检测

管道 CCTV 闭路电视检测技术是采用先进的管道内窥电视检测系统，该系统是由三部分组成：主控器、操纵线缆架、带摄像镜头的机器人爬行器。机器人爬行器在管道内按主控器指令自动爬行，对管道内的混接、穿孔、渗漏、结垢、裂纹、混接来源等状况进行探测和摄像，实时观察并能够保存录像资料，将录像传输到地面，由专业的检测工程师对所有的影像资料进行判读，通过专业知识和专业软件对管道现状进行分析、评估，有效地查明管道内部状况和状况发生点的准确位置，依据检测技术规程再进行评估，为制定整改方案提供重要依据。

当排水系统内部分雨、污水管道、检查井内水位充盈度较高，无法准确排查水位以下混接管情况时，可以根据实际情况，通过现场管道临时封堵后，开泵抽水配合，将系统内管道水位降至合适位置，以便混接调查工作的顺利开展。市政管道封堵采用的气囊通常一种型号能同时封堵几种不同管径的管道。此种封堵气囊目前在国、内外被广泛用于排水管道的水压、气压试验和管道临时道封堵作业中。

（4）**辅助调查方法**

1）管道声响法调查。对于需要查找上下游关系的管道,可以通过管道声响法来调查。主要是通过敲击管道发出响声,根据声音的传导方向来确定管道的上下游关系,该方法在确定或验证管道是否连通及查找混接来源有一定意向性作用,是混接调查中较常用的一种经验性手段,对调查人员的技术能力和经验要求较高。

2）竹片检查法。打开雨水井盖,如发现有污水从某管口流入井内,随即向该管口打入竹片,如果在上游污水管中发现打入的竹片,则说明该处就是雨污混接点。同理,检查污水井。

3）烟雾法和染色法。调查过程中,对于一些难于通过声响法判断其是否混接的管道,可以采用烟雾（试剂）法和染色（试剂）法来判断管道是否连通,或者堵塞等问题。

① 烟雾调查法就是封堵一段管道,用鼓风机压入发烟筒里的烟,用烟雾在管道中的行踪来显示管道走向、错误连接或事故点的检查方法。该方法对适用条件有一定要求,采用烟雾检查确定管渠连接关系时应符合下列规定:

a. 充满度应小于管径的 65％；

b. 无需检查方向的管渠应予封堵；

c. 应使用无毒无害彩色烟雾发生剂和专用鼓风机。

② 染色法就是从误接或不明确的管道的上游输送染色水,用染色剂在管道中的行踪来显示管道走向、错误连接或事故点的检查方法。该方法对适用条件也有一定要求,采用染色检查确定管渠连接关系时应符合下列规定:

a. 管内应有一定水量,且水体流动；满管水时,不宜采用；

b. 染色剂应投放在上游检查井；

c. 染色剂应采用无毒、无害的彩色染色剂。

（5）**泵站联动抽水调查**

选择合适的时间段对雨水泵站与旁边的污水截留泵站进行联动运行试验。通过雨水泵站启动水泵运行,观测污水截留泵站内水位是否变化,如污水截留泵站水位与雨水泵站水位呈同步趋势,并与以往雨水泵站停运时呈不同工况,可怀疑该区域内雨污管道之间,存在雨污管混接现象。

另外,当排水系统内部分雨污管道、检查井内水位充盈度较高,无法准确排查水位以下混接管情况时,可以根据实际情况,通过雨水泵站、污水泵站进行开泵抽水配合,将系统内管道水位降至合适位置,以便混接调查工作的顺利开展。

泵站联动抽水对整个排水系统运行影响较大,使用前做好详细计划和应急预案。

6.1.5.3 混接点分布图记录与编制

混接点位置分布图包括 1:500 或 1:1000 大比例尺的雨污混接点分布图,以及 1:2000 比例尺及其以上的雨污混接点分布总图。

1) 雨污混接点分布图应满足下列规定

① 底图可利用已有的排水系统 GIS 绘制雨污混接点分布图,数字地形图作为混接点分布图的底图时,底图图形元素的颜色全部设定为浅灰色;

② 图形要素包含:道路名称、泵站、管道、管线材质、管径、标高或埋深、流向、混接点编号、混接点位置与标注等;

③ 混接点分布图的图层、图例与符号详见表 6-9。

表 6-9 混接图层、图例及符号

符号名称	图例	线型	颜色/索引号	CAD 层名	CAD 块名	说明
雨水	————	实线	红色(1)	YS_LINE		按管道中心绘示,标注管径
污水	————	实线	棕色(16)	WS_LINE		按管道中心绘示,标注管径
合流	————	实线	褐色(30)	WS_LINE		按管道中心绘示,标注管径
混接检查井	⊕2.0		蓝色(5)	HJ_CODE	HJ—YJ	方向正北
混接雨水口	⊞2.0 1.0		蓝色(5)	HJ_CODE	HJ—YB	方向正北
混接点	○1.0		蓝色(5)	HJ_CODE	HJD	方向正北
混接扯旗	————	实线	蓝色(5)	HJ_MARK		垂直于管道方向

2) 混接点统计内容应按照混接类型和等级进行统计,包括混接入管径、

材质、水量、水质等。

6.1.5.4 混接点水质检测

1）水质检测可用于探查下列情况：

① 测定混接点的雨污混接污染程度；

② 测定排水户雨污水水质，判断是否存在混接；

③ 测定排水系统关键节点水质，判断是否存在混接。

2）水质检测项目一般包括化学需氧量（CODCr）、pH。

3）根据不同混接对象所排放的污水特性可增加特征因子。工业企业污水混接可加测重金属、pH 等指标，畜禽养殖场（户）污水混接可加测氨氮、总磷等指标，餐饮业污水混接可加测动植物油等指标，居民生活污水混接可加测阴离子表面活性剂（LAS）等指标。

4）当进行区域管网混接预判时，取样点应选择在该区域收集干管的末端；当进行内部排水系统混接预判时，取样点应选择在出门检查井。

5）在确定混接点位置后，宜对污染程度高的流入体提取水样，并进行水样测定。

6）应根据排水特点，选择取样时间，通过水质检测结果及变化的幅度可判断混接类型和混接程度。

7）宜采用自动采样装置进行定时采样，合理设置启动采样时间，确保采集到有代表性的样品。

6.1.5.5 雨污混接状况评估

1）按照调查范围进行评估，调查范围内有 2 个及以上的排水区域时，应按单个排水区域进行评估。

2）单个混接点和区域混接程度分为三级：重度混接（3 级）、中度混接（2 级）、轻度混接（1 级）。

3）区域混接程度应根据混接密度（M）和混接水量程度（C）以任一指标高值的原则来确定。混接水量程度（C）依据式 6-15 来计算，用百分比来表示。混接密度（M）依据式 6-16 来计算，用百分比来表示。

混接水量程度（C）：

$$C = \frac{|(Q - 0.85q)|}{Q} \times 100\% \tag{6-1}$$

式中，C 为混接水量程度；q 为被调查区域的供水总量，m^3；Q 为被调查区域的污水排水总量，m^3。

混接密度（M）：

$$M = \frac{n}{N} \times 100\%$$ (6-2)

式中，M 为混接密度；n 为混接点数；N 为节点总数，是指两通（含两通）以上的明接和暗接总数。

4）区域混接程度按照表 6-10 确定：

表 6-10　区域混接程度分级评价及治理建议

混接程度	混接密度	混接水量程度	治理建议
重度混接（3 级）	10%以上	50%以上	立即改造
中度混接（2 级）	5%～10%	30%～50%	分期改造
轻度混接（1 级）	0～5%	0～30%	列入改造计划

5）单个混接点可依据混接管管径、混接水量、混接水质以任一指标高值的原则确定，混接点混接程度分级标准见表 6-11。

表 6-11　混接点混接程度分级标准及治理建议

混接程度	接入管管径/mm	流入水量/m³/d	污水流入水质（CODCr 数值）	治理建议
重度混接（3 级）	≥600	>600	>200	
中度混接（2 级）	≥300～<600	>200～<600	>100～≤200	
轻度混接（1 级）	<300	≤200	≤100	

6）应以单一排水系统为单位，确认混接类型。

6.1.6　涉水污染源调查

（1）基本要求

1）涉水污染源调查与评估的范围为企业范围内所有排放污水（废水）的污染源。

2）涉水污染源调查与评估的目的是获得污染源的地理位置、排水性质、水量、出口管径、管底标高、受纳水体或管道、内部排水设施现状等基础信息。

3）涉水污染源调查与评估步骤应包括现有污染源成果整理、现场调查、成果编制等。

（2）现场调查

通过现场调查，对于不同的涉水污染源，应核实并掌握其以下基本信息：

1）涉水污染源基本信息，包括：空间位置信息、平面布置图、性质、规模和排放许可证管理等相关情况。

2）涉水污染源用水量和水源情况。

3）涉水污染源排出口坐标位置、管底标高、形状、尺寸、材料、埋设年代、流量，以及废水、雨水排放形式（间接或直接）、排放途径、排放去向。

4）涉水污染源污水排放量，主要污染物种类、浓度、排放总量、超标程度。

5）涉水污染源内部排水设施分布情况，绘制内部排水管网分布图。

6）涉水污染源周边排水设施分布情况及周边污水接管的数量、管径、接入位置等，绘制外部排水管网分布图及污水接管示意图。

7）对涉水污染源内部缺乏资料的已建排水设施，应通过排水设施的普查和探测进行确定。

8）根据需要，对涉水污染源内部排水管网、检查井、排水口进行调查评估，对雨污混接情况进行调查评估。

（3）成果编制

调查成果由调查图纸、调查记录表及调查报告组成。

1）调查图纸。可采用电子图纸和纸质相结合的方式，调查图纸应反映涉水污染源的名称、位置、平面布置、污水排放去向、内部排水管网分布、污水连接管及外部排水管网分布、内部排水管道及检查井缺陷类型及分布、内部雨污混接点位分布；调查成果应使用台州 2000 坐标系、1985 国家高程基准；调查成果底图比例尺不应小于 1∶1000，宜采用 1∶500。

2）调查记录表。涉水污染源调查记录表对划定的调查区域内的所有涉水污染源进行调查，形成调查记录表。

6.1.7　特殊情况处理方法

管道内窥检测受管道内部状况和现场检测条件影响较大，针对各种疑难问题、特殊情况采取不同的处理方法。

首先采用潜望镜快速了解待测管道内部状况，对淤泥、障碍物较少的管段采用 CCTV 检测。

对淤泥、障碍物较多的管段，在采取更换轮子和调整轮间距后，仍然无法进行 CCTV 检测的管段做好记录,待疏通清淤完成后再进行 CCTV 检测。

大的强降雨可将管道内部分淤泥带走,为 CCTV 检测创造条件,可在强降雨后对前期无法进行 CCTV 检测的管段进行检查。

对于在采取上诉措施后仍无法进行 CCTV 检测的管段采用潜望镜检测。对大于 30 m 的管段,采用两侧检测的方法。

根据道路交通状况,合理安排作业时间,避开交通繁忙时间段。

测区雨水较多,为确保按期完成外业检测任务,采用白班和夜班两班倒,确保工程进度。

6.1.8 排水管道检测技术总结编写

(1) 编写技术总结的目的

技术总结是排水检测工作的全面技术总结,是研究和使用检测工程各种成果资料,了解工程的基本概况、工作中存在的问题及纠正措施的综合性资料,并对工程的质量给出一个科学客观的结论,是项目成果资料的重要组成部分。因此,工程结束后,根据检测应编写技术报告书。

(2) 技术总结的基本内容

技术总结报告书的编写应做到文字简明扼要,条理清晰,文笔流畅;总结要全面客观,结论要准确;图表结合,合理齐全,以能说明问题为原则。技术总结报告书应包括以下内容:

① 工程概况:工程的依据、目的和要求;工程的地理位置、地球物理和地形条件;开竣工日期;实际完成的工作量等。

② 技术措施:各工序作业的标准依据;坐标和高程的起算依据;采用的仪器和技术方法。

③ 应说明的问题及处理措施。

④ 质量评定:各工序质量检验与评定结果。

⑤ 结论与建议:根据检测结果对报告使用者提出相关的建议。

⑥ 提交的成果:文字资料、图形资料、声像资料、附图与附表等。

⑦ 附图与附表。包括测区位置示意图、检测成果图、工作量统计表、精度统计表、检测结果统计表,参与项目的技术人员表、投入项目的仪器设备表等。

6.2　给水管道漏水检测

地下管道的漏水虽然是供水行业普遍存在的问题,管网的泄漏不仅造成水资源的浪费,直接影响供水企业的经济效益,而且危及城市建设安全。因此对供水管网进行检测、维修和综合治理是提高有效供水量,保护城市安全的重要环节。

6.2.1　漏水声的性质

一般所说的漏水声是指传到人们耳朵里的声音。漏水声随漏水点的状态(管材、接口、水压、周围的状况等等)的不同而变化,也随传播介质(土、混凝土、管材)和传播距离的变化而改变。

漏水声包含频谱很宽的音频成分,是一种复杂的波形。人耳具有哪怕只有一点点的不同也能分辨出的能力。但存在着对嗅觉、味觉、听觉等不能用语言来完全正确表达的一面。所以要理解什么是漏水声实际上有必要用自己的耳朵来试听漏水声从产生到传播是怎样发生变化的,并从理论上加以理解。

6.2.1.1　漏水原因

根据长期的实践观察和研究,漏水主要有以下几个原因:

1)施工不慎导致管道损坏。在场地开挖、平整、道路修筑,碾压等过程中,施工单位对地下管道详细位置不了解,导致碰伤、压坏、挖断管道。

2)管道施工质量不良。管道基础不好、接口质量差、管道防腐不好、管道埋深不够等原因造成。

6.2.1.2　漏水声的类型

漏水有明漏和暗漏两种。明漏是可发现的,暗漏的隐蔽性较强,要确定漏水点比较困难,只有借助检漏仪和听漏棒。

漏水声的产生机能是由许多因素复杂地交错在一起,所以现代科学上的完整判明是非常困难的。大概可考虑以下几个方面:

1)磨擦声。由压力高的内部通过漏水孔处对周围产生过流等引起的、以喷出孔为中心产生振动音。

2）冲击声。从漏水孔喷出的水和周围介质相撞、搅拌所产生的振动声，并伴随漏水孔周围的状态而变化。

3）介质碰撞声。喷出管道的水带动周围介质相互碰撞磨擦产生的声音，其频率较低，一般只有把听声棒插入地下漏水口附近时才能听测到，因此是漏点最终确认的主要依据。

6.2.1.3　漏水声频率

声频范围一般在 16~20000 Hz 内，漏水处的漏水声频分布在整个声频范围内。

管材不同漏水声的变化不同，与金属管相比，较软的塑料管则高音部分较弱。也就是听到的漏水声：金属管是刺耳的高音，非金属管（包括 PVC 管、PE 管、水泥管等）是较重的低音。但是对于像这样的漏水声频分辨来说的，随着漏水孔周围的状态、形状、水压等不同而发生变化，所以没有漏水声会完全一样。

6.2.1.4　漏水声与水压的关系

漏水点处漏水声的发生大小很大程度上是依存水压。从图 6-5 可以看出：

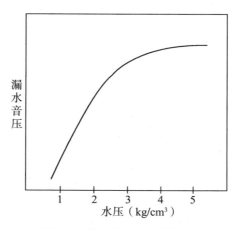

图 6-5　漏水声与水压的关系

漏水声随供水压力变化而变化。当水压小于 3 kg/cm² 时，漏水声随水压的减小而急速下降；当水压大于 3 kg/cm² 时，漏水声基本不变；当水压小于 1 kg/cm² 时，要捕捉到地面上的漏水声就很困难了。

对于供水压力较低或埋深较大的漏水可疑地段,用传统的音听法难以确定的漏水点可以采取如下的方法解决:

1）取水样化验,根据待测水质与管道周围水质的成分差异,确定该水样是否与待测管道水成分接近。

2）打钻将听漏设备接触到管道听音确定。

3）示踪气体法对漏点定位。

6.2.2 漏水声的传播规律

漏水声的传播可分为管路传播和地中传播。漏水噪声的传播途径分为三种:沿管材管壁传播、沿土壤介质传播、沿水传播。现有技术主要检测沿管壁传播和沿土壤介质传播的噪声。这类噪声衰减受漏点大小、水压、管材材质、管材长度、管径、土壤介质等因素影响而衰减强度不同,因而有的漏水点产生的噪声通过人的耳朵很难判别。

6.2.2.1 地中传播

漏水声在地中漏水点通过介质向周围传播。

图 6-6 表示了漏水声在土中、混凝土中传播模拟图。传播的漏水声含有多种频率成分。

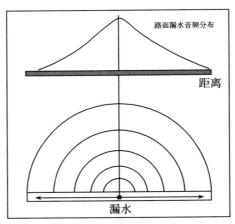

图 6-6 漏水声传播模拟图

（1）漏水声与漏水频率的关系

图 6-7 表示了在土中传播的漏水声各频率成分的衰减变化的情况。

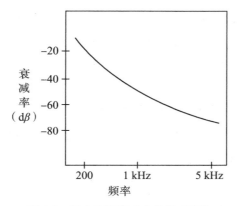

图 6-7　漏水声频率成分的衰减变化

从漏点发出的漏水声含有多种频率成份。漏水音频范围一般在 20～20 kHz,漏水点处的漏水音频分布在整个音频范围内。各频率成分的漏水声随漏水频率的升高衰减加快,因此低频成分的漏水声传播距离要远,而高频成分的漏水声在地中传播距离要比低频成分小得多。

（2）**漏水声与传播距离的关系**

图 6-8 表示了 500 Hz 附近的漏水声传播距离的衰减变化的情况。

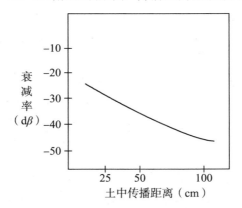

图 6-8　漏水声传播距离的衰减变化

可见同一频率的漏水声随着传播距离的增大衰减也越快,因此在进行地面听漏时,在地面上能捕捉到的漏水声范围一般很小。

（3）**漏水声与漏点朝向关系**

漏点在管道中的位置不同,承压水喷向介质的方位就不同,传到地面上漏水声最大点的位置就不同,结合管道平面位置,可推断出漏点的朝向。

（4）**漏水声与漏点周围介质的关系**

在进行地面听音时,漏点周围介质不同,所听到的声音也不同。若介质为粘性大、吸附性强的介质时,听音时听到漏水声为低频声;若介质为弹性大的介质时,听到漏水声为高频声。

6.2.2.2　漏水声在管道中的传播

漏水声沿管路可以传到几百米远处。只是传播距离随着漏水声的大小、管材的不同相差很大。见图6-9。

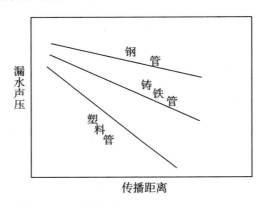

图6-9　漏水声在不同材质的管道传播变化

声波振动在管路中按照机械振动在介质中的传播规律由近及远传播,由于供水管道材质的弹性模量(E)远大于管道周围介质的弹性模量,因此相对在周围介质中而言,漏水声在管路传播速度快,传播距离远。这使得有可能通过阀、栓听音(音听法)来判断附近范围内有无漏水现象发生。

由于管材、管径不同,漏水声的传播速度、传播距离、衰减程度也是不同的。

（1）**传播速度**

在不同材质及不同管径的管路中,漏水声的传播速度是不一致的。对由多段不同管材组成的混合管道来说,以接点为界各段的传播速度会发生变化。这种情况要求用相关探测确定漏点位置时应特别注意。

另外,管道内壁沉积有较厚水垢时,传播速度会降低很多,这是由于水垢造成管道的弹性模量变小的缘故。

（2）**衰减特性**

1）漏水声的衰减率因管材而异并与距离成反比,这种情况在高频率范围内尤为明显。

2）不锈钢管的衰减率比铅管的要小得多，一般管材的弹性模量越大其衰减越小。

3）管径越大衰减率也越大，特别是直径超过 1000 mm 时衰减更加剧烈。

4）频率越高，衰减越快。在离漏点较远的地方，只能听到较低频率的漏水声。

（3）**传播距离**

管径小、金属管、接缝少的管线漏水声传播的距离远，发出低音（低频）声；管径大、非金属管线、胶接的管线漏水声传播的距离短，发出高音（高频）声。

（4）**漏水声在传播过程中的反射与透射（折射）**

漏水声（声振动）在管路中传播时，如果遇到波阻抗（ρCA）发生变化界面，将会发生反射和透射。反射系数 K 和透射系数 T 的理论值为

$$K = \frac{(\rho_1 C_1 A_1 - \rho_2 C_2 A_2)}{(\rho_2 C_2 A_2 + \rho_1 C_1 A_1)} \tag{6-3}$$

$$T = \frac{2\rho_2 C_2 A_2}{(\rho_2 C_2 A_2 + \rho_1 C_1 A_1)} \tag{6-4}$$

式中，K 为反射系数；T 为透射系数；ρ_1、ρ_2 为变阻抗前后管材的密度；C_1、C_2 为变阻抗前后声音的传播速度；A_1、A_2 为管道的截面积。

由以上公式可知，当声音信号从低阻抗管道向高阻抗管道传播时，如从小管径管道向大管径管道传播，如图 6-10 所示，反射系数 K 为负，入射信号与反射信号反相位，声音相抵消，声音信号明显减小。

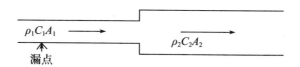

图 6-10　漏水声从低阻抗管道向高阻抗管道传播示意图

当声音信号从高阻抗管道向低阻抗管道传播时，如图 6-11 所示，如从大管径管道向小管径管道，从金属管向塑料管传播，反射系数 K 为正，入射信号与反射信号同相位，声音同相叠加，声音信号明显增大。

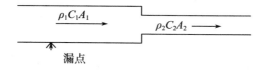

图 6-11　漏水声从高阻抗管道向低阻抗管道传播示意图

当声音信号到达自由端时,如图 6-12 所示,如消防栓、水龙头等部位时, $\rho_2 C_2 A_2$ 近似为零。反射系数 $K = \dfrac{(\rho_1 C_1 A_1 - \rho_2 C_2 A_2)}{(\rho_2 C_2 A_2 + \rho_1 C_1 A_1)} \approx 1$,透射系数 $T = 0$,声音信号近似全部反射回来,同相叠加于原信号上,因此在这些部位听到的漏水声特别"大"。

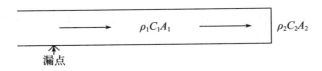

图 6-12 漏水声到达自由端传播示意图

当声音信号经过三通、四通、接口、弯头等部位时,由于其波阻抗亦发生变化,会产生反射、透射现象,使正常传播的声音信号发生变化,造成假的声音异常,这一点也应引起足够的重视。

6.2.3 给水管道测漏技术方法

6.2.3.1 主动检漏方法

(1) 区域检漏法

就是在一定条件下,通过开关进出小区的阀门,测定小区内的最小流量,为小区管网的漏水量,并通过关闭区内阀门以确定漏水管段的方法。区域检漏法主要应用在小区或部分管段中,只能发现漏水,而不能确定漏水点,还必须借助听声法确定漏水点的准确位置。

(2) 区域装表法

在检测区的进水管上装置流量计,用进水总量和用水总量差判断区内管网漏水的方法。利用区域装表法检漏应注意以下几点:

1) 选择的检测小区一定是独立的管网,如果是多路进水可先闭其他几路进水管,留 1~2 路进水管供水并装表计量;

2) 选择的进水总表精度要高,特别是对小流量时的计量;

3) 小区内所有用水点都要装表计量,不允许有估算值;

4) 抄表应尽可能同步进行,若不能保证同步,则两次抄表应按相同顺序进行,并尽量缩短抄表时间,另外一定要保证读数准确;

5) 若小区内有蓄水池,则抄表时应同时记录蓄水池水位,并将蓄水池变化水量计入用水总量;

6）对于3‰～5‰的误差标准,各供水企业可根据自己管网漏损率情况选择,一般管网漏损率大于15％的可取上限。

区域装表法只能判断漏水区域,不能确定漏水点的位置,一般在国内应用较少,它适用于分支管网。

6.2.3.2 音听检漏法

当压力水从漏水处喷出,水与孔发生摩擦产生振动,然后沿管道,土层传播开来。根据这个原理,可利用以下方法确定漏水点。

（1）音听检漏技术法

1）直接测漏。用听漏棒直接测漏,将漏水产生的声音稍加放大传至人的耳朵。此种方法简单,可以沿管线连续检测。

2）间接听音。路面听声时用听声器沿管线听声所要监测的撞击声,是听音法检漏发现漏水点的主要手段。也可用钢钎接听漏仪间接听漏。

3）电子放大听音仪检漏。用传感器把地面震动转化为微电量变化,经电子放大,由仪表显示声音大小和音质,灵敏度高,测定较准。

（2）利用音听法检漏须满足的要求

1）管道内的压力不能小于0.05 MPa,如果管道内的压力太小,影响听声效果;

2）管道埋设不能太深,在2 m以内探测效果较好;超过3 m,听声效果较差,就不宜采用此方法;

3）无可接触点进行听声时,管道正上方最好不是绿化带或松软土壤;

4）检漏现场必须安静,不能太吵。

6.2.3.3 相关分析法

（1）确定位漏水点的位置，在操作过程中要注意事项

1）必须熟知设备的性能,以便熟练操作;

2）两传感器之间的距离测量要准确;

3）管道材质、管径必须清楚;

4）两传感器位置须进行互换,多测量几次取其平均值,以便提高确定漏水点位置的精度。

（2）利用相关分析法检漏应满足的要求

1）两个接触点距离不大于260 m;

2）口径为DN≤400的金属管,尤其是埋设较深的管段或探测现场外界

噪声大时,宜采用此法;

3)两个探测器必须直接或间接接触管壁或阀门、消火栓、立管等附属设备;

4)探测器与相关仪间的信号传输可采用有线或无线传输的方式。

(3)影响相关仪器探测精度的主要因素

影响的主要因素包括两传感器间的距离、漏水声的传播速度、仪器自身的误差及管道壁厚的误差。

6.2.3.4 数字漏水监控

采用漏水监测系统,对测区内的所有消火栓、阀门、水表、以及管道出露点,进行 100%监控。监控系统通过声音记录仪可以对整个区域管网进行永久性的监测,记录仪放在管道明显点上或可触及管道的部位,听取并记录管道的声音,为避免交通和用水产生的噪音,一般在凌晨 2:00~3:00 进行记录,夏季酌情将时间后移。

(1)工作原理

对测区内阀栓进行长时间连续检测声波强度,计算机根据漏水声波强度连续和稳定的特性,推断漏水发生的可能性,根据阀栓间声波强度的差异,判断漏水发生的范围。

1)探测参数:声波强度,用 db 表示。

2)探测时间:15 min~2 h。

3)数据采样频率:1 点/秒。

漏水表征参数:临界值(Critical)、最频噪声值(Peak)、分布范围(Spread)、最高频率(Counts)、漏水可信度(Leakage Confidence Factor)。

(2)适用范围及条件

1)适用于大范围普查;

2)管网压力≥0.2 MPa;

3)管径≤500 mm 的金属管道,管径≤200 mm 的非金属管道。

(3)记录仪布设原则

1)压力较高管道的漏水声较清晰,可加大记录仪间的距离,一般规律每 0.1 MPa,记录仪间的距离为 50 m。

2)非金属管道、大口径管道传播声音效果差,这时需要缩小记录仪间的距离。

3）支管上每 0.1 MPa 记录仪间的距离可加大为 100 m。如:主管四通设一个记录仪,两条支管各 200 m,主管 200 m,共计 600 m。合理布设记录仪,可以减少记录仪的个数,能达到同等的效果。

4）环境噪音大的区域,如火车站、泵站,记录仪间距一定要紧凑,计算机在分析噪音强度时,可以防止由于已知声源噪音造成的无法确定的情况。

5）记录仪布设完毕后,盖好井盖,安排人员和车辆进行巡视,防止记录仪丢失,但人员、车辆要尽可能远离记录仪,防止不必要的声响影响记录效果。

6）记录仪数据导出完成后必须竖直放置,最大倾斜角度不超过 80°,将其倒置至少两分钟,记录仪自动关闭。

7）在压力不好确定时可参照表 6-12 进行布设。

表 6-12　记录仪布设参照表

	≥50 mm	100 mm	150～200 mm	250～300 mm	400～500 mm	备注
金属管道	300 m	250 m	200 m	150 m	100 m	
非金属管道	100 m	80 m	50 m			

(4) 主要工作技术要求

1）要求有 $\frac{1}{500}$ 或 $\frac{1}{1000}$ 高质量管线图,如果无管线图或资料不全时,要进行管线定位,并进行明显点间距离量测。

2）在管线图上,做记录仪的布置初步设计,对布设记录仪的阀栓进行编号。

3）进行阀栓现场调查,对不能够或不适合安置记录仪的阀栓做调整,实地编号标记。

4）记录仪布设控制距离及数据采集时间要求如表 6-13。

表 6-13　记录仪布设控制距离及数据采集时间

管径	控制最大间距	普查时间	详查时间	
100 mm 以下	100 m	30 min	1～2 h	
100～150 mm	70 m	30 min	1～2 h	
200～250 mm	50 m	30 min	1～2 h	
300 mm 以上	30 m	30 min	1～2 h	非金属管道

(5) 记录仪的编程与设置

首先确定记录仪的位置,根据需要在软件中对记录仪组进行设置并上传至主机,对记录仪编程完成后,将其分别放置在各自的位置,记录仪可通过主机编程直接从电脑上对其编程。

(6) **数据读出**

记录仪所记录的数据可以通过主机读出也可驾车读取。对于工程量较大,拟采用驾车读取数据,以提高效率。

(7) **基本的记录仪库－记录仪组**

将可用的记录仪添加到记录仪库中,每个记录仪都有一个识别代码,打印在其标签上,每个代码只需添加一次,库中的记录仪没有被添加识别代码的被选出,记录仪即被定义。在巡查中只有来自特定组的记录仪的数据才得以保存和评估。在不同区域运用大量记录仪必须进行分组。

(8) **探测结果分析**

1) 探测数据由计算机自动分析,探测结果由计算机输出;

2) 一般情况下,4～3级可信度为漏水异常;

3) 干扰(假异常)及识别方法:

① 用水干扰异常:这类干扰较常见。大多数情况下,根据用水不连续和不稳定的特征,从探测的数据上即可识别;少数用水时间较长的,可以采用长时间探测的方法识别(多天连续探测);极个别连续用水的,采取调查和短时间停水探测方法识别。

② 电机干扰异常:管道上或周围由长时间近距离电机运行产生的异常,其异常特征为声波强度较大但不稳定。对此可采取短时间停止运行时进行探测的方法。

③ 管道水流速干扰异常:这类情况很少,特征与漏水异常基本相同,可采用多探头相关探测方法或机械听音法识别。

6.2.4 检漏流程和工作方法

漏水调查主要采用方法:环境调查、听音调查、相关探测等。

6.2.4.1 测漏前区域环境调查

环境调查主要包括供水管道埋设情况、道路交通情况、排水管道埋设情况、路面情况调查。

测漏前区域环境调查是为了掌握测区内与漏水调查有关的信息,为具体选择工作方法、施工安排做好准备。

精确了解测区内供水管网的敷设状况,是漏水探测最基础的工作。可根据委托单位提供的各比例尺的供水管网图,在实地进行踏勘,了解管网敷设的大致年代,管道上方的地表情况,管道周围的交通情况,管道周围是否有排水管道,供水管道的材质、管径、埋深及管道有无防腐材料等。

对测区内供水管网的附属设备,如消火栓、阀门、水表等进行详细调查,对发现的附属设备破损情况及漏水情况进行记录。

6.2.4.2 听音探查

(1) 阀栓听音探查

采用电子听漏仪、机械听音棒等听漏设备,对划分区内的所有消火栓、阀门、水表以及管道出露点,进行100%听音探测。

① 阀栓要求听音一般在晚上22:00至凌晨5:00与阀栓声波系统探测同时进行,以避开用水干扰和环境噪声干扰。

② 阀栓听音率100%,阀栓异常查明率100%。

③ 阀栓异常编号用UF001表示,UF代表阀栓异常,数字为阀栓异常编号。阀栓异常编号应在实地和图上标注清楚。

④ 阀栓异常要做好记录,记录内容包括:异常编号、异常强度(分高、中、低3级)、管材、管径、埋深和异常引起的范围等。

(2) 路面听音调查

① 对可能发生的漏水区域沿地下管道的走向进行全部听音,一般按照S形听音方法。

② 对于非金属管道和大管径由于声音传导性差,需进行人员交叉互换进行二次路面听音。

③ 路面听音时间一般需要安静和环境,最好在夜里工作,这时噪声音干扰少,管道压力强。

④ 对检测到的漏水点要实地标注,并进行编号,同时进行相关的记录,包括:异常编号、范围、强度、管道情况、现场情况和异常判断等。

(3) 听音法技术缺陷

从声波的传播原理和实践证明:当管道埋深大、漏点被水淹没、水压太低、漏点上方有排水管道隔音、管道接口渗漏及当管道穿越建筑物、河流、水塘等无听漏条件时,用听音法具有一定的局限性。

6.2.4.3 数字相关探测

(1) 相关探测原理

管道中的水在一定压力作用下从漏点冲出,产生的噪音沿管道向两边传播,在漏点两边管道裸露处分别安装传感器,拾取由漏点传播过来的噪声信号,由相关仪软件对拾取到的信号进行滤波、放大,通过微机进行处理和相关计算,确定出漏点的准确位置。漏点位置可用下式计算:

$$L = \frac{(D - V \times T_d)}{2} \tag{6-5}$$

式中,D 为两传感器之间的距离;L 为漏点到某一传感器的距离;V 为声音在管道中的传播速度;T_d 为延迟时间。

相关探测框图见图 6-13。

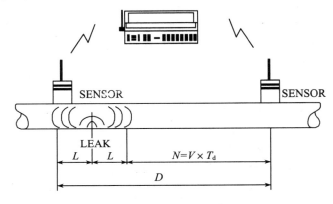

图 6-13 相关探测框

(2) **方法步骤**

首先根据已有的管线资料设计好所探测管段,确定相关仪传感器所摆放位置,并设置好传感器,距离、管径、材质等参数准确输入进行相关探测。根据探测结果对关键管段进行重复探测,以准确确定漏水点位置。重复探测时两个传感器须相互调换,比较探测结果以减小距离误差,从而得到准确的漏水点定位。

对不能满足相关仪或多探头相关仪相关探测条件的漏水声波异常,则进行钻孔听音确认,首先精确测定管道位置及埋深,然后在管道上方小于管道深度范围内钻孔,用听音棒检测漏水噪音并根据漏水噪声情况确定漏水点的位置。钻孔位置设定原则上在异常范围内沿管道走向均匀分布(注:主干道路面钻孔要申请)。

范围:异常涉及的所有阀栓,以及与异常相关的分支管道。

记录:所有探测管段必须填写相关探测记录表,记录文件编号、传感器位置图、管段长度、管段材质、探测结果和探测说明。

6.2.4.4 漏水确认及漏水点定位

对已发现的漏水异常点,组织检漏经验丰富的技术人员,对漏水异常进行综合检测和判断(包括地面音强和音频探测、音强和音频相关分析、钻孔近距离音强和音频分析),判断是否存在漏水,并对漏水点进行精确定位。

对已确认的漏点要在图上编号,实地标记,填写漏点记录表。

漏水点确认准确率:≥95%。

漏点定位限差:≤1.5 m。

6.2.5 漏水修复

漏水点确认定位后,检测人员在一个工作日内向相关方提出漏水点报告记录单,施工人员接到报告后,到现场验证是否是暗漏(注:漏点周围 10 m 范围内有出水点不算暗漏),正常情况下一周内负责安排修复,特殊情况下双方协商开挖时间,开挖前通知乙方人员到现场。漏水点报告必须提供以下记录:

1)漏水点修复前、修复后照片。

2)漏水点开挖记录。包括漏点位置示意图、漏点开挖照片、管道情况(管材、管径)、漏水原因、漏点状况、漏水量、基本情况(时间、人员等),开挖记录要求双方现场负责人签名认可。

3)漏水量确认方法:容器实接计时称量法、电磁流量计测定法、公式计算法及估算法等。其中公式计算法是根据漏点面积和漏水压力计算:

$$q_v = C_q A \sqrt{(2gH)} \tag{6-6}$$

式中,q_v 为漏水量,单位:m³/s;C_q 为流量系数,若漏点为薄壁孔口 C_q 取0.62,为厚壁孔口 C_q 取 0.82;A 为漏点破口面积,单位:m²;g 为重力加速度,单位:$g=9.8$ m/s²;H 为水压差;单位:米。[$H=10x$ 水压差(kg/cm²)]

4)经验证后的漏水点其维修方法:

① DN300 以下小口径金属管道的维修。

a. 对于小口径管道不停水的情况下的处理:如果是镀锌管碱眼,可以打卡子板。对于 DN75-DN300 钢管碱眼,可以打卡子板加丝堵,或马鞍卡加盖头;对于口漏或小面积裂缝,可使用哈夫节。

b. 对于小口径管道停水情况下处理:如果是镀锌管大面积腐蚀,可以更换管道两边,用直通合口。对于 DN75-DN300 钢管大面积断裂,可以更换管道,两边打接管合口;如为了缩短停水时间,两边可以用管闸合口。

② DN300 以上大口径金属管道的维修。

a. 对于大口径管道不停水的处理：如果是铸铁管或球墨管口漏，可以打包箍，或者是哈夫节；如果是钢管碱眼，或小面积开焊，也可打包箍或者使用哈夫节。

b. 对于大口径管道停水的处理：如果是大口径管道的爆管，可以更换管道，两边用接管合口，视情况两边也可用管闸合口；如果是大口径钢管开焊，可以直接焊接，如果为了坚固，还可在焊口外加一层钢板，再次焊接。

6.3 燃气管道防腐检测与阴极保护

燃气管道是城市重要的地下基础设施之一，属城市中高危管道，管道腐蚀防护是确保燃气管网安全运行的关键，对埋地钢质管道腐蚀防护检测主要包括管线探测、防腐层检测、阴极保护检测、环境腐蚀性检测、开挖检测等内容。

（1）燃气管线探测

在对管道进行腐蚀防护系统检测之前，必须对管道进行精确定位和定深，即管线探测。通过测量钢制燃气管线的走向、拐点及其附属设施的平面位置、埋深、走向等属性信息并精确定位（坐标、高程）。

（2）防腐层检测

埋地钢制管道防腐层绝缘性能检测一般采用直流电位梯度法 DCVG 与交流电位梯度法 ACVG 相结合方法对全线防腐层进行检测，对防腐层缺陷进行准确定位、对缺陷大小、损伤程度全面评价，检测燃气管道是否存在漏气及漏气点的位置。

（3）阴极保护系统检测

通过测量通电电位、断电电位、牺牲阳极参数等数据，根据相关的技术指标判断阴极保护系统是否有效运行。

通过测量防腐层、绝缘接头的绝缘性能，根据相关的技术指标判断防腐层的老化程度、阴保电流是否流失。

（4）**环境腐蚀性检测**

通过土壤电阻率、杂散电流等检测，根据相关的技术指标判断管道所处土壤环境对管道的腐蚀性。

（5）**开挖检测**

通过对管道剩余强度、剩余壁厚、防腐层剥离强度、防腐层厚度等检测，进行整理分析，计算管道腐蚀速率，估算管道剩余寿命，根据相关的技术指标判断管体腐蚀状况。

6.3.1　管道外防腐层检测

采用外防腐层直接评价法对全线防腐层进行检测，检测方法采用：DCVG与ACVG相结合，通过埋地管道外界因素、土壤腐蚀性、防腐层质量、电保护的水平和有效范围综合考虑，对防腐层腐蚀损伤程度和电保护水平全面评价，能有效评价埋地钢质管道外覆盖层的安全质量状况，并对破损点进行准确定位和破损等级评估。

（1）**直流电位梯度法**（DCVG）

1）技术原理。在待测管道中加入一个间断关开的直流电信号，当管段有破损点时，该点处地面上会有球面的电场。使用毫伏计来测量插入地表的两个 $Cu/CuSO_4$ 电极之间的电压差。当电极越接近破损点时，电压差会增大，而远离该点时，压差又会变小，在破损点正上方时，电压差应为零值，以此可确定破损点位置。再根据破损点处%IR降可以推算出破损点面积。破损点形状可用该点上方土壤电位分布的等位线图判断。

2）破损评估。根据"%IR"值分等评级。

0～15%：损伤缺陷小，通常不需要修理；

16%～35%：损伤缺陷中等，可建议修理；

36%～<60%：损伤缺陷大，建议尽早修理；

60%～100%：损伤缺陷特别大，建议立即修理。

需要说明：该评估等级是经验性的，不能提供定量的动态腐蚀信息，检测环境的差异可能导致评估出现一定误差。

（2）**交流电位梯度法**（ACVG）

1）技术原理。对管道施加检测电流信号，在地面沿管线路由检测管道电流产生交变电磁场的强度及变化规律。当电流施加到埋地燃气管道上时，在其周围会产生一正比于该电流的交变电磁场。当用接收机在地表上测得该磁场后,经过处理,就可精确测定管道中的电流。PCM发射机施加在管道中的电流强度随离发射机的距离增加而衰减,其衰减程度取决于管道及其防腐层的情况。当管线的防腐层出现破损时,检测信号电流会在破损点上因流入大地有额外的损耗,电流读数会突然跌落,出现较大的梯度变化,说明出现管道故障:防腐层破损或与其他金属管线搭接。此时应加密测量点,以便确定故障点的位置。通常该方法可较快确定防腐层缺陷大致位置,且不受土壤导电性、地面条件等因素影响,适用于各种地面条件下的检测,但是由于电磁场的渐变性,缺陷点的定位精度相对较低。

2)破损评估。通常在其他条件相同的情况下,电位梯度大小(毫伏分贝读数)可以作为防腐层破损面积的评估依据,等级划分如下:

$0<D<35(db)$:破损面积小,通常不需要修理;

$35\leqslant D<45(db)$:损伤缺陷中等,可建议修理;

$45\leqslant D<60(db)$:破损面积大,建议尽早修理;

$D\geqslant60(db)$:破损面积特别大,建议立即修理。

需要说明:该评估等级是经验性的,电位梯度大小并不是防腐层破损面积唯一的表征,其他相关参数差异可能导致评估出现一定误差。

6.3.2 阴极保护系统检测

对钢质管道进行阴极保护,是通过外加阴极电流或与一个腐蚀电位低于铁自然电位的金属(如常用的镁阳极)偶接,将管道电位降至低于局部微阳极开路电位从而抑制腐蚀的发生。管线的保护电位在-0.85 V以下即认为达到了有效的阴极保护,主要测量参数有:

管地保护电位:测试点为所有的出露点及测试桩,采用参比电极法测量。

牺牲阳极开路电位:在牺牲阳极处将管道与牺牲阳极断开,采用参比电极法测量。

牺牲阳极输出电流:在牺牲阳极处将管道与牺牲阳极断开,期间串接五位读数的数字万用表进行测量。

牺牲阳极接地电阻:在牺牲阳极处将管道与牺牲阳极断开,用ZC-8接地电阻测试仪测试牺牲阳极接地电阻。

(1)管地电位常用测量方法

管道对地电位是表征管道遭受腐蚀情况的最直观参数,根据测量参数及管道阴保情况的不同,常用的测量方法有以下几种:

1)直接参比法。管地电位测量时只需在测试桩上直接测量管道连线与参比电极连线端子之间的电位差即可。检测方便有效,而且由于参比电极紧挨钢管附近,可有效减小或消除土壤 IR 降,减小测量误差,见图 6-14。该方法仅适用于测量埋设有测试桩和长效参比电极管道的管地电位。

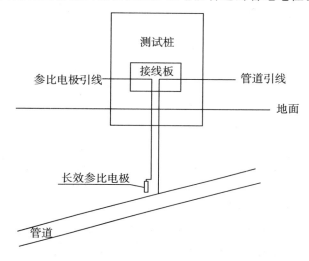

图 6-14　直接参比法测量管地电位

2）地表参比法。地表参比法的接线方式如图 6-15。主要用于测量管道自然电位及牺牲阳极开路电位,也可用于测量管道保护电位和牺牲阳极闭路电位。

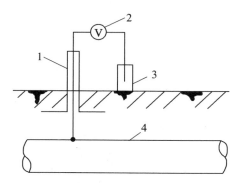

1—测试桩;2—高阻电压表;3—参比电极;4—管道
图 6-15　地表参比法测量管地电位

3）近参比法。测量裸管或防腐层质量很差的管道保护电位时,土壤 IR 降会产生很大误差。对此可采用图 6-16 所示的近参比法。

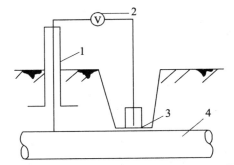

1—测试桩;2—高阻电压表;3—参比电极;4—管道

图 6-16　近参比法测量管地电位

4）试片断电法。为了降低测量时 IR 降对管地电位测量值的影响,使得测量结果更接近于管道真实极化电位,可在测试点处埋设一个裸试片,其材质、埋设状态要求与管道相同,试片和管道用导线连接,这样就模拟了一个覆盖层的缺陷,由管道提供保护电流进行极化。测量时,只需断开试片和管道的连接导线,就可以测得试片断电电位,由试片电位代表管道电位,从而避免了切断管道主保护电流及其他电连接的麻烦。如图 6-17。

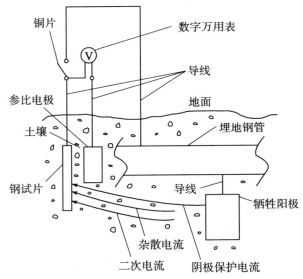

图 6-17　试片断电法测量管地电位

5）极化探头法。采用极化探头进行电位测量,极化试片平时用导线与管道相连,使试片受到与管道同样程度的极化。测量时断开试片与管道的连接,切断试片的阴极保护电流,立即进行电位测量,得到极化试片断电电位,如图 6-18。

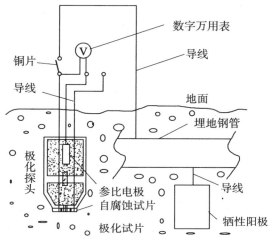

图 6-18　极化探头法测量管地电位

（2）牺牲阳极参数测量

牺牲阳极参数测量通常包括阳极开路电位、阳极保护电位、阳极接地电阻、阳极输出电流,是表征牺牲阳极运行状况及使用寿命的重要参数。测量方法分别如下:

1）牺牲阳极开路电位。本方法适用于牺牲阳极在埋设环境中未与管道相连时开路电位的测量。如图 6-19 的测量接线方式。

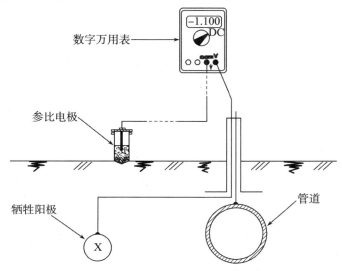

图 6-19　牺牲阳极开路电位测量示意图

2）牺牲阳极闭路电位。牺牲阳极闭路电位测量应采用远参比法。远参比法主要用于在牺牲阳极埋设点附近的管段,测量管道对远方大地的电位,用于计算该点的负偏移电位值,远参比法的测量接线见图6-20。

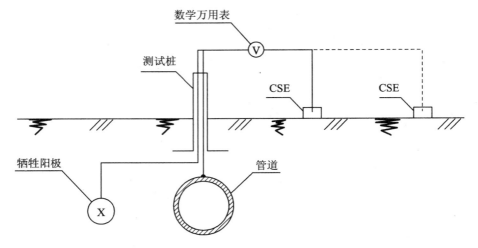

图 6-20　牺牲阳极闭路电位测量示意图

3）牺牲阳极接地电阻。测量接线见图6-21。

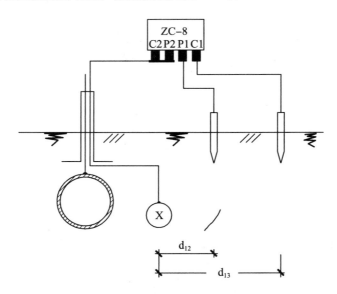

图 6-21　牺牲阳极接地电阻测量示意图

4）牺牲阳极输出电流。

① 标准电阻法,测量接线见图6-22。

标准电阻的两个电流接线柱分别接到管道和牺牲阳极的接线柱上,两个电位接线柱分别接数字万用表,并将数字万用表置于 DC 电压最低量程。接入导线的总长不大于 1 m,截面积不宜小于 2.5 mm²。

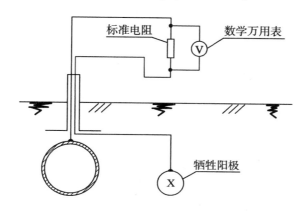

图 6-22 标准电阻法测量示意图

② 直测法。当没有 0.1 Ω 或 0.01 Ω 标准电阻时,牺牲阳极(组)的输出电流也可采用直测法。直测法测量接线图见图 6-23。

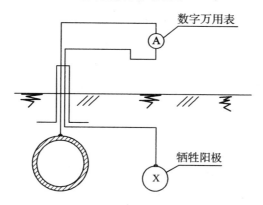

图 6-23 直测法测量示意图

(3) 管道自然腐蚀电位测量

管道自然电位(自然腐蚀电位)指管道在未施加阴极保护时管道与其相邻土壤的电位差,是衡量管道所处土壤环境对管道腐蚀性的一个重要参数。从热力学考虑,通常自然腐蚀电位越负则其可能发生的腐蚀反应越严重。根据钢管对地电位(相对于 Cu/CuSO₄),钢制管道对地电位与土壤腐蚀性,我国石油天然气行业工程上自然腐蚀电位与土壤腐蚀性关系的判定分为强(>0.55)、较强(0.45~0.55)、中(0.30~0.45)、较弱(0.15~0.30)和弱(<0.15)。

1）无阴极保护的管道。根据被检管道的敷设特点,宜采用地面参比法。测量时,将硫酸铜电极放置在管顶正上方地表的潮湿土壤上,应保证硫酸铜电极底部与土壤接触良好。

2）外加电流保护方式的管道。采用地面参比法测量,测量方法与无阴极保护管道测量方法相同,但测量前应将阴保电流断电 24 小时后进行,已确保管道充分去极化。

3）牺牲阳极保护方式的管道。

① 试片法。在与被检管道辐射环境相同的土壤环境中埋设一个与被检管道同材质的金属试片,模拟管道自然腐蚀环境,待试片与土壤极化反应充分后,再采用地面参比法相同的测量方式,测取试片对大地的电位差,可视为牺牲阳极保护方式的管道的自然电位。

② 极化探头法。采用极化探头法测量时,极化探头的金属试片应尽量与管道同材质。

（4）管道沿线通电电位测量

通电电位是指阴保系统持续正常运行时测得的管地电位,是极化电位与回路中所有电压降的和,即含有除管道金属/电解质界面以外的所有电压降。根据被检管道的敷设特点,拟采用地面参比法。测量方法与无阴极保护管道自然电位测量方法相同,测量前,应确认阴极保护运行正常,管道已充分极化。

（5）管道沿线断电电位（极化电位）测量

断电电位是消除了由保护电流所引起的 IR 降后的管道保护电位,通常是测量切断阴极保护后管道尚未去极化前的瞬间电位。测量方法如下:

1）外加电流保护方式的管道。采用地表参比法测量。

2）牺牲阳极保护方式的管道。由于采用牺牲阳极保护方式的管道无法实现同步断电,因此只能采用极化探头法测量。测量方法与牺牲阳极保护管道自然电位测量方法大致相同,只是测量并记录的数值是在将试片与管道断开瞬间相对于硫酸铜电极的断电电位。此过程应尽可能快,以避免试片的去极化。

（6）密间隔电位测试（CIPS）

密间隔电位测试（CIPS）技术就是使用一根长导线连接测试柱,然后沿着管线方向以非常小的间隔（1.0～1.5 m）使用专用的数据记录仪采集并记录数据,绘制连续的开/关管地电位曲线图,这样就可以提供出整个管道阴极保护防护情况。本方法适用于对管道阴极保护系统的有效性进行全面评价,可测得管道沿线的通电电位（Von）和断电电位（Voff）,结合直流电位梯度法

（DCVG）可以全面评价管线阴极保护系统的状况和查找防腐层破损点及识别腐蚀活跃点。

（7）**管道绝缘接头性能检测**

1）电位法。已建成的管道上的绝缘接头（法兰），当阴极保护可以运行时，可用电位法判断其绝缘性能。电位法测量接线如图 6-24 所示。

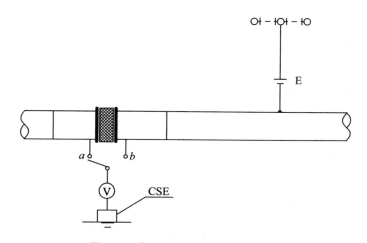

图 6-24　电位法测量绝缘接头示意图

2）漏电电阻法。当采用电位法判定绝缘接头（法兰）绝缘性能可疑，或需要比较准确确定绝缘电阻及漏电率时，已经安装有绝缘接头测试桩，可采用漏电电阻法。漏电电阻法测量接线如图 6-25 所示。

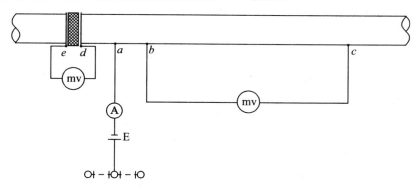

图 6-25　漏电电阻法测量绝缘接头示意图

（8）**管道外防腐层绝缘性能检测**

对外防腐层检测目前国内外采用较多是电磁法，可分为电压梯度法和电流梯度法两种。

6.3.3　环境腐蚀性检测

管道环境检测根据研究对象所处环境不同进行检测，又可分为大气环境、土壤环境和海水(工业水)环境。根据检测地点不同，又可分为现场检测和实验室模拟实验。常用检测方法主要有：直接观察法、无损检测法和在线检测法。

埋地管线外壁遭受的腐蚀主要为土壤和环境的腐蚀。为此，埋地钢质管道的腐蚀检测主要包括以下内容：

(1) 土壤理化性质分析

土壤是由固态、液态、气态三相物质所组成的复杂的混合体系，它的结构、成分以及其他环境因素的相互作用，使得土壤腐蚀性比其他介质更为复杂。金属腐蚀固然受到金属因素的影响，但更多的是受到土壤理化性质的影响。

(2) 管道沿线土壤电阻率测量

土壤电阻率是土壤影响导电性的主要指标，土壤腐蚀性与土壤电阻率呈反相关关系。土壤电阻率与土壤质地、密实程度、有机物含量、含水含盐量等有着密切的关系。它反映土壤理化性的综合指标，电阻率越小，土壤含电解质越多，土壤腐蚀性越强。胜利油田属于盐渍化土壤，离子导电起主导作用。

土壤质地是影响电阻率的另一重要因素，土壤质地也称机械组成(即由砂粒、粉粒、黏粒组成，土壤矿物颗粒大小，及有机物质组合的比例等)，含黏粒比例高的土壤电阻率低，含砂粒比例高的土壤电阻率高。

1) 相关标准。根据土壤电阻率划分土壤的腐蚀，各国都有各自的标准。我国对此的划分如表 6-14 所示。

表 6-14　土壤电阻率(Ω·m)与土壤腐蚀性关系表

土壤电阻率/(Ω·m)	<20	20～50	>50
土壤腐蚀性	强	中等	弱

2) 测量方法。土壤电阻率采用等间距四电极法，如图 6-26，将测量仪的四个电极以等间距 a 布置在一条直线上，电极入土深度应小于 $\frac{a}{20}$。测量并记录土壤电阻 R 值。

根据土壤性质进行电阻率测试当土质有明显变化时,应保证每个土质单元至少进行一次电阻率测试;当相同的土质单元线路大于 500 m 时应保证至少布设一个电阻率测试点。

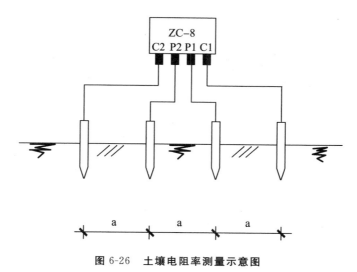

图 6-26　土壤电阻率测量示意图

（3）管道沿线杂散电流干扰检测

杂散电流是指意图电路以外流入的电流。这种电流对金属产生腐蚀破坏作用。杂散电流可区分为直流杂散电流和交流杂散电流两大类。

1）直流杂散电流。管地电位偏移判断指标见表 6-15。

表 6-15　埋地钢质管道直流干扰判断指标

杂散电流程度	弱	中	强
管地电位正向偏移值/mV	<20	20～200	>200

当发现存在直流杂散电流干扰时,需要对直流杂散电流干扰强度进行测量,上表中的电位漂移是指管地电位较自然电位的正向漂移,所以只需要测定管地电位及管道自然腐蚀电位,两者进行比较即可判定是否存在直流杂散电流干扰,其测量方法前文均有介绍。

对于难以测定自然腐蚀电位的管道,通常也可采用土壤电位梯度测量的方式进行。测量方法为:

将四支校正过的参比电极(a、b、c、d)按平行管道与垂直管道分别置于潮湿土壤中,分别测定 a—b 和 c—d 之间的电位差,然后通过矢量合成的方法绘制电场图,见图 6-27。测量间距为 3～10 m,当间距小于 3 m 时,应调整测量地点,测量前应对毫伏表及参比电极进行校验。

根据我国有关行业标准,电位梯度大于 0.5 mV/m 时即认为有杂散电流的影响,电位梯度大于 2.5 mV/m 时认为有较严重的杂散电流的影响并且应该采取排流措施。

综上所述,杂散电流测试应根据地电环境的变化进行,当地电环境发生变化时,应至少测试 1 次。相同的地电环境线路超过 500 m 时应至少测试 1 次。

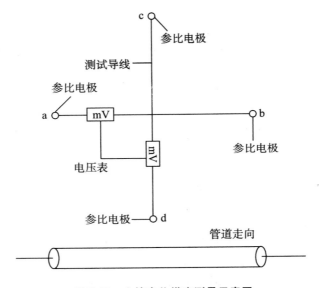

图 6-27 土壤电位梯度测量示意图

2) 交流杂散电流。管道沿线交流电压测量主要是测试埋地管道是否受交流杂散电流的干扰,管道上的交流电压,不仅会给人身安全带来危险,根据近些年的研究发现,交流干扰同样会引起管道的腐蚀,当管道的阴极保护水平较好时,交流腐蚀反而更加严重。尽管各国规范对交流电压有不同的要求,但对于交流电压同样会引起腐蚀,防腐界已经有共识。

根据干扰持续时间不同,交流干扰分为瞬时干扰、间歇干扰和持续干扰。

由于杂散电流的不稳定性,管道沿线交流电压测量时应采用有数据记录存储功能的数字万用表,数据自动记录,需要时可从存储卡中读取所需数据。见图 6-28 所示。

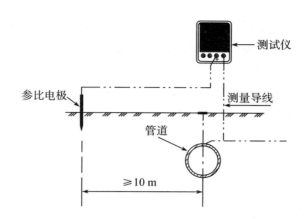

图 6-28　管道沿线交流电压测量示意

（4）**管道沿线杂散电流干扰监测**

一般采用 SCM、uDL2 两种杂散电流监测设备对管地电位（通、断）、电位梯度等数据进行监测记录。监测结束后，通过各自专用的数据处理软件将监测记录的数据通入电脑，并进行相关的分析，评估判断管道受杂散电流的干扰情况。

1）SCM。采用 JX－SCM 杂散电流检测数据记录仪进行监测，可以同时记录管道上瞬时电位的变化、管道周围地电位梯度的变化，最长可监测记录36 h，准确描绘杂散电流对管道造成的影响，评定杂散电流干扰强度等级。

2）uDL2。采用美国产的 uDL2 数据记录仪，既可配合阴极保护试片使用的，又可直接测量试片的交、直流电流密度。通过连接参比电极，可采集到直流电位、交流电压、瞬间断电直流电位的数据。该设备也可以用于双电位模式的运行，在此模式下，可采集获得两个结构（如管道）对同一个参比点的电位数据。

（5）**实施细节**

1）资料收集。确定需检测的管道后，收集对象管道的管线图等技术资料（包括管道建成年月、材质、管径、壁厚、外壁防腐层结构、全长、管道埋深、环境温度及土壤状况等），管道检测的历史资料，管道的分布、管道运行状况、穿跨越地段、被检管道区域内的其他管线分布、阀门、管线阴极保护测试桩及其他一些相关资料。

2）检测点的选取。

选取土壤电阻率测试点，要求如下：先调查好被检管道沿线的土壤土质情况,根据调查结果确定土壤电阻率检测地点。当土质有明显变化时,应保证每个土质单元至少进行一次电阻率测试;当相同的土质单元线路大于500 m时应保证至少布设一个电阻率测试点。

选取杂散电流干扰测试点,要求如下:交流干扰测试点应选在与干扰源接近的管段,间隔宜为1 km,宜利用现有测试桩;直流干扰测试点应先根据干扰源的分布,在可能存在干扰的管段进行预备性测试,可利用现有测试桩做测试点;根据预备性测试的结果,在干扰较严重的管段布设测试点,测试点间距不宜大于500 m。

6.3.4 管道腐蚀检测

(1)防腐层剥离强度测试

通过测定以恒定速率从管道的金属基底上剥离防腐层所需要的力,用以评价防腐层与管体的粘合度。测试方法:

沿环向将防腐层划开长至少160 mm,宽20 mm到50 mm的长条,将划开的条形防腐层一头固定于拉力仪抓钩上,拉力仪沿管道环向均匀转动(转动时不能有阻力),转速为10 mm/min,利用图形记录剥离拉力,至少140 mm。见图6-29。

将140 mm剥皮的剥离拉力数据按每20 mm一段分成7段,去除第一段和最后一段。利用剩下的数据计算剥离强度,100 mm长度上的算术平均值为平均剥离强度。

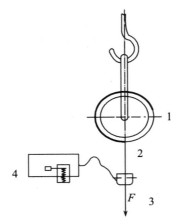

1.钢管圆剖面 2.涂层条形剥皮 3.剥离拉力 4.读数单元

图 6-29 防腐层剥离强度测试示意

（2）**电火花检测**

电火花检测主要用来检测管道防腐层是否存在针孔、砂眼等缺陷。金属表面绝缘防腐层过薄、漏金属及漏电微孔处的电阻值和气隙密度都很小，当有高压经过时就形成气隙击穿而产生火花放电，给报警电路产生一个脉冲信号，报警器发出声光报警，根据这一原理达到防腐层检漏目的。

该方法检测操作很简单，一头接地，另一头是探头，探头形式很多有碳刷型，圆圈弹簧型，平板橡胶型。仪器通过高压探头发出直流高压电，当探头经过有缺陷的涂层表面时，仪器会自动声光报警。

注意事项：

检测过程中，检测人员应戴上高压绝缘手套，任何人不得接触探极和被测物，以防触电。

被测防腐层表面应保持干燥，若沾有导电层（尘）或清水时，不易确定漏点的精确位置。

（3）**外壁腐蚀及损伤物理检测**

管体外壁腐蚀及损伤的物理检测包括：

1）对开挖管段进行表面察看，检查表面有无裂纹、褶皱、创伤等；

2）对金属腐蚀部位，检测腐蚀产物分布、厚度、颜色、结构、紧实度。绘制腐蚀形状图，拍照，并对腐蚀产物进行初步鉴定；

3）采用游标卡尺、千分尺、钢板尺等检测工具对腐蚀坑的长度、宽度以及深度进行测量。

（4）**管道剩余壁厚、防腐层厚度检测**

管道剩余厚度的测定方法有很多，超声波测量厚度已被广泛应用，且具有较高的精度。超声波测量厚度的原理与光波测量原理相似。探头发射的超声波脉冲到达被测物体并在物体中传播，到达材料分界面时被反射回探头，通过精确测量超声波在材料中传播的时间来确定被测材料的厚度。

（5）**剩余管道强度检测**

管体腐蚀后，由于材质发生变化，其耐压强度与管道设计强度也会有所差异，因此对管道腐蚀点进行剩余管道强度检测，也是评价管道运营风险和使用寿命的一个重要参数。一般采用的是里氏硬度计进行测量，其基本原理是具有一定质量的冲击体在一定的试验力作用下冲击检测样体表面，检测样体材料越硬产生的反弹速度也随之越大，测量冲击体距检测样体表面 1 mm

处的冲击速度与回跳速度,里氏硬度值即以冲击体回跳速度与冲击速度之比来表示:

$$H_L = 1000x\frac{V_a}{V_b} \qquad (6\text{-}7)$$

式中,H_L 为里氏硬度值;V_a 为冲击体回跳速度;V_b 为冲击体冲击速度。

通过比较剩余管道强度与管道设计强度,即可得知腐蚀后管道的承压能力与使用风险。

（6）**漏气检测**

1）漏气检测的工作原理。管道中的气体,在一定压力下从漏点冲出,沿一定的空隙（尤其是大的构造）向周围扩散,并到达地面。通过气体探测仪与PGC 气相色谱仪,对地面渗出气体的性质、成份进行分析、对比,即可确定是否存在漏气及漏气点的大致位置。结合防腐层破损点的位置进一步打孔、验证即可准确确定漏气点的位置。

2）漏气点定位的工作方法。在防腐层检测评估及防腐层破损点定位的基础上,利用专业气体探测仪沿着防腐层破损点在地面上投影位置的周围进行仔细寻查（地面板结可打孔,也可寻找地面天然缝隙、孔洞）。将探头吸盘贴在地面上,如果有报警信号,将探头迎风,报警消失,若反复几次都是如此,即可初步确定该地有大量不明气体或天然气泄漏疑似点存在。利用 PGC 气相色谱仪对气体进行进一步检测分析排查,确认气体属性及浓度,便可知该处是否有天然气泄漏。

在可疑漏气点的管道防腐层破损点上方附近打孔,用气体探测仪进一步探测,如仍有报警声,而且浓度最大点与防腐层破损点位置一致则该点即为漏气点。

（7）**检测破损点测量**

实地确定破损点位置后,利用 CORS 系统布设 RTK 图根点,采用全站仪实测破损点的三维坐标。在对管道外防腐层破损点进行精确定位的同时,还要对破损点进行数据录入,一并记录到管线图上,作为管道运营维护和修复的依据。

6.3.5　埋地钢制管道外防腐评价

根据各项检测数据,将各类数据整理归类,将相关的技术指标对管道防腐系统的完整性进行评估,对管道的存在问题作出评价,提出整改控制技术方案。

（1）**外防腐层的完整性评估**

对外防腐层的检测进行分析，计算外防腐层的绝缘性能，掌握外防腐层的破损状况，确定需要进行外防腐层修复的管段。

根据老化破损面积不同可以采取不同的方式，管段距离较长，采取整体开挖，去除旧涂层，电动砂轮（确保管道基体强度满足要求，无泄露点）除杂物，采用环氧煤沥青玻璃丝布重新制作防腐层。管段短小的部位，可以采取热缩带修复。修复后强化检验，保证质量。

（2）**阴极保护系统的运行状况评估**

将测量的管地通电电位、断电电位等数据进行整理分析，根据相关的技术指标判断阴极保护系统是否有效运行，对存在的问题提出整改意见。

将测量牺牲阳极参数数据进行整理分析，根据相关的技术指标预测牺牲阳极的使用寿命，对存在的问题提出整改意见。

（3）**管道腐蚀环境评估**

将测量的杂散电流、土壤电阻率、土壤理化分析等数据进行整理分析，根据相关的技术指标判断管道所处土壤环境对管道的腐蚀性，并提出相应的整改意见。

（4）**管体腐蚀评估**

将测量的管道剩余强度、剩余壁厚等数据进行整理分析，计算管道腐蚀速率，估算管道剩余寿命，并提出相应的整改意见。

管道基体明显减薄强度不足部分，采取整体更换管段或金属修补胶进行补强。这两种方式也是根据要修复的管段长度来综合考虑，较长管段整体减薄应采取换管的方式，局部区域的深层腐蚀坑采取金属修补胶的方式。

（5）**评估报告提交**

结合具体要求，提交的评估总结报告包括工程概况、依据标准、使用设备与方法、排查结果、漏点确认与修复情况、原始数据表、现场照片等内容，排查成果按表格填写。

⑦ 地下管线信息管理系统开发

地下管线安全信息管理系统是在获取到管线探查外业数据库基础上,利用 GIS 技术、互联网技术、数据库技术等进行系统总体设计、数据库设计,开发出的针对管线数据管理的综合性应用软件,形成城市地下管线"外业探查－内业处理数据－管线信息管理"的流程化管理模式,地下管线信息管理系统的建设有利于提高城市管线管理水平,实现了城市地下管线数字化、科学化管理。

7.1　系统建设目标

地下管线信息管理系统以管线数据为基础,结合地形、影像数据,实现数据查询、统计、决策分析、出图打印、管线编辑等功能。系统主要建设目标如下:

1) 以 GIS 技术为核心,结合互联网技术、数据库技术等实现管线数据科学管理,提高管线管理数据化水平,为政府决策提供空间决策支持。

2) 基于客户端使用管线管理(C/S)系统,用于管线管理单位存储、管理、更新地下管线,实现管线数据动态更新,保证管线数据的实时更新,对数据进行查询、统计、分析,为管线施工、安全管理、应急抢险提供可靠的第一手资料。

7.2　系统技术路线

7.2.1　系统逻辑模型

地下管线信息安全管理系统是一个较为复杂的系统,是在多应用平台基础上研发而成,采用 ArcGIS Engine10.3＋ArcSDE＋Oracle12C 的技术组合;可利用 C♯开发语言与 ArcGIS 提供的 COM 接口,实现数据库的调用、查询及分析功能、数据更新等数据对外服务功能;通过 SDE 数据库引擎实现空间数据和属性数据的访问,实现准确、高效以及高度共享空间数据库的目标。

7.2.2　系统体系结构

系统通用采用标准三层体系结构,如图 7-1 所示。

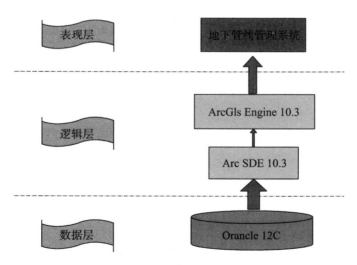

图 7-1　系统体系结构

数据层:利用 Oracle12C 关系型数据库系统,存储空间数据和配置表,实现空间数据的存储和管理。

逻辑层:采用 ArcGIS 组件接口,通过 ArcSDE 空间数据引擎,负责数据库系统业务逻辑的实现。

表现层：地下管线管理系统，满足各管线权属单位及各部门日常管理要求。

7.2.3　系统开发环境

1）GIS 应用平台。二维 GIS 平台采用 ESRI 公司的 ArcGIS 10.3（ArcGIS Engine、ArcGIS Server 标准版）。

2）数据库平台。采用大型数据库系统 Oracle 12C。

3）开发工具。采用微软的集成开发工具 Visual Studio 2 012，在 dot net framework 2.0 基础上采用开发语言 C♯。广泛采用基于 Silverlight（XAML）、Win Form 的可视化组件技术。

4）界面风格和操作习惯。系统采用 Microsoft Windows 风格全中文界面和 Windows 操作习惯。以便在和其他系统结合使用时具有相同的界面和操作风格。

5）系统运行环境。客户端操作系统支持 Windows 8、Windows XP、Windows Server 2008 等及以上操作系统，包括 32 位和 64 位操作系统。

6）网络：支持 TCP/IP 协议的局域网。

7.3　关键技术应用策略

1）插件技术。根据用户需求快速实现系统功能，不是采用定制化模式，克服用户的需求变更带来的工作量增加。图 7-2 展示了传统方法与插件方法的区别。

2）SOA 架构体系。SOA 架构体系采用中立的方式将不同功能的服务之间接口联系起来，具有灵活性和延续性的好处。

3）Web Service 技术。Web Service 是一种构建应用程序的普遍模型，可以在任何支持网络通信的操作系统中实施运行。它是一种新的 web 应用程序分支，是自包含、自描述、模块化的应用，可以发布、定位、通过 web 调用。

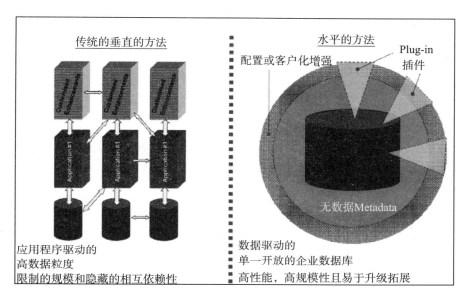

图 7-2　插件技术

7.4　系统框架和数据库设计

1）总体框架。地下管线安全管理系统采用通用框架，系统总体架构如图 7-3 所示。

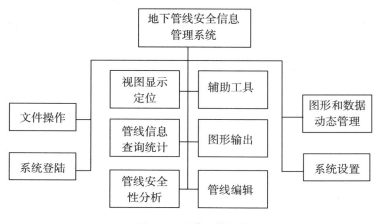

图 7-3　系统总体架构

2）综合管线数据的编码原则。目前,综合管线数据的编码方式主要为历史的遗留编码,在不同的年代,其标准不一致,重复情况多,故而地下管线综合信息管理系统在建立时,应对外业探测成果提供的管线数据重新进行统一编码,以保证其具有唯一的标示代码,并保留对原有管网、管线点的编号,建立数据字典,以便于相互对照。

3）各类数据的统一规范和标准体系。标准规范体系建设是地下管线综合信息管理系统建设的重要组成部分,为地理信息系统框架的建设及应用提供需要的必须共同遵守技术、准则。保证系统是在统一的技术规格下建立和共享使用。

遵循充分利用已有标准规范和管理办法的原则进行地理空间信息共享交换服务体系的建设。首先要充分研究国内现有的标准规范和管理办法,能够直接引用的部分就充分引用;在没有国家标准的情况下,充分考虑行业标准,若无行业标准,可以参考国际标准。最终建成地下管线信息系统各类数据的共享服务标准规范体系。

4）数据库设计。系统元数据库部分,包括系统中对于数据的配置、权限的配置、界面的配置和功能实现的配置。

7.5 系统功能研发

城市地下管线安全信息系统设计由管线安全性分析、管线信息统计查询、管线动态管理、视图显示定位及图形输出等模块功能组成,每个模块功能下包含若干功能。

7.5.1 系统登录设置

系统登录时主要是系统封面的启动、数据库的连接、用户的登录信息验证、SDE 的连接及索引图形的加载,关键技术是 SDE 的连接.

7.5.2 文件操作功能

文件一般操作功能见表 7-1。

表 7-1 文件操作

功能名称	功能描述
地图层加载	打开 SHP 或 CAD 格式的地图数据
地图文档打开	可以直接打开 mxd 格式的文件
地图文档保存	保存当前的编辑的地图文档
地图另存格式	地图可以另存为 tif、jpeg、pdf 等格式
系统退出	退出系统

7.5.3 视图显示定位功能

视图显示定位功能包括：

1）视图显示功能。实现地形图、管线的浏览查看，包括放大、缩小、自定义比例尺、全显等功能。

2）地图定位。系统提供道路、交叉口、坐标、地名等多种定位方式，方便用户快速的搜索到指定位置。

3）辅助工具。根据不同的需求，实现对管线的标注，标尺丈量、扯旗标注、栓点标注、特征点标注、单管线线（点）属性标注、排水流向生成、临时图元保存/加载/清除及比例尺设置等功能。

7.5.4 管线安全分析功能

管线安全分析功能系统提供多种针对地下管线数据的分析功能，包括横纵断面分析、净距分析、覆土深度分析、三维模拟、开挖影响分析、管线连通分析、占压分析等，见表 7-2。

表 7-2 管线空间安全性分析功能

功能名称	功能描述
横断面分析	通过绘制横断线，计算横断线与各管线交点处的空间和属性信息
纵断面分析	通过选中一条管线或多条连续管线，计算选中管段两端的空间属性
垂直净距分析	两条管线在地下的垂直距离即是二者垂直净距，与管线埋设规范进行对比判断是否符合规范
水平净距分析	对某条管线在其某个水平净距范围内的其他管线，判断是否符合管线埋设规程

功能名称	功能描述
覆土深度分析	系统列出管线与拉出的线的交叉点的覆土深度,并与规范值比较,提示是否符合国家规范
开挖影响分析	在地图上绘制一个范围,设定开挖的深度,则系统以三维模拟的形式展现受影响的管线
爆管关阀分析	通过管网的路径分析功能,从事故点处追溯到控制此事故发生管段的阀门设施
火灾抢险分析	系统可在设定的距离范围内查找消防栓的位置,为相关的部门提供决策支持
管线规划辅助设计	功能主要是对要规划的管线位置,进行辅助分析,计算设计管线是否符合相关的规范
管线超期预警分析	根据管线埋设日期、使用年限数据计算管线服役期限,与当前系统日期进行比较,进行预报预警
占压分析	该功能主要是检测穿越房屋的管线,将结果存储起来供查看
三维分析	将管线生成三维模型,更好的展示管线的空间位置关系

7.5.5　管线信息查询与统计功能

管线信息查询与统计功能包括:

1) 信息查询。能够进行图形与属性交互式查询,并且各种查询、统计结果的报表打印与图形可输出。亦可直接通过道路、地名、单位、交叉口、坐标等方式迅速定位到目标位置,见表7-3。

表7-3　信息查询

功能名称	功能描述
点击查询	通过点击地图中的某个图形要素,查询被选中图元的属性和图形信息
拉线查询	显示被选中图元的属性和图形信息
矩形查询	显示被选中矩形区域内的图元的属性和图形信息
多边形查询	显示被选中多边形区域内的图元的属性和图形信息
圆形查询	显示被选中圆形区域内的图元的属性和图形信息

功能名称	功能描述
清除选择	取消被选图元的选中状态
管线材质查询	按照管线材质种类,主地图中拥有此种材质的管线处于选中状态,并弹出信息浏览窗口与用户交互
管线管径查询	实现思路同"按管线材质查询"
建设年代查询	实现思路同"按管线材质查询"
权属单位查询	实现思路同"按管线材质查询"
所在道路查询	实现思路同"按管线材质查询"
复合条件查询	以"简单条件查询"为基础,加入可由用户确定多种管线或管点种类和多条查询条件
区域内复合条件查询	由用户首先在地图上确定查询范围,然后通过条件输入窗口确定查询条件,查询范围内满足条件的管线或管点

2)管线统计。统计全部符合给定条件的管线数据,并以数据表、直方图、立体直方图、饼图、折线图等形式进行显示,见表7-4。

表 7-4 管线统计

功能名称	功能描述
全库管线长度统计	统计一类或某几类的管线长度
全库管点数量统计	统计一类或某几类的管点数量
简单条件统计	根据用户的选择列出管线或管点所拥有的此属性值的分类,进行统计
复合条件统计	以"简单条件统计"为基础,用户确定多种管线或管点种类和多条统计条件
区域管线长度统计	统计管线在一定范围内的长度
区域管点数量统计	实现思路同"区域内管线长度统计"
区域内条件统计	统计满足特定条件的该类管线在一定范围内的长度

7.5.6 图形和数据动态管理功能

图形和数据动态管理功能用于少量管点、管线的编辑更新工作,实现实时更新。可实现对管点、管线以及其属性信息的添加、修改、删除功能。同时具备连点成线、打断管线、点线联动、合并管线、解析法成图等功能。

7.5.7 数据管理功能

数据管理功能实现对管线属性数据的管线数据入库、数据转换、数据检查、数据备份与恢复、浏览历史数据等。

(1) **数据入库**

系统能提供对基础地形数据、地下管线数据、元数据、道路及规划等信息数据的入库;支持本地数据库、数据库备份文件、CAD、影像数据等多种格式的数据入库。

数据库的管理包含临时数据库、历史数据库、备份数据库、现状数据库等各种需要的数据库。

1) 创建数据库。系统根据管线数据库预定义的管线表信息及管线各类要素表结构信息创建数据库,并生成各个管类的要素表。

2) 打开数据库。打开创建好的 MDB 数据库或编辑完成的 MDB 数据库。MDB 数据库和 CAD 图是一一对应关系,通过定位功能可以使 MDB 数据库中一条记录定位到 CAD 图上。(只有在 CAD 图是当前窗口时才可以实现定位功能)

3) 外部数据导入。选择外部数据类型(包括原空间数据、外业物探库数据和竣工数据)和导入类型(包括物探库和调绘库),将外部数据导入到标准库中。

(2) **数据转换**

实现多种数据(CAD、mdb、excel、ArcGIS)之间的相互转换,保证几种格式的数据成果能够准确无误的录入系统,实现数据在不同坐标系统之间的转换。

(3) **数据检查**

系统需支持数据入库前的监理检查功能,包括图形检查、数据库检查、图库联合检查以及三维坐标检查,支持用户自定义选项检查。

图形检查包括管线成图检查、管线图检查,数据库检查包括数据结构检查、数据逻辑性检查、数据接边检查。

数据检查是实现 MDB 数据库的管线数据结构、数据唯一性、管线连通性、埋设方式、点线对应、线点对应、固定项、排水流向、非空字段、特征附属物一致性检查,确保入库前 MDB 数据完整合格。

（4）**数据备份**

支持数据备份与恢复、支持历史数据的浏览、支持版本管理,支持管线工程档案管理,包括多媒体档案的管理。

1）数据备份与恢复。使用该功能能够对系统的空间数据库或信息数据实现初始化、能够设定时间自动进行数据备份并可启用安全恢复功能将备份数据恢复到数据库中。其中数据备份功能实现数据的实时备份和应急备份,如确认入库后、服务器崩溃或突然断电等情况下的及时备份。

2）管线历史数据库。用户可以对历史数据进行查询、对比、恢复任意历史时间点的数据,统计任意历史时间段的管线增加、修改、废弃的数量并生成和打印输出统计报表。

3）管线工程档案管理。实现地下管线竣工测量档案电子扫描件管理,可通过档案唯一编号查询相关资料。

7.5.8 图形输出功能

图形输出功能实现地图的裁剪输出打印,裁剪可以矩形区域裁剪、圆形区域裁剪、多边形区域裁剪、按图幅裁剪等形式。

7.5.9 系统设置功能

系统具有标准化的管线以及地图服务分层管理功能,各图层可以根据用户需要,灵活地设置为显示或者不显示,见表 7-5。

表 7-5 系统设置

功能名称	功能描述
图层字段设置	图层字段配置用于管理图层数据表、字段信息、图层树结构等信息
图层样式设置	系统管理员在此对地图中的管线、地形、索引等特性进行详细的设置
地图符号设置	用户在此对地图图元的符号样式进行设置
系统应用设置	用户在此对系统定位等功能信息进行配置
多媒体信息管理	多媒体信息管理用于多媒体数据的添加、上传、下载和删除等操作
系统日志管理	系统日志管理用于系统日志查询和删除
主题配置	主题菜单用于切换系统主题样式

7.6 系统测试

7.6.1 目的

系统测试的目的:保证系统功能满足用户的实际需要;系统能正确运行;尽可能的将系统问题在交付前发现并改正;在受控制的条件下对系统进行操作,尽可能多的找出错误并修改,确保应用程序能够正常高效的运行。

7.6.2 范围

软件测试应该贯穿整个软件定义与开发整个期间,每一项完成后进行回归测试,系统开发完成后进行系统全面测试。

7.6.3 测试方式原则

(1)**测试工具**

初步决定采用黑盒和白盒技术结合测试。

(2)**系统预测风险**

① 人员调整使得研发开始时间滞后,导致测试时间缩短,无法按原计划进行测试工作;

② 开发人员的编码经验不足,以及对开发语言和图形平台的不熟悉,使得开发进度没有按照计划执行;

③ 代码质量不佳,出现大量 bug 的情况;

④ 时间紧,查出来的 bug 没有全部改正;

⑤ 开发人员、测试人员的沟通和配合出现问题,导致不能及时进行单元测试,以及测出的 bug 不能及时正确关闭;

⑥ 多种原因导致硬件测试环境达不到,没有办法真实模拟用户使用环境,进行系统测试;

⑦ 测试人员少,使得系统中的 bug 没有最大可能被发现;

⑧ 功能实现没有按当初设计进行,开发时间的缩短导致某些测试计划无

法执行；

⑨ 代码的编写质量；

⑩ 关于项目约定的执行情况。

（3）测试处理的优先级

① 严重等级高的 bug 要求开发人员一定改正；

② 功能的变更一定要和用户联系，达成一致意见；

③ 如果测试时间紧，根据实际情况，调整测试计划，保证主要的功能多次、全面的测试，次要功能简单测试；

④ 系统测试时，尽量做到模拟用户使用环境；

⑤ 加强与开发人员的沟通。

（4）测试中、终止及重启动标准

系统在进行功能性、可靠性、易用性、效率性、性能、安全性、安装、验收测试时，发现重要错误、高级错误暂停测试返回开发。

7.6.4 测试类别内容

（1）数据和数据库完整性测试

对存储于 Oracle 数据库中所有的管线和地形数据，确保数据库访问方法和进程正常运行，数据不会遭到损坏。

（2）单元模块测试

测试范围为产品函数、类，判断某个特定条件（或者场景）下某个特定函数的行为的正确性。

（3）接口测试

测试范围：所有软件、硬件接口，记录输入输出数据，确保接口调用的正确性。

（4）内部联调测试

测试范围：需求中明确的业务流程，或组合不同功能模块而形成一个大的功能。检测需求中业务流程，数据流的正确性，测试的重点和优先级。

数据的检查、成图模块能否正确执行；

编辑模块能否正确应用，编辑后的管线数据是否及时保存并正确记录历史数据；

查询统计模块能否得到正确结果,空间分析模块是否符合用户的需求,编辑、查询、统计、分析模块的交互应用能否正确执行;

使用某一模块的功能,是否对其他的功能产生不良影响;

各查询、统计、分析结果是否能正确地打印出来,打印的图形是否规范、正确,打印到所见即所得;打印操作是否简单、易用;

系统是否具有严谨的用户权限定义,登录系统的用户是否严格按照管理员分配的功能进行操作,系统是否对用户的操作都进行记录,生成日志;

系统是否具有定期备份功能;

系统安全、查询、统计、分析功能正确执行,不会相互干扰。

(5)系统整体性能和压力测试

系统对响应时间、事务处理速率和其他与时间相关的需求进行评测和评估。性能评测的目标是核实性能需求是否都已满足。包括时间特性、资源特性、负载测试、强度测试、容量测试等。

(6)例外应急处理测试

① 成熟性:在正常规定环境、规范操作的条件下运行此系统,保证其不出现任何问题;在多用户同时使用此系统且操作频繁的条件下,测试其是否不崩溃也不丢失数据。

② 容错性:以攻击的方式对系统任意录入无效数据测试系统是否能够进行限制或屏蔽;其他程序或用户造成的错误输入时系统是否不崩溃也不丢失数据,不会因掉电、异常退出、网络异常中断等原因而使软件或数据遭到破坏。

③ 易恢复性:通过错误、不规范的操作方式导致系统发生严重后果后,测试系统是否有补救措施,回到原来的正确状态。

④ 失效性:系统运行一段时间,若出现失效问题,应记录失效时间数据。

(7)功能测试

测试系统的适合性和准确性。系统是否满足管理员的使用需求,使该系统真正适应于管理者对城市的基础设施管理和管线管理,系统功能可以准确实现。

(8)用户界面测试

用户界面测试的目标是确保用户界面会通过测试对象的功能来为用户提供相应的访问或浏览功能。用户界面测试相关分类及测试内容见表7-6。

表 7-6　用户界面测试

界面分类	测试方案
安装界面、欢迎界面、登录界面	安装界面应分别从界面的美观,如整体色调、图案、大小、布局,文字信息的提示等方面考虑; 欢迎界面应考虑界面的美观,整体大小,应有的图片、文字信息; 登录界面应考虑界面的美观,所包含的信息,整体布局,功能齐全
主界面	(1) 标题栏的名称,界面的整体色调; (2) 菜单的名称、排列顺序、布局、字体大小、长度和宽度、所包含的深度、鼠标选中时的高亮显示、Tab 键的操作、快捷键的操作等; (3) 工具栏的图标准确性、排列顺序、布局、字体大小、长度和宽度、提示信息的准确性,鼠标选中时的高亮显示、Tab 键的操作; (4) 菜单、工具栏的宽度和间隔; (5) 状态条的宽度、应有的显示信息,信息文字的大小; (6) 对工具条进行调整后,再次进入系统是否可以记住; (7) 下拉菜单中的每个菜单前的图标美观合理性; (8) 工具条按钮的状态正确性,包括点击时状态、鼠标放在上面但未点击的状态、点击前鼠标未放在上面时的状态、点击后鼠标未放在上面时的状态、不能点击时状态、独立自动变化的状态; (9) 工具条按钮的图示效果美观合理性; (10) 功能相近的按钮应该风格统一,功能差异大的按钮应该有所区别; (11) 菜单的选中状态和未选中状态的合理性,左边应为名称,右边应为快捷键,如果有下级菜单应该有下级箭头符号,不同功能区间应该用线条分割; (12) 滚动条应该有上下箭头,滚动标
对话框	(1) 对话框的标题与菜单名称的对应; (2) 所有对话框的字体一致性,包括颜色、大小、样式; (3) 功能相同或近似对话框的布局一致性; (4) 对话框中布局的合理性,如控件相互重叠或排列不均匀; (5) 相同或相近功能按钮的排列要方便用户操作,减少鼠标移动的距离; (6) 对话框中的默认按钮应支持 Enter 键且默认的控件应是第一个 Enable 状态的控件;

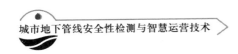
续表

界面分类	测试方案
对话框	(7) 选项数较少时应使用选项框,相反选项数多时应使用下拉列表; (8) 对话框中控件的对齐,有所属关系的控件排列的缩进,有依赖关系的控件状态; (9) 可以操作的和不能操作的控件状态; (10) 控件的 Tab 键操作顺序应从左到右、从上到下; (11) 控件的大小合理性,如控件中字符显示不完整; (12) 单行文本的 Edit 输入框应支持回车符; (13) Edit 控件对输入的有效性判断,如类型判断、大小判断、长度判断和正确性判断; (14) 对话框中的分页较多时应独立出来; (15) 对话框的大小用户可调节性; (16) 对话框中滚动条的长度应根据显示信息的长度或宽度及时变换; (17) 控件的排列顺序应按用户的使用率高低从左至右排列; (18) 状态条的宽度合理性,以放五号字为准; (19) 状态条应显示用户切实需求的信息,如目前的操作、系统状态、用户信息; (20) 对话框右上角的按钮状态与可操作状态的一致性,如不能操作的按钮应呈灰色; (21) 对话框中的 Frame 框应根据用户的操作变更及时更新; (22) 对话框中的按钮控件的名称合理性
提示框	(1) 标题信息应准确合理; (2) 所有提示框的字体一致性,包括颜色、大小、样式; (3) 提示框中的默认按钮应支持 Enter 键; (4) 控件的大小合理性,如控件中字符显示不完整; (5) 提示框中文字描述的准确性,简单易懂; (6) 提示框中文字信息的规范性,如删除操作的"……吗?"; (7) 提示框中图标的正确性: ① 程序错误、操作错误、禁止操作等的提示图标应是叉号; ② 询问的提示图标应是问号; ③ 感叹、警告的提示图标应是叹号; ④ 普通信息的提示图标应是 i 号

界面分类	测试方案
界面可靠性	(1) 用户输入不正确的用户名或者密码后,在系统给出错误提示信息后,用户可以再次输入用户名或密码; (2) 若系统没有设置输入次数,用户可以多次重新输入用户名和密码; (3) 进入登录界面,在一段时间内不做任何操作的情况下仍可输入信息登录系统; (4) 若用户多次输入不正确的信息,系统同样多次提示错误信息
界面易用性	(1) 在软件安全性允许的前提下,登录界面有记住用户名或密码的可选框; (2) 登录界面中按钮的排列应方便用户操作; (3) 提示框中支持 Enter 键操作
界面效率/性能	(1) 登录界面给出错误提示信息后,应可以快速返回到登录界面让用户重新输入; (2) 输入正确的用户名和密码后,在可接受的时间内进入系统; (3) 关闭对话框后,及时释放对话框所占用的资源
登录界面安全性	(1) 输入用户名和密码能否正常及时进入系统; (2) 系统应屏蔽 SQL 语句的登录; (3) 进入系统后的用户权限与登录用户的权限一致

（9）**易用性测试**

通过与软件之间的交互确保用户界面会通过点击各个功能菜单为用户提供相应的访问或浏览功能。是否易理解、易学、易操作和易吸引兴趣。

（10）**安全性测试**

对系统的安全性进行度量和预测,来确认系统级别的安全性和应用程序级别的安全性。

（11）**安装测试**

通过配置安装,测试各种不同的安装组合是否正确、快速。

⑧ 地下管网智慧运营建设

　　智慧管网建设以综合运营监管平台,以地下管网数据共享为基础、地下管网运行监管为主体应用,以控制管线安全运营风险为目的,在智慧燃气、智慧排水、智慧供水、智慧热力、智慧市政设施的基础上,通过协同多部门的审批和监管,实现管线监测—评估—预(报)警—处置—考核全流程,管线运行全生命周期的管理。也就是:通过传感器感知管线及管线设施运行状态和运行环境态;通过物联实现管线设施与人交流的通道;通过智能对管线运行状态智能分析预测及现场设备远程智能控制。

　　管线监督:监督提供信息的有效整合和统一监管,实现信息的完整、共享;提供施工、运行、危险源的安全监督,降低管线风险。

　　管线控制:控制在具体的业务过程中,采用校核、分析、跟踪、对比等控制手段,实现事前、事中、事后的全面风险管理,保障管线的安全运营。

　　管线管理:管理建立预案库、知识库、标准库,实现从规划、施工、运行到报废,管线全生命周期管理。

8.1　智慧管网建设目的

　　智慧管网建设以加快转变经济发展方式为主线,围绕以现代工业文明为特征的生态宜居城市的定位,全面推进"四化两型"建设。以科教先导、产业转型、城镇带动、民生优先战略,用"新概念、新模式、新平台"的"三创新"方针,运用网络空间信息、云计算、物联网等新技术应用为支撑,打造"智慧管网"基础设施,统筹规划、分步实施,有步骤地推进"智慧管网"信息化建设与发展,推动生态宜居城市建设。

　　智慧管网建设本着"突出重点,分步实施"的建设原则,建设城市智慧管网综合运营管理平台,使之成为智慧城市的招牌工程,为智慧城市全面建设提供技术支持。建设目的如下。

(1) 完善档案管理,健全监管体系

通过彻底的管网普查和管线档案数字化建设,建立"管线齐全、管位准确、使用便捷、更新及时"的地下管线空间数据中心,建立各职能部门管线数据共享机制,形成管线全生命周期监管体系。

(2) 实施安全评价,创新管理模式

通过对燃气、输油、供水、热力等高危高压管线开展一次管线质量安全评估工作,建立管道安全运行评价等级体系和管网运行管理质量考核体系,形成管线安全运行评估考核机制;实现管线建设运行的"政府统筹监管、企业主体负责"的管理模式。

(3) 构建物联网络,实现动态监管

通过对城市管网关键区域和关键点,依托物联网、传感器等先进技术,全面建设地上、地面、地下一体化智能管网监控平台。通过对敏感区域、重点管线设备运行状态进行实时监控,构建地下管网物联网大数据中心,为城市公共安全管理提供基础保障,推进城市地下管线运行管理向智能化提升。

(4) 科学应急处突,提升城市安全

在管线运行大数据的基础上,采用云计算技术,建立管网运行风险评估模型,模型将集成地下管线及周边空间环境数据、危险源数据、实时影像数据,并整合公安、消防、交通、气象、医疗、学校、商场等信息,实现对城市管网安全运行的智慧化预报预判,形成科学的应急处突预案库,与城市应急办对接,构建城市统一的管线紧急事故应急指挥中心。

8.2 智慧管网建设总目标和思路

智慧管网建设是在管线数据采集技术、防腐测漏技术、地理信息技术、物联网技术的支撑下,通过建立完整、准确和现势的城市管网管理服务平台,通过感知与分析管道运行状态,保证城市管网安全、节能、健康稳定运行。

8.2.1 建设总目标

智慧管网建设总体目标:在智慧城市的总体框架下,完成以改善民生、提升城市生活品质为重点的"智慧管网"。以感知与人民生活相关的水、电、气来打造绿色、低碳、生态、安全、舒适的生活环境。创新社会管理与公共便民服务模式,提升城市核心竞争力。

生态宜居城市环境:通过智慧管网建设,促进保护城市水资源、节约型社会和低碳生态城市建设,保障居民饮用水安全,为市民创造优质的工作、学习和生活环境,打造生态宜居城市环境建设目标。

管网安全环境:通过智慧管网建设,全面提高城市高危管网的感知能力,减少高危高压管线形成的事故。为市民提供一个生活安全便利的环境。

舒适生活环境:通过智慧管网建设,全面推行城市雨污分流,进行污水处理,倡导节能减排,为市民提供一个生活舒适的环境。

8.2.2 建设思路

智慧管网设计采用1+N的模式,即一个城市级集中式数据中心;N个企业级分布式数据中心即在城市管线管理部门建立智慧市政综合管网数据中心,在企业建立分布式专题管网数据中心。集中式中心和分布式数据中心通过共享交换系统进行数据的交换,集中式中心从企业分布式中心系统抽取需要监控的管线运营参数,企业分布式中心也能共享城市级集中式中心系统的数据。管线数据数字化管理模式如图 8-1 所示。

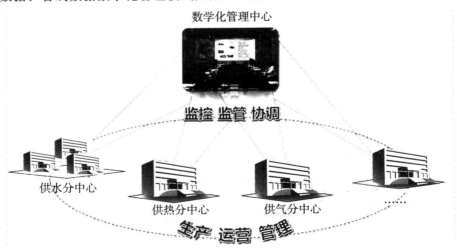

图 8-1 管线数据数字化管理模式

城市级集中式数据中心负责管理全市的管线数据资源的管理、维护和共享。企业级分布式数据中心负责各行业数据的更新,更新后的数据通过共享交换系统进行抽取,对城市级集中式数据中心的数据进行更新,共享给其他行业使用。

以"智慧城市"为契机,以"智慧市政"为中心,以"智慧供水""智慧排水""智慧燃气""智慧热力"等为基础,感知城市管网运行状态,促进城市管线管理向自动化、智慧化发展,加强城市管网的运行管理和公共服务职能,保障资源安全、稳定运行,为城市提供生态、安全、舒适的生活环境。智慧管网架构图如图 8-2 所示。

图 8-2　智慧管网架构

8.2.3　智慧管网建设关键问题

(1) 管线管理组织保障

管线管理涉及到的政府管理部门和权属单位非常多,如何对城市的管线进行有效的管理是各个城市管理工作的重点和难点,特别是管线管理承担着城市管线建设和运维、监管、服务等角色。既要进行管线系统建设,又要系统建成后的运营维护。所有管线管理的职责与定位将影响系统的功能设计、应用情况和数据动态更新机制的建立,应该从立法、政府发文、管理办法等方面明确管线管理的职能,规定其权利与义务。

(2) 制定标准规范

标准化和规范化是反映城市管线管理领先水平的重要标志,也是保证管线数据整合集成、交换共享的前提。

标准规范的建设包括管理规范和技术标准两个方面。管理规范从管线管理的法律和制度方面,规定管线数据的采集、更新、利用、归档等方面,避免数据在管理体制上分散,无法保证数据共享。技术标准从管线数据的坐标系、数据结构、数据格式、采集技术规程、质量精度、元数据等方面考虑,避免由于技术标准缺失造成的各单位各自为阵搞信息化建设,在技术层面产生数据共享交换的难度。

(3)异构数据整合、集成与共享

通过调查各城市内地下管线数据的异构化现象比较严重,管线数据齐全准确性、数据格式、数据内容、GIS 平台都存在较大的差异,而且后期系统还将与外部数据源进行整合集成,数据异构化更为突出。

8.3　物联网接入平台建设

智慧城市发展遵循以人为本、人城共生、产业为基、感知创新的理念,面向自然人、法人、城市三大类对象提供全方位全生命周期的服务与管理。城市物联网是智慧城市的最为基础的平台,是城市各类智慧感知应用的支撑,是面向城市各类对象的服务的承载,是城市进行数据获取、传输、处理的管道,是城市进行信息感知、信息发布和操作执行的通路。通过对城市物联网获得的感知数据进行融合分析,为万物互联、人机交互、天地一体的城市网络空间注入新的智慧。

依托城市管网业务为基础,扩展推广的物联网设备研发应运而生,包括燃气的 SCADA 监控;排水的水位、流量、气体监测;厂区的红外入侵监测;管廊的视频、温度、泄露监测等,为物联网统接入平台建设提供了良好的硬件系统支撑,使物联网统一接入建设有的放矢,更好地为业务拓展提供数据传输保障。

随着智慧管网项目建设快速发展,未来物联网设备的安装与使用将逐渐增加,不同厂商、不同产品、不同型号的产品日益繁多,统一各自产品的通讯协议势在必行,也有利于打破不同厂商各自为战的孤岛现象,所以系统的建设对未来智慧城市项目推广与建设将起到积极的促进作用。

8.3.1　项目总体设计

在充分理解需求的基础上,从长远的角度考虑,充分利用现有成熟技术和先进理念,以系统的稳定性、适用性和易用性为根本要求,强调高效性和扩充性,从技术路线、系统结构、数据库设计、功能设计等方面完成物联网统一接入平台的总体设计。

（1）**设计原则**

1）先进性。在系统的总体设计上,选用的软件平台及硬件不仅是现阶段成熟的先进产品,而且是国际同类产品的主流,符合今后的发展方向;在软件开发思想上,严格按照软件工程的标准和面向对象的理论来设计、管理和开发,保证系统开发的高起点。只有使用先进的系统才是用户所欢迎的,也才能发挥出其真正的魅力。

系统开发一般依托第三方开源库 SuperSocket,SuperSocket 是一个轻量级,跨平台而且可扩展的 Net/Mono Socket 服务器程序框架,系统以此基础构建 Socket 核心库。

2）开放性和标准性。信息系统的开放性可以说是系统生命力的表现,只有开放的系统才能够兼容和不断发展,才能保证前期投资持续有效,保证系统可分期逐步发展和整个系统的日益完善。系统在运行环境的软、硬件平台选择上要符合行业标准,具有良好的兼容性和可扩充性,能够较为容易地实现系统的升级和扩充。

标准化是信息系统建设的基础,也是系统与其他系统兼容和进一步扩充的根本保证。因此,对于一个信息系统来说,系统设计和数据的规范性和标准化工作是极其重要的,这是各模块间可正常运行的保证,是系统开放性和数据共享的要求。为达到高质量的数据组织结构,要求数据采集规范化、信息形式标准化都遵循了国家及部颁布相关规范和标准。

3）可扩展性与灵活性。考虑到未来发展,系统采用灵活的设计方法,在信息管理系统的各种资料格式需要变化时,能够进行动态修改、扩充等。系统应是开放式结构,根据应用的深度与应用范围的不断加大,系统在功能上应具有较好的可扩充性。系统留有模型扩充接口,可根据需要可添加应用模型执行程序,通过定制添加到系统界面菜单或命令按钮里,以扩大系统的功能,满足更高层次用户的需要。具体包括:

通过采用多层.NET 架构,实现系统服务能力的扩展;

通过组件式开发和 SOA 集成技术,实现系统功能、业务扩展;

通过门户技术和可配置技术,实现个性化的用户体验。

4）用户界面友好。系统界面是用户与系统交互的环境,因此,平台的应用系统设计要保证用户界面友好,操作简便。

5）安全可靠。采用高可靠性的产品和技术,充分考虑整个系统运行的安全策略和机制,具有较强的容错能力和良好的恢复能力,保障系统安全、稳定、高效的运行。在安全设计中要全面考虑网络安全、数据安全和用户安全。

6）经济适用。平台设计要在满足需求、可靠运行和技术先进的同时,最大限度地降低建设与运行成本。

（2）**总体框架**

物联网接入平台主要包括 Socket 核心库、统一平台展示、运维管理平台、手机端展示。

1）Socket 核心库。主要负责对协议数据的适配解析、业务的处理应用。包括核心服务、协议模型、适配器、业务处理等。

2）接入平台展示。平台作为协议解析的展示层,主要包括接入客户端、消息展示、服务维护、协议维护、配置信息维护等。采用 CS 架构,在服务器端常驻运行,保证服务的稳定性与健壮性。

3）运维管理平台。运维平台集成在已有的权限管理平台之上,拥有权限管理、监测点维护、设备维护、监测项维护、字典维护等功能。为 Socket 统一接入平台提供数据支撑,保证系统的数据分发与权限维护。

4）手机端展示。手机逐渐成为用户使用频率最高的终端设备,实现手机端物联网数据的展示应用慢慢成为需求的必要趋势。手机端主要包括物联网概况、实时消息接收、设备在线状态展示等。

（3）**设计技术路线**

1）采用中间件技术。系统采用中间件技术实现"物联网统一接入平台"中各功能模块之间的互通、互操作,把数据管理和应用分开设计。能够更有效的保证系统的可靠性、可扩展性、可管理性、数据一致性和应用安全性等。

2）采用 C/S 和 B/S 架构结合模式。"统一平台展示系统"采用 CS 架构,在服务器端常驻运行,保证服务的稳定性与健壮性。

"运维平台"集成在已有的权限管理平台之上,拥有权限管理、监测点维护、设备维护、监测项维护、字典维护等功能。为 Socket 统一接入平台提供数据支撑,保证系统的数据分发与权限维护。

B/S(Browse/Server)是一种胖服务器、瘦客户的运行模式。主要的命令执行、数据计算都在服务器端完成,应用程序在服务器端安装,客户机不用安装应用程序。采用 B/S 结构,能大大减轻系统管理员的工作量,而且这种方式对前端的用户数没有限制。

B/S体系结构的特点主要表现在：

系统开发、维护和升级的经济性：对于大型的管理信息系统，软件开发、维护与升级的费用是非常高的，B/S体系结构所具有的框架结构可以大大节省这些费用，同时，BS模式对前台客户机的要求并不高，可以避免盲目进行硬件升级造成的巨大浪费。

B/S体系结构提供了一致的用户界面：BS模式的应用软件都是基于Web浏览器的，这些浏览器的界面都很相似。对于无用户交互功能的页面，用户接触的界面都是一致的，从而可以降低软件的培训费用。

B/S体系结构具有很强的开放性：在B/S体系结构下，外部的用户亦可通过通用的浏览器进行访问。

B/S体系结构易于扩展：由于Web的平台无关性，B/S体系结构可以任意扩展，可以从一台服务器、几个用户的工作组级扩展成为拥有成千上万用户的大型系统。

B/S体系结构具有更强的信息系统集成性：在B/S体系结构下，集成了解决企事业单位各种问题的服务，而非零散的单一功能的多系统模式，因而它能提供更高的工作效率。

B/S体系结构提供灵活的信息交流和信息发布服务：B/S体系结构借助Internet强大的信息发布与信息传送能力可以有效地解决企业内部的大量不规则的信息交流。

3）面向服务的事件驱动SOA体系结构。系统中涉及的多种查询及管理服务，综合应用了各种中间件，采用基于业务事件驱动的应用服务和支撑服务的组件，在处理多项查询和管理等业务时，具有灵活的可配置性，系统可以免重启实现具体的业务服务组件安装更新和卸载，同时避免大量的人工编码和软件配置，提高了系统部署和更新的效率。各服务组件之间仅存在松散的耦合关系，使得维护系统简单有效并降低了维护成本，更方便之后的二次扩展开发，因此具有良好的重用性，可维护性，可移植性。

B/S结构下实现查询及管理服务，通过远程Web Service，或客户端的Ajax异步数据传输技术动态的刷新业务查询结果的显示以及后续经济管理等操作。

4）决策支持技术。系统最终目标将服务于管理单位建设决策支持。决策支持技术把数据仓库、联机分析处理、数据挖掘、数据库、知识库结合起来，对各种数据进行统计分析,提高决策的科学性。

5)信息安全技术。平台的辅助决策信息涉及敏感信息,宜采用信息安全技术进行处理,以防信息泄露。

6)大数据技术。平台涉及数据既包括关系型数据,又包括各种等非结构化数据,具有数据量大,查询分析复杂等特点。需要采用大规模并行处理、数据挖掘、分布式文件系统、分布式数据库以及可扩展的存储系统等大数据处理技术,才能有效地进行数据处理,满足系统的业务功能需要。

8.3.2 物联网平台开发技术

为了保证系统的先进性、安全性、稳定性以及可扩充性,必须以发展的目光来选择合适的系统开发平台。因为系统开发平台是系统运行的最基本保证,是整个系统的骨架,在一定意义上,它决定了系统应用的成功与否。

(1)数据库选择

系统选择网络版管理模式,监测到的海量数据就不能以文件方式独立存在,必须把所有数据放入大型数据库中,我们选择的 Oracle 12c 及以上版本,在海量数据处理能力、平台稳定性、数据安全性方面在业界都具有非常大的优势。

Oracle 是业界公认的最高效、最稳定的大型数据库管理系统之一,能管理大量的空间和非空间信息数据,此外有非常强大的应用开发能力。Oracle 拥有成熟的数据库技术,其广泛的客户群体已成功运用它研制各种系统,其领域涉及金融、电子、通讯、城建、规划、办公自动化及各种信息系统。而且在数据安全性、可靠性、及可伸缩性等关键业务应用上令人满意。经过实践证明,Oracle 是目前最好的数据库平台。选用 Oracle Enterprise Edition 作为数据库平台,以实现系统的先进性和数据的安全性。

(2)开发工具

为了保持系统的先进性,增强系统的灵活性、扩展性和可移植性,适应基于 Internet 的应用要求,以 C# 这样一种基于 .net 框架的完全面向对象的新型语言为开发工具,充分满足系统开发的要求。

1).NET 平台是下一步软件开发的主流平台。从大环境来说,随着 Internet 的飞速发展,目前的应用程序正在从基于独立的操作系统,转向基于 Internet 平台。.net 框架最根本、最强大的一个特性就是平台的无关性。现在日益火热的 Internet 编程最不用关心的就是某一个平台的调用,譬如说要实现 b2b 的电子商务那么就需要做不同平台的集成,程序员最关心的就是如何实现商务逻辑而不是各种平台之间的通信和管理。那么最迫切需要的就是一种与各种平台调用无关的语言,这种语言只注重程序逻辑的设计而不涉及平台的调用。

Microsoft. NET 平台是一个建立在开放互联网络协议和标准之上,采用新的工具和服务来满足人们的计算和通信需求的革命性的新型 XML Web 智能计算服务平台。它允许应用程序在因特网上方便快捷地互相通信,而不必关心使用何种操作系统和编程语言。

从技术层面具体来说,Microsoft. NET 平台主要包括两个内核,即通用语言运行时(Common Language Runtime,简称 CLR)和 Microsoft. NET 框架类库(Framework Class Library),它们为 Microsoft. NET 平台的实现提供了底层技术支持。通用语言运行时是建立在操作系统最底层的服务,为 Microsoft. NET 平台的执行引擎。Microsoft. NET 框架包括一套可被用于任何编程语言的类库,其目的是使得程序员更容易地建立基于网络的应用和服务。在此之上是许多应用程序模板,这些模板为开发网络应用和服务提供高级的组件和服务。综上所述,. net 平台是下一步软件开发的主流平台。

2) C♯是. NET 平台下的最佳编程语言。C♯是一门设计简单、面向对象、类型安全、灵活兼容(. Net 框架的支持)的一门新型面向组件编程语言。其语法风格源自 C/C++家族,吸收了 Sun 的 Java 的优点并融合了 Visual Basic 的高效和 C/C++的灵活性、强大底层控制能力,是微软为奠定其下一互联网霸主地位而打造的 Microsoft. NET 平台的主流语言。

C♯语言专为. net 平台设计,实现了与平台的无缝结合,能够将. net 平台的功能发挥到极限,所以说,C♯是. NET 平台下的最佳编程语言。其主要优点如下。

设计简单:增加类型安全、自动垃圾回收、去掉指针、数据类型统一。并去掉了宏、模板、多重继承等。

面向对象:没有全局函数、变量或常量,全部实行类的抽象、封装、继承派生与多态。

类型安全:所有动态分配的对象和数组都被初始化为 0;不能使用未初始化的变量;对数组的访问进行越界检查;不写未分配的内存;算术操作进行溢出检查等。

灵活兼容：可以在非安全代码中使用指针，并允许通过遵守.NET 的 CLS 访问不同的 API。

3）C♯在开发组件上的优点，增加系统得灵活性，扩展性。因为.Net 框架完全基于类来编写，加之采用了灵活的命名空间机制，用 C♯进行组件式开发变得异常简单。由于运行机制的原因，基于.NET 开发的组件在被调用时不需要在系统注册表中注册。强大的版本管理功能能够有效的解决"dll 地狱"的问题。方便了系统的维护和更新，增强了系统的灵活性和扩展性。所以说，用 C♯语言开发的系统较之用其他语言开发的系统有更好的灵活性和可扩展性。

4）C♯对于开发而言难度降低。C♯有了.NET 平台 CLR 的强力支持，功能更为强大，开发难度相对较低。

CLR（通用语言运行时）是整个 Microsoft.NET 框架赖以建构的基础，它为 Microsoft.NET 应用程序提供了一个托管的代码执行环境。它实际上是驻留在内存里的一段代理代码，负责应用程序在整个执行期间的代码管理工作，比较典型的有：内存管理，线程管理，安全管理，远程管理，即时编译，代码强制安全类型检查等。这些都可称得上 Microsoft.NET 框架的生命线。

实际上，CLR 代理了一部分传统操作系统的管理功能。在 CLR 下的代码称之为托管代码，否则称为非托管代码。我们也可将 CLR 看作一个技术规范，无论程序使用什么语言编写，只要能编译成微软中间语言（MSIL），就可以在它的支持下运行，这使得应用程序得以独立于语言。目前支持 CLR 的编程语言多达二三十种。微软中间语言是我们在 Microsoft.NET 平台下编译器输出的 PE 文件的语言。它是 Microsoft.NET 平台最完整的语言集，非常类似于 PC 机上的汇编语言。即时编译器在运行时将中间语言编译成本地二进制代码。它为 Microsoft.NET 平台提供了多语言的底层技术支持。另外根据需要，Microsoft.NET 即时编译器提供了特殊情况下的经济型即时编译和安装时编译技术。

以上的种种特性，都使得开发人员的工作更为容易，降低了开发难度。

5）C♯结合.NET 架构在内存处理方面的优点，减少人为垃圾回收，使系统更加健壮。前面我们已经提到了 CLR，实际上 CLR 对程序员影响最大的就是它的内存管理功能，以至于很有必要单独把它列出来阐述。它为应用程序提供了高性能的垃圾收集环境。垃圾收集器自动追踪应用程序操作的对象,程序员再也用不着和复杂的内存管理打交道。的确,为通用软件环境设计的自动化内存管理器永远都抵不上自己为特定程序量身订制的手工制作。但现代软件业早已不再是几百行代码的作坊作业,动辄成千上万行的代码,大量的商业逻辑凸现的已不再是算法的灵巧,而是可管理性,可维护性的工程代码。.NET/C♯不是为那样的作坊高手准备的,C语言才是他们的尤物。在 Microsoft.NET 托管环境下,CLR 负责处理对象的内存布局,管理对象的引用,释放系统不再使用的内存(自动垃圾收集)。这从根本上解决了长期以来困扰软件的内存泄漏和无效内存引用问题,大大减轻了程序员的开发负担,提高了程序的健壮性。实际上在托管环境下根本找不到关于内存操作或释放的语言指令。值得指出的是 Microsoft.NET 应用程序可以使用托管数据,也可以使用非托管数据,但 CLR 并不能判断托管数据与非托管数据。

垃圾收集器负责管理.NET 应用程序内存的分配和释放。当用 new 操作符创建新的对象时,垃圾收集器在托管堆(Managed Heap)中为对象分配内存资源。只要托管堆内的内存空间可用,垃圾收集器就为每一个新创建的对象分配内存。当应用程序不再持有某个对象的引用,垃圾收集器将会探测到并释放该对象。值得注意的是垃圾收集器并不是在对象引用无效时就立即开始释放工作,而是根据一定算法来决定什么时候进行收集和对什么对象进行收集。任何一个机器的内存资源总是有限的,当托管堆内的内存空间不够用时,垃圾收集器启动收集线程来释放系统内存。垃圾收集器根据对象的存活时间,对象历经的收集次数等来决定对哪些对象的内存进行释放。

有了上述支持,释放内存等操作就不用开发人员操作,使开发人员能够专注于对系统的功能架构的设计上。同时,系统自动回收资源也无需开发人员参与,减少了人为错误的出现概率,增强了系统的健壮性。

6)C♯结合.NET 架构的可移植性。依靠.NET 平台的强大支持,C♯语言具有良好的可移植性,可以运行在多种操作系统平台下。

8.3.3 系统难点及关键技术实现分析

在物联网统一接入平台这个项目的建设过程中,遇到了来自多个方面的难点,而系统正是在克服了种种困难,正确尝试了各种技术手段以及设计模式后逐渐找到了解决办法完成了整个项目。

平台涉及的行业共性技术主要有物联网和传感器技术。

"物联网技术"的核心和基础仍然是"互联网技术",是在互联网技术基础上的延伸和扩展的一种网络技术;其用户端延伸和扩展到了任何物品和物品之间,进行信息交换和通讯。

传感器技术,这也是计算机应用中的关键技术。到目前为止绝大部分计算机处理的都是数字信号。自从有计算机以来就需要传感器把模拟信号转换成数字信号计算机才能处理。RFID 标签也是一种传感器技术,RFID 技术是融合了无线射频技术和嵌入式技术为一体的综合技术。

平台的关键技术和技术难点在于 SuperSocket 二次开发,大数据量安全存储和物联网实时监测预警等。

（1）**物联网实时监测预警技术**

通过物联网、传感网技术,配合人工的巡查、督查,提升数据监管的实时性、准确性,全面落实不同等级危险源的安全监测,对重大危险源的远程实时监测,可及时预警、辅助判断事故等级、事后回放监测数据进行分析。

（2）**黑盒监控技术**

实时采集监测地点的数据,按日期进行备份存储,任何人不具有修改权限,保证系统安全运营。一方面在发生宕机时能够保证系统修复,另一方面,辅助监管部门加强安全监管。一旦发生安全事故,避免不法人员逃避责任,保证事故起因的真实性。

（3）**大数据挖掘技术**

根据检测设备神经网络模型,对设备运营过程中采集的实时监测历史数据找出变化规律,分析设备运行中存在的安全问题,对设备进行优化,实现资源最优化配置,提高客户满意度。

8.3.4　系统功能

（1）**物联网统一接入平台**

物联网统一接入平台运行在服务器端,采用 CS 架构模式,主要包括 Socket 核心库、Socket 载体、扩展插件等。

1）Socket 核心库。系统开发依托第三方开源库 SuperSocket,SuperSocket 是一个轻量级,跨平台而且可扩展的.Net/Mono Socket 服务器程序框架。你无须了解如何使用 Socket,如何维护 Socket 连接和 Socket 如何工作,但是你却可以使用 SuperSocket 很容易的开发出一款 Socket 服务器端软件,如游戏服务器、GPS 服务器、工业控制服务和数据采集服务器等。

核心库包含 Socket 服务、Session 客户端、Filter 协议适配器、通用协议解析展示等。

2) Socket 载体。Scoket 协议解析展示的载体,使用 DotNetBar 作为用户界面展示层,主要功能包括已配置服务展示、服务维护、接入的客户端展示、客户端消息展示、客户端踢出、支持协议的展示、协议维护、监测点信息、历史监测数据等。

3) 扩展插件。针对不同的行业需求,需要开发相应的协议解析插件。

(2) 物联网运维管理系统

物联网运维管理系统集成运维管理系统,支持运维系统的权限功能,主要包括监测点管理、设备信息管理、监测项管理、设备字典维护等。

1) 监测点管理。监测点表示物联网采集在地理信息的一个点信息,监测点本身不是一个设备,不能采集信息,监测点通过关联的设备上的采集项采集信息。需根据部门添加相应的监测点信息,监测点支持分类,可以根据需要自定义分类。监测点信息包含名称、坐标、工艺流程图、监测点类型、监测点地址等信息。

监测点分类可以根据行业分为供水、排水、管廊、燃气等,也可以继续细分至窨井、井盖、调压站、门站、场站、管廊机器人等。

2) 设备信息管理。设备信息与监测点关联,可以展示在监测点的工艺流程图上,同时关联设备的监测项,设备信息主要包括名称、型号、序列号、安装时间、备注、工艺流程图相对坐标等。

3) 监测项管理。监测项与设备关联,监测项作为设备采集的一个单元,展现该设备的运行状态与指标,同时代表了该监测点的运行状况。监测项信息主要包括名称、指标单位、指标当前值、指标保存时间、设备该监测项的最大可视范围(如水表最大读数)、最小可视范围、报警最小值、报警最大值、是否报警、报警原因等。

举例说明监测点、设备、监测项在实际中的场景。

燃气门站作为一个监测点,在地理信息中表现为一个点位置,门站里有一整套的燃气供气监测设备,可能包含调压表、阀门、加臭机、电源、风机等设备,而调压表作为一个设备拥有多项采集信息,包含瞬时压力、工况压力、瞬时流量、工况流量、温度等。

井盖监控作为井盖物联网应用的一个点,它目前采集的信息相对单一,仅显示井盖的开启状态,但是他一样符合目前的物联网采集设计,井盖作为一个监测点,在地理信息中有一个位置展示,井盖上安装一个物联网设备,代表一个设备,设备拥有采集井盖状态的采集项。

4）设备字典管理。设备字典管理是为配置人员可以快速配置监测点信息提供的模板字典,配置人员无需在重复的监测点、设备上重复录入相同的监测项信息,方便配置人员提高工作效率。

如在配置字典中配置某设备、型号为 XX1.0,它的监测项包含 N 项监测项,每个监测项的指标单位、可视范围最大值、最小值、预警值等,只需录入一次,下次在配置监测点时,如果有该设备,则从字典中选取即可。

（3）移动端展示系统

移动端展示方便用户随时随地查看物联网监测采集信息当前状态,查看目前系统已接入的物联网设备数量、运行状况、报警处理情况等。主要包括物联网接入概况、设备在线状态、设备报警信息等。

1）概况。主要展示目前物联网统一平台接入的监测点数量、设备数量、监测项数量、采集的历史数据统计、报警的监测点统计、报警设备、报警监测项等。

2）设备在线状态。显示物联网设备在线数量、离线数量,方便运维人员维护已安装的物联网传感设备。

3）设备报警信息。显示物联网设备报警信息,方便管理人员及时发现隐患。

8.4　智慧燃气运营建设

智慧燃气围绕燃气行业业务,在已有管网数据的基础上实现燃气管网运行的智能监控,对重要的燃气管网门站、场站和重点用户在运营过程进行感知,同时经常对重要线路进行巡查,保证居民合理调配,正常用气、安全用气。智慧燃气突出对燃气管道运营安全、预报预警、应急处置技术支撑。如图8-3、图 8-4 所示。

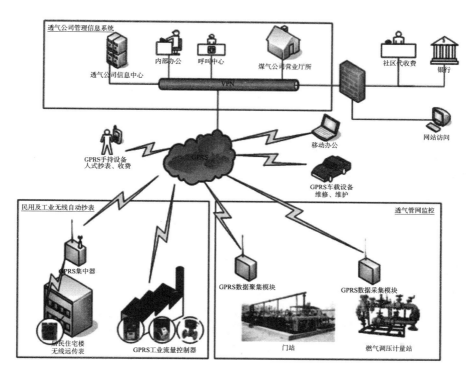

图 8-3　智慧燃气

图 8-4　燃气调度

8.4.1　智慧燃气建设目标

燃气行业涉及生产、传输、存储、计量、使用、营销等多个环节,智慧燃气是结合燃气管网业务特点,基于 GIS 技术、计算机网络技术、通信技术、物联网技术构建智慧燃气系统,包括燃气专题管网系统、燃气 SCADA 系统、燃气巡检系统、燃气应急抢险系统。

8.4.2 智慧燃气建设内容

(1) 燃气专题管网 GIS 系统

燃气专题管网系统控制着燃气管线数据的进出入口,主要完成对燃气管线的入库、共享、交换、更新、历史版本等的管理及空间信息应用等功能。采用通用框架技术,提高了软件的开发效率、降低软件开发成本、提高了系统的稳定性,如图 8-5 所示。

系统包括的功能主要有管网入库、地图定位、查询统计、管网编辑、辅助工具、数据输出、数据管理和系统设置等功能。

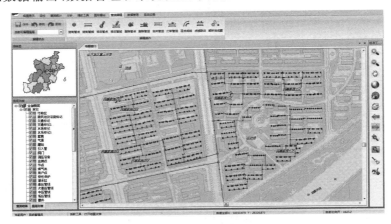

图 8-5　燃气管网数据管理

(2) 燃气 SCADA 系统

燃气 SCADA 系统是采用以计算机网络为核心构成三级式的监控和数据采集系统。系统网络中的主要元素为调度主控中心、高压输配门站、远程站(高/中压调压站、区域和专用调压站、调压箱、阀室),如图 8-6 所示。

系统通过有线或无线通讯网络有机地结合在一起构成一个完整的数据采集和监控系统。调度中心网络监控系统通过远程数据采集控制器(远程RTU)对燃气管网和场站的工艺参数进行数据采集和监控。远程 RTU 设备完成对管网和场站的工艺流程、控制设备的数据采集、控制、天然气流量计算,将数据上传到调度中心,并执行和接受调度中心的指令及下传的数据。

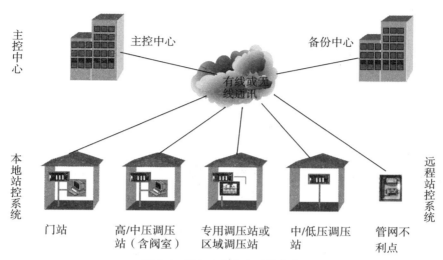

图 8-6　燃气 SCADA 系统架构

　　调度中心对采集到的各种数据,在显示屏上以画面、报表、图像的形式动态显示系统的工艺过程、参数、设备工况。显示屏幕上可以显示当前监测的数据,亦可显示历史数据(趋势曲线)。显示时,可以通过颜色变化、百分比、色标填充等手段增强画面的可视性。可通过图 8-7 显示界面查看工艺流程、实时曲线、历史曲线等。

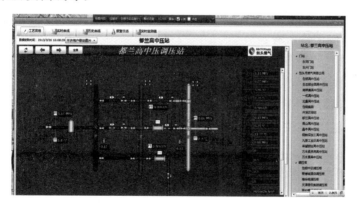

图 8-7　调度显示界面

(3) 燃气监控预警系统

　　燃气管网监控辅助燃气企业对场站、管网进行监控,同时实现对管网的调度、预警以及控制,该系统可大大提高燃气企业的整体管理能力,加强燃气管网的安全系数,能起到降低企业运营成本的作用。多种物联网设备可以全面监控燃气管网,包括管道的压力检测、温度检测、流量检测;重要场所的泄漏检测、红外检测、金属检测和视频监控;重要设备控制的电源监控、阀门监控等,如图 8-8 所示。

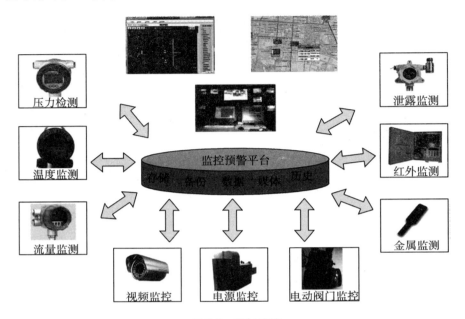

图 8-8　燃气监控

1)系统应用价值有:

实时监控,监控方式多样,范围广泛;

支持无线和有线数据传输;

数据挖掘,预判预警;

远程控制,提高安全系数。

2)系统包括的功能主要有:

监控定位——根据模糊匹配快速定位到指定监控区域;

压力监控——站场、调压站压力实时监控,工艺流程图,历史动态曲线,如图 8-9 所示;

供气监控——供气站、大用户用气量实时监控,历史动态曲线,用气量统计;

异常报警——可自定义参数进行异常情况报警提示;

视频监控——可将接收的监控视频以及信号等信息表现于电子地图中,使用户清楚了解监控点的位置、周围环境以及实时监控信息,如图 8-10 所示。

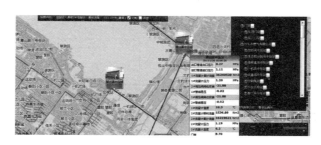

图 8-9 燃气管网压力监控

图 8-10 燃气管网视频监控

（4）燃气巡检维护系统

巡检养护是针对燃气管网设备的精细化新管理模式,利用数字化、信息化的措施来解决运维部门在运维巡检管理中监督困难的问题,针对施工工程管理、日常运维巡检管理、故障发现及上报处理流程等,通过手机现场拍照录像、获取、进展、故障及 GPS 坐标上报,GIS 地图服务,工作流处理等手段,辅助运维人员来进行监督管理,从而提高运维管理的效率,如图 8-11、图 8-12 所示。

运营模式是通过智能巡检手机进行设备上 RFID 读取,通过 GPRS 上报问题,运维中心根据上报问题派发调度,进行工程养护,完工上报后进行处置管理,问题入历史库备份。

1）系统应用价值有:

通过 GPS 定位,实现自动考勤,避免巡检员缺勤;

支持轨迹方式设定巡检路线,避免巡检员漏检;

巡检问题精确上报,避免慌报、误报,为运维部决策提供支持;

为管线问题排除提供复合依据。

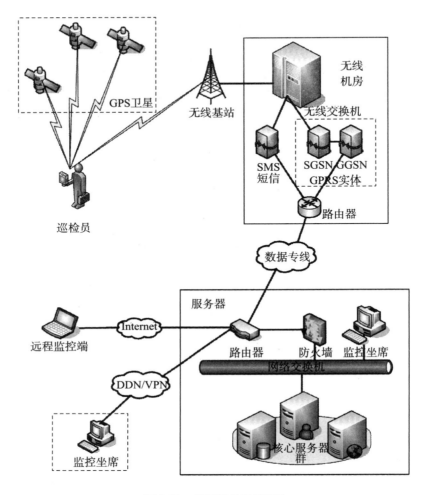

图 8-11 燃气巡检系统架构

2）系统包括的功能：

任务分配——管理巡检人员和巡检设备,制定巡检线路,巡检排班,分配巡检任务,如图 8-13 所示;

巡检查看——查看巡检记录,以及巡检员位置以及历史轨迹回放,如图 8-14 所示;

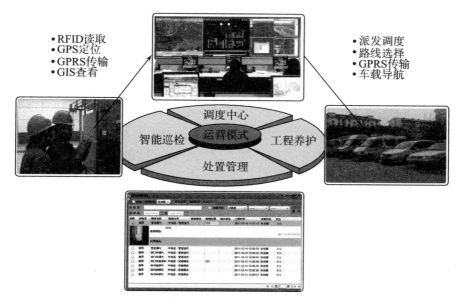

图 8-12　燃气巡检运营流程

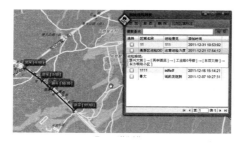

图 8-13　巡检线路管理

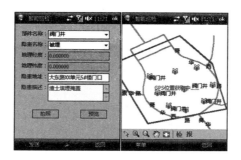

图 8-14　巡检上报

设备维修——根据巡检以及监控报警等信息,确定维修,生成调度单,派发调度单,以及维修记录管理;

抢险调度——管网发生事故后进行抢险调度，按照事故处理流程，进行接警、抢险、录入、结果报告和反馈等管理；

考核统计——对巡检和维修工作生成日报、月报；对巡检隐患信息进行统计报表输出；

决策分析——规范实用的行业规划分析与决策，利用数据挖掘技术分析对管网设备运行情况进行预测，指导检测检修，如图8-15所示。

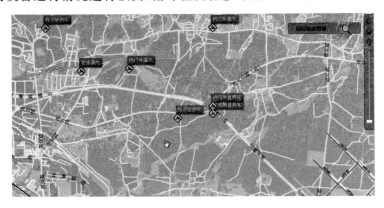

图8-15　巡检问题分布

（5）燃气应急抢险系统

应急抢险系统是为满足排查燃气安全隐患、发生紧急事故快速反应的需要，实现人员、资源、设备以及现场综合控制管理，辅助分析决策、指挥调度的信息化系统，包括事故确定、事故分析、事故处理和事故总结的全系列处理流程，需要集成管线及周边环境空间数据、危险源数据、监测数据，启动应急预案进行综合处置，如图8-16所示。运营模式是通过智能监控、巡检、其他上报等信息进行事故确定，调度中心进行事故分析，启动应急预案，进行调度指挥，抢险完成后进行事故总结。

1）系统应用价值有：

通过实时监控获取危险信息，可以在最快时间抢险；

应急预案流程精简，迅速处置；

借助GIS分析，进行灾害评估；

2）系统包括的功能主要有：

预测预警——利用数据挖掘技术分析对管网设备运行情况进行预测，指导检测检修；

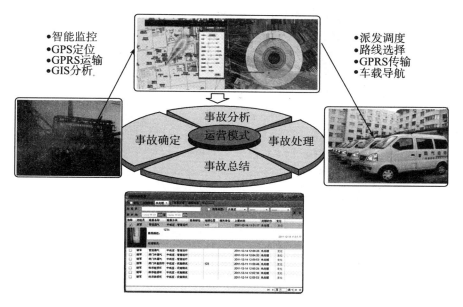

图 8-16　应急抢险运营流程

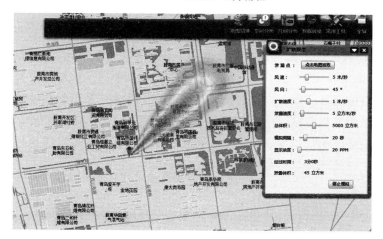

图 8-17　燃气泄漏分析

事故模拟——模拟发生燃气事故的危害程度,包括燃气泄漏模型,危险区域模拟等,如图 8-17 所示;

应急抢险——面对不同级别的燃气事故,应急管理、指挥、救援计划等,如图 8-18 所示;

知识库管理——通过相关知识库、案例库和模型库,提供隐患排查决策服务、应急处置决策服务。

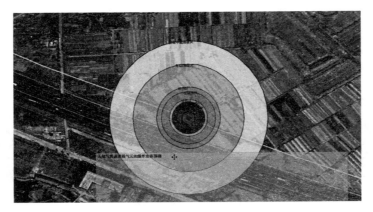

图 8-18　危险区域分析

8.2.3　智慧燃气物联网建设

（1）建设内容

通过 OPC 模块接入现有燃气 SCADA 系统，实现数据共享，接入现有的燃气管道、调压站等各种数据，并配置数据加密方法保障数据传输。在调压站、阀门井等位置加装压力或泄漏传感器，检测设备运行情况。

1）远程数据采集控制器。远程 RTU 包括通讯处理单元、开关量采集单元、脉冲量采集单元、模拟量采集单元、模拟量输出单元，开关量输出单元和脉冲量输出单元等构成。针对目前城市管线的特殊性，采用工业单片机技术来实施数据的采集传输，具有很高实时性、高效性，以保障该系统安全可靠运行。针对流量、压力、温度、现场气体浓度等采集参数，采样元件选用高质量传感器和中央处理器，进行处理。

技术要求：

测量精度高、体积小、便于安装；

工作的环境温度为－25℃～70℃；

采用电池供电，使用寿命不少于 3 年；

具有过载、欠载等报警功能；

具有无线通讯能力，方便与计算机进行数据传输。

2）工业级管线巡检智能终端。采用 Android 操作系统，支持 RFID、二维码识别。内置城市专题管网巡检系统，技术要求：

体积小便于携带；

支持蓝牙无线打印；

支持 WIFI Bluetooth GPRS 等多种无线通讯功能；

内置 GPS 模块、RFID 模块；

3.5 寸半反 LCD 适合户外使用；

符合国际 IP65 标准认证；

多种选配模块可根据用户需求定制；

预留身份识读、指纹识别、红外测温等，可扩展性强。

（2）工作技术方法及实施

1）燃气压力、泄漏智能监测设备的安装调试工序。燃气泄漏智能监测终端安装固定、系统设备的连接、前端设备的线缆连接、前端设备调试、探测设备的调整、采集上传设备的设置、中心设备调试、通讯设置、报警及布控设置。

2）安装调试工艺：

① 连接线缆。裸导线应包装完好、平直，表面无明显划痕，测量厚度和宽度符合制造标准；电缆头部件及接线端子应部件齐全，表面无裂纹和气孔，随带的袋装涂料或填料不泄漏。

电缆规格应符合设计要求，敷设前应清理线管内杂物；排列整齐，无机械损伤，标志牌装设齐全、正确、清晰。

② 线管敷设。穿过井壁和设备保护箱处加保护套管。套管管口光滑、护口牢固，与管子连接可靠，保护套管在隐蔽工程记录中标示正确。蛇形管必须保证塑料保护套管无破损。

③ 设备箱安装。箱体与井壁连接紧密，固定牢固，接地可靠，箱体间接缝平整；

箱体开孔合适，切口整齐；零线经接线排（零线端子）连接，无绞结现象。箱体内外清洁，箱盖开闭灵活，箱体接线整齐，管子与箱体连接有专用锁紧螺母。

箱内设备安装整齐、紧密，顶面平直度不超过 2 mm，盘面平整度不超过 2 mm；接线整齐，排列有序，回路标志清楚、正确，色标准确。

8.5 智慧排水运营建设

智慧排水是为实现排水的统一集中管理，全面提升排水设施运营管理、规划决策和客户服务水平,致力于城市雨水疏导与污水处理,为保障排水设施的健康运行提供现代智慧化管理手段,同时为城市提供一个舒适的环境。智慧排水建设突出对防汛预警、城市内涝治理、水污染治理的技术支撑。如图 8-19。

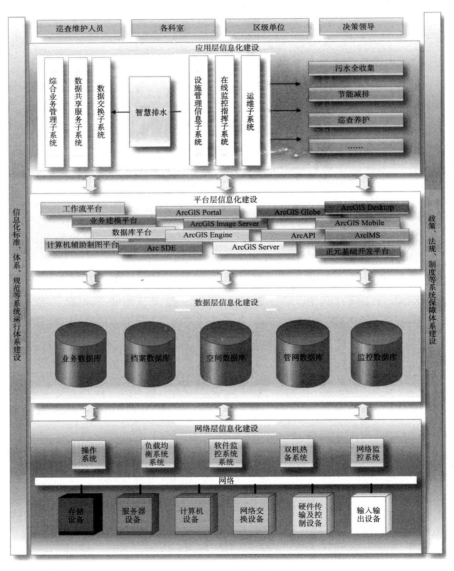

图 8-19　智慧排水

8.5.1　智慧排水建设目标

1）建立市排水管网及设施的数据库,实现排水资料数字化存储。

2）建立在线监控指挥子系统,实现防汛点、中水站、泵站、以及河道的视频监控,实现与各类排水设施 SCADA 系统的对接和数据分析管理,实现与城市防汛办的防汛预警系统数据对接,实现与 12319 系统的有机整合,以及对应急事件指挥调度处置和综合评估。

3）建立专项业务管理子系统,实现对排水管理服务中心的污水全收集、节能减排、安全管理、重点工程等中心重大专项业务的进行管理。

4）建立排水设施地理信息子系统,实现管网数据管理、地形图管理、设施管理、综合查询统计、空间分析、三维展示、数据输出等功能,提升地下排水管网的管理水平,达到对地下排水管网的可视化管理,如图 8-20 所示。

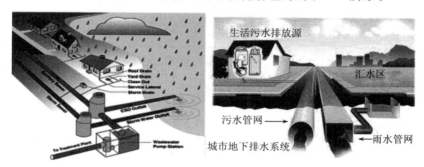

图 8-20　排水管网模拟

8.5.2　智慧排水综合管理信息系统建设

智慧排水综合管理信息系统是利用自动监控与数据采集(SCADA)、视频监控、地理信息系统(GIS)、数据库及网络通信等计算机技术,实现排水泵站、污水处理厂、管网、闸门等运行状况的集中监控、视频监视;实现日常运行生产报表报送与管理,支持排水系统运行过程中突发事件的应急管理;实现排水运行状况的大屏幕集成展示,在企业内部实现排水设施及其运行信息的发布与共享,提升排水运行管理与服务水平。

智慧排水综合管理信息系统建设主要围绕专项业务管理子系统、综合业务管理子系统、排水设施地理信息子系统、水质在线监测、在线监控指挥决策子系统、数据共享与交换子系统等几个方面展开,如图 8-21 所示。

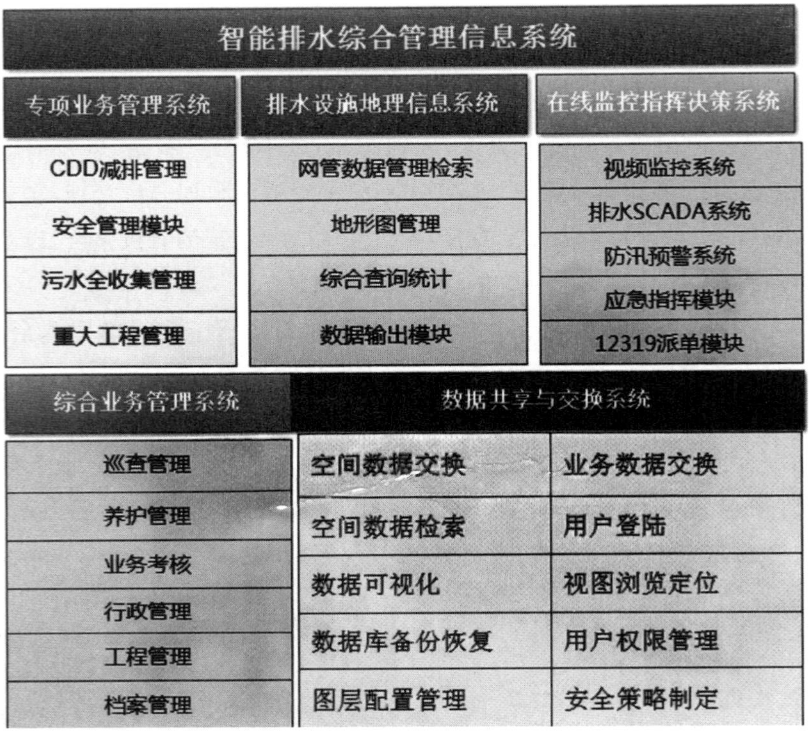

智能排水综合管理信息系统		
专项业务管理系统	**排水设施地理信息系统**	**在线监控指挥决策系统**
CDD减排管理	网管数据管理检索	视频监控系统
安全管理模块	地形图管理	排水SCADA系统
污水全收集管理	综合查询统计	防汛预警系统
重大工程管理	数据输出模块	应急指挥模块
		12319派单模块
综合业务管理系统	**数据共享与交换系统**	
巡查管理	空间数据交换	业务数据交换
养护管理	空间数据检索	用户登陆
业务考核	数据可视化	视图浏览定位
行政管理	数据库备份恢复	用户权限管理
工程管理	图层配置管理	安全策略制定
档案管理		

图 8-21 智慧排水综合管理信息系统

(1) 污水水质在线监测系统

污水水质在线监测系统是智慧排水系统一个重要组成部分,建立排水运行参数及污水水质在线监测,掌握污水管网重点区域实时水质情况,一方面可以为相关部门提供实时水质数据,监督沿线排污企业依法排污,缓解下游污水处理厂进厂水质超出设计标准,提高下游污水处理厂的出水达标率;另外一方面,当水质严重超标时可以及时提醒下游污水处理厂采取有效应对措施,以防出水水质超标。

在线监测系统的监测项目主要有泵站、污水排放口、排水管网监测点三个方面的内容。污水水质常规监测指标主要包括 PH 值、COD、SS、氨氮以及总磷等。污水水质在线监测内容见 8-1。

表 8-1　污水水质在线监测内容

项目	监测内容		监测设备	
	水力监测	水质监测	水力监测	水质监测
泵站	流量、泵前水位、泵后水位	pH、水温	流量计、液位计	pH 监测仪、温度传感器
污水排放口	流量、水位	水温、pH、TOC、DO、COD 等	流量计、液位计	pH 监测仪、温度传感器、TOC 检测仪、COD 检测仪等
排水管网监测点	流量、水位、流速	水温、pH、有毒气体(H_2S)	流量计、液位计、流速测定仪	pH 监测仪、温度传感器、气体测定仪

在线监测设备主要采取控制柜总体设计、仪器 OEM 的方式。对于机柜的设计，主要设计主控柜、各监测仪表分柜、预处理柜等标准机柜。水样预处理及配水单元、分析单元、现场控制单元、辅助单元等装置均布置于控制柜中。柜与柜之间采用接线插件连接，方便现场施工，智慧排水系统各单元功能见表 8-2。

表 8-2　智慧排水系统各单元功能

取水单元	负责完成水样采集和输送功能
水样预先处理单元及配水单元	负责完成水样的预处理，将水和气导入相应的管理，以达到水样输送和清洗的目的
分析检测单元	由监测分析仪表组成，完成系统水样检测分析任务
现场控制单元	完成水质自动监测系统的控制、数据采集、存储、处理工作
通讯单元	负责完成监测数据从各水质自动监测站到监测中心的通信传输工作
辅助单元	是保证水质自动监测站正常稳定运行的重要组成部分。主要包括清洗装置、除藻装置、空气压缩装置、停电保护及稳压装备、防雷设备、超标留样装置、废水收集处理设备等
监测中心管理系统	在线监控查询系统模块由智慧排水管理系统统一管理、组态等放置在排水管理中心

分析监测单元、现场控制单元、通讯单元、辅助单元是主要的设计内容。分析监测单元内主要监测设备选择要遵循以下原则：

pH 测定仪采用玻璃电极法测定仪；

SS 测定仪采用散射光法测定仪；

COD 是污染物排放中关键考核指标，采用符合国家标准、结果准确度高德铬法 COD 分析仪；

氨氮采用受水质干扰小、使用成本以及维护量一般且价格适中的氨气逐出比色法在线氨氮分析仪。

其他的监测设备要以遵循国标为原则。

自动控制单元采用小型 PLC，并配合 HMI 显示界面，实时显示整套系统的运行状态，并可以根据需要进行控制参数的修改和设定。

（2）在线监控指挥决策系统

在线监控指挥决策系统主要包括视频监控管理模块、数据采集检测模块、重点排污企业排水在线监测及应急指挥决策管理等。

视频监控管理模块是基于网络化的视频监控技术，依托视频监控中心和防汛视频系统，为监控指挥系统提供各类视频监控站点的视频信息。其中监控视频的轮询显示、操作以及历史的查询回放等功能通过视频监控工作站实现。

视频监控按内容主要分为防汛视频监控、中水站视频监控、泵站视频监控以及河道排污口视频监控。

数据采集监测模块主要是将中水站 SCADA 系统数据、泵站 SCADA 数据、污水处理厂 SCADA 数据以及河道 SCADA 数据等，整合和纳入到系统平台中来统一管理；通过统计分析 SCADA 系统采集到的数据，提供各种周期模式的统计报表，并能根据用户的需要进行数据输出；同时为监控指挥系统提供各类监控站点的实时采集数据信息以及报表信息。

中心站主机通过以太网和各子站通讯。当操作员希望查看某子站数据时，对监测子站建立连接，监测主机可通过 Client/Server（客户/服务器）的通讯方式，如图 8-22 所示，监视子站的实时数据，历史曲线，并可以直接控制输出，和在子站进行监控时只是速度上的有些差别。中心站主机实现历史数据的统计、各种报表的自动生成。

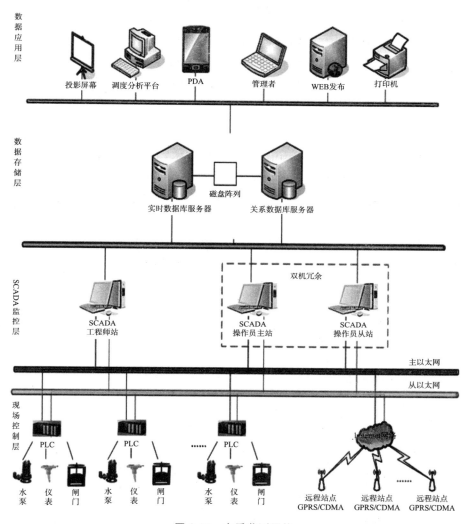

图 8-22　水质监测网络

在线监控子系统充分利用大屏系统,从宏观上进行实时监控。

重点排污企业排水在线监测,可以实现排水管理单位从上游控制污水排水,减少对下游处理的难度,实现对排污企业的重点管理。

应急指挥决策子系统是将传统基于文本的纸质预案经过数字化抽象,结合事故后果模拟分析、GIS 地图、应急资源管理等系统,解决传统纸质预案的存储、管理、升级和使用不便等问题。系统可以根据文字应急预案提取信息要素,包括预案四阶段的任务(预防、准备、响应、恢复)以及每项任务配备的资源,然后组成应急指挥基本信息单元,系统可以快速制定多种应急救援方案,动态加载数据生成指挥体系和任务列表,为实现快速响应提供支持。事件处置完成后,可根据处置情况中出现的新问题和采取的新措施,更新处置预案库。

该系统以排水地理信息应用服务平台为综合展示平台,对基础地理数据、遥感影像、排水管网、排水工程设施、实时水雨情和工情状况、洪水预报等信息进行管理、分析和发布。该系统主要建设的应用模块包括:

(1) **预案管理编制**

建立预案结构化存储和使用的流程提取技术,系统将预案编制类别输入计算,形成预案编制数据库,融入到应用软件系统,可自定义式查询,应用预案编制信息。各类突发公共事件往往是相互交叉和关联的。某类突发公共事件可能和其他类别的事件同时发生,或引发次生、衍生事件,应当具体分析,统筹应对。根据实际业务,制定应急预案,包括应急预案制定、应急预案修改、应急预案删除、应急预案审批等。

总体预案将突发公共事件分为自然灾害、事故灾难、公共事件、社会安全事件四类。按照各类突发公共事件的性质、严重程度、可控性和影响范围等因素,总体预案将其分为四级,即Ⅰ级(特别重大)、Ⅱ级(重大)、Ⅲ级(较大)和Ⅳ级(一般)。

(2) **案例库管理**

将所有案例按照分类进行管理,并建立索引,当事故发生时,按照关键字、事故类别等进行关联,能够自动关联相关的案例,并以地图、表格形式表现查询结果。

(3) **监测预警功能**

监测预警能从日常管理的系统数据中、日常管理作业流程中、各种监测数据(视频监控系统和SCADA系统)及其他相关的应用系统通过数据的抽取发现突发事件隐患的功能,并利用各种数据挖掘工具,进行突发排水事件信息的挖掘分析,做到突发事件及早发现、消灭,提前预防、及时处理。

根据坚持预防为主的原则,突发公共事件应急系统需要根据不同专业特点建立各种突发公共事件预测预警模型,日常管理系统不断为模型输入参数,一旦模型计算结果出现异常情况时,系统必须能够通过预先设定的途径进行报警,并自动通过电话、传真、Email、短信等方式提醒突发公共事件相关人员。

同时,系统可以对巡查过程中发现或市民通过热线提供的井盖丢失、管网阻塞、淤积、溢流等应急警情进行收集、记录和报警,及时发现排水管网事故和运行风险，从而提高排水管网应急管理的响应速度；协助管理人员快速制定应急处理方案，并帮助应急作业人员通过对电子地图、历史处理记录等信息的查看快速了解事故点概况，辅助进行科学的应急抢修；还可以实现管网抢修工作相关人员、车辆和任务的流程化与可视化管理，确保警情信息、资源信息的准确性和现场信息的有效性。

（4）应急处置

应急处置主要提供对应急现场处置、应急事件处置启动以及应急事件的综合研判等功能。

（5）专项业务管理系统

专项业务管理系统完成对污水全收集、节能减排、安全管理、重点工程等重大专项业务的管理。主要包括污水全收集工程管理、排污管网现状查询、节能减排指标查询、减排计划查询、减排进度分析、中水站选址分析、生产安全管理、安全规章制度管理、重大工程管理等功能。

（6）综合业务管理系统

综合业务管理系统根据下属科室和单位的办公特点和业务范围进行个性化定制，完成对排水管理中心的日常办公流程化、自动化管理，提升日常办公效率和管理水平，主要实现了巡查管理、养护管理、业务考核管理、行政管理、工程管理、档案管理等功能，其中行政管理包含行政执法管理、排水户管理、行政审批管理、公文管理、工作日志管理，如图 8-23 所示。

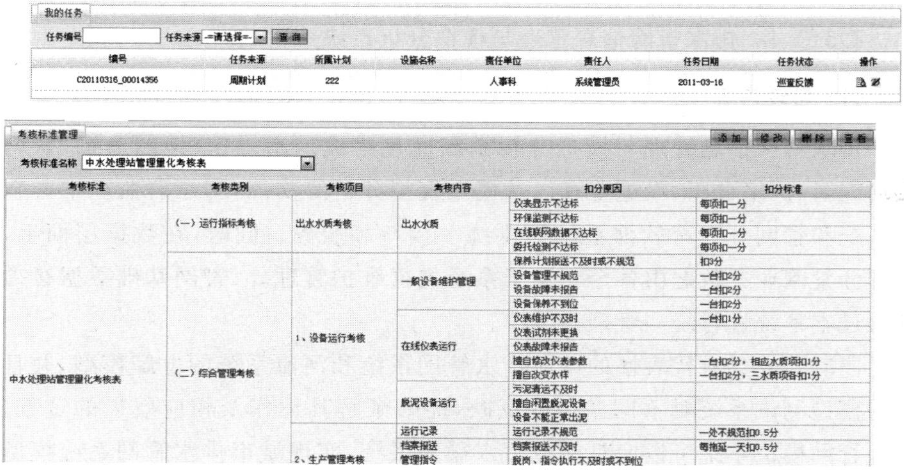

我的任务

任务编号 任务来源 -=请选择=- 查 询

编号	任务来源	所属计划	设施名称	责任单位	责任人	任务日期	任务状态	操作
C20110316_00014356	周期计划	222		人事科	系统管理员	2011-03-16	巡查反馈	

考核标准管理 添 加 修 改 删 除 查 看

考核标准名称 中水处理站管理量化考核表

考核标准	考核类别	考核项目	考核内容	扣分原因	扣分标准
中水处理站管理量化考核表	（一）运行指标考核	出水水质考核	出水水质	仪表显示不达标	每项扣一分
				环保监测不达标	每项扣一分
				在线联网数据不达标	每项扣一分
				委托检测不达标	每项扣一分
	（二）综合管理考核	1、设备运行考核	一般设备维护管理	保养计划报送不及时或不规范	扣3分
				设备管理不规范	一台扣2分
				设备故障未报告	一台扣2分
				设备保养不到位	一台扣2分
			在线仪表运行	仪表维护不及时	一台扣1分
				仪表试剂未更换	
				仪表故障未报告	
				擅自修改仪表参数	一台扣2分，相应水质项扣1分
				擅自改变水样	一台扣2分，三水质项各扣1分
			脱泥设备运行	污泥清运不及时	
				擅自闲置脱泥设备	
				设备不能正常出泥	
		2、生产管理考核	运行记录	运行记录不规范	一处不规范扣0.5分
			档案报送	档案报送不及时	每拖延一天扣0.5分
			管理指令	脱岗、指令执行不及时或不到位	

图 8-23　水质考核标准

（7）**排水设施地理信息系统**

排水设施地理信息系统主要需要提供基础空间数据、地形图、排水设施数据、管线数据管理，以及数据的查询统计分析、空间分析、数据报表的输出管理等功能以及提供普查数据的入库。

（8）**数据共享与交换系统**

数据共享与交换系统完成排水基础空间数据的共享服务。各应用单位根据权限和角色有限制的应用基础地形和排水管网基础数据，同时利用这个系统提交其各自数据。按照统一部署，在排水专项应用领域完成业务数据的交换。完成空间数据结构管理、用户管理、元数据结构管理和数据库的备份与恢复等几项内容，保证整个系统的正常运行。提供系统运行和维护中的用户权限、用户账户、系统设置、数据库、日志、数据备份恢复、库结构维护、元数据等管理功能。

8.5.3　排水智能化专项建设

排水智能化专项建设应综合应用当前先进的信息化管理手段，包括 GIS、物联网、云计算、在线监测、工业自动化控制、网络通信及排水管网模拟等，建立一个能够长期、有效、动态管理排水管网大量空间数据和属性数据的基础平台，并逐步开发排水管网数字化管理过程中所需的各种业务处理和专业分析模块，最终形成一个具有连接排水管理部门各业务单元信息、数据存储管理和决策分析等多种功能于一体的综合管理信息平台。

8.5.3.1　排水管网信息管理与模拟分析系统

（1）**建设内容**

排水管网信息管理与模拟分析系统通过集成地图操作、地图查询、管网数据编辑、网络分析、设施普查以及模型模拟分析等功能，为运营监控中心软件系统和管网分公司软件系统提供统一接口和服务。同时，在数据层面上，除部分管网业务数据由各个相关子系统进行维护管理外，管网基础数据必须都通过本系统进行统一管理和维护。

同时建立具有代表性的城市排水管网系统和河流系统的电脑模型，并且利用模型测试系统对不同条件的反映，能够了解其运作及相应效果的过程。排水管网模拟系统可以完整模拟雨水循环系统，实现城市排水管网系统模型与河道模型的整合，更为真实的模拟地下排水管网系统与地表收纳水体之间的相互作用。

（2）**系统架构**

排水管网模拟系统主要包括管网数据管理,管网数据分析、管网数据建模、动态耦合模拟计算、水量分析及规划评估。

（3）**系统设计**

1）管网资产管理

多源数据集成管理:支持多种格式数据集中存储与管理和多比例尺数据分级显示;具有动态鹰眼视图功能,可以对地图选择集管理,同时可以进行地图量算,包括长度和面积量算。

管网空间数据编辑与维护:利用专业的空间数据编辑工具,维护与显示管网拓扑关系,可以无限次的撤销与重做,提高编辑效率;能够自动提取地形信息,并且可以自动划分汇水区;支持管网空间数据批量导入导出。

管网资产信息管理:管网资产属性信息管理,管网资产信息批量导入与导出。

管网属性数据编辑与维护:利用专业的属性数据编辑器,可以对管网属性、泵站控制规则、LID 设施参数、管网模拟条件进行编辑,能够动态分组和浏览;同时可以对属性信息进行批量的导入与导出。

2）管网查询与分析

地名查询:根据地点名称,快速定位到该地名点,支持模糊查询和快速定位功能。

属性查询:根据资产属性和管网特征来查询符合条件的管线设施,支持快捷查询、自定义查询规则、配置复杂查询字符串。

连通性分析:根据在排水管网中选择的起点和终点,来分析两点之间是否存在连通的管道。

上下游分析:根据在排水管网中选择的节点,来分析和统计其上游和下游管网设施。分析和统计上下游节点、关系、汇水区等。

3）管网建模与水量分析

排水管网建模:支持多种数据导入,包括 GIS 空间数据、Excel、数据库、GIS 属性数据,对管网要素的空间和属性编辑。

模拟结果表达:模拟结果展示灵活,包括模拟结果动态播放器,专题图,曲线图,报表统计,管道纵断图等。

4）地表与管网动态耦合模拟计算

地表2D建模：实现管网与地表积水过程的联动计算，快速实现耦合计算。

模拟结果：模拟结果以不同形式展现，包括淹没水深专题图、淹没面积统计表、淹没时长快速计算、积水量曲线图表。

结果展示：多角度、多视图、动态展示，包括积水过程动态播放、积水水量统计表图、积水水深统计表图、淹没面积统计表图、各类模拟结果专题图。

5）规划评估功能

情景管理：统一维护管理排水管网多个情景的模拟参数及边界条件设置，可以设置不同降雨过程、设置不同LID措施、设置不同河道控制水位、设置不同设施控制条件。

模拟结果对比：对比不同情景运行得到的模拟结果，浏览不同情景的结果专题图，查看不同情景管道的纵断面，比较不同情景的结果曲线，对比不同降雨条件模拟结果，评估不同管网优化改造方案的实施效果。

暴雨生成器：基于暴雨强度公式，采用国际排水设计和雨洪分析中常用的算法生成设计降雨，自动生成降雨过程线，暴雨类型丰富、全面，包含主要城市暴雨强度公式，支持生成降雨曲线的导出和编辑。

地表模型自动概化：提供简单合理的地表网格概化方法，大幅提高地表建模分析效率。多类地形和地物数据可用，考虑建筑物阻拦和淹没情况，考虑道路马路牙子对积水影响。

8.5.3.2 城市防汛内涝预警预报系统

（1）建设内容

近年来，由强降雨引起的城市下穿隧道及立交桥下低洼处存在大量积水的现象时有发生，且有愈演愈烈的趋势。在我国南方多雨的城市，积水有时超过1米，且长时间不能及时排走，给人们的出行带来了很大的不便，严重时竟引发行人的死亡和失踪事件。

建设城市内涝预警预报系统主要对雨量、积水区域和节制闸水位进行实时水位监测，对雨水泵站进行自动化改造，为市政排水调度管理机构提供数据支持，还可以通过LED大屏广播、短信等媒体为广大老百姓提供出行指南。

（2）系统架构

城市防汛内涝预警预报系统包含运行监测、信息快报、硬件总览、短信推送和工程流程图。

（3）**系统设计**

1）运行监测。实现对内涝系统各类硬件数据（如：降雨数据、井内水位数据、地面积水水位数据、泵站水泵运行各项指标数据等）监测、记录、查询、统计等，为城市内涝工作进展提供详实准确的数据。

① 泵站监测。对改造完成的雨水泵站实时监控运行状况、各水泵电压、各水泵电流、雨水前池水位等。满足排水泵站实时监控及展示功能，用户可以查看泵站水泵的电压、电流、启停状态、视频画面等。

各个泵站对应的雨量站、窨井水位、积水点信息关联显示，对应的当前数据以及是否达到预警值；若达到预警值，则在预警信息中显示（自动弹出显示，并提示相关操作）。

大排水户对应的泵站达到预警值，以及大排水户排水量过大时会提示对应的大排水户控制水量的排出（短信通知、预警显示）。

若泵站可以进行自动化启停，则在达到预警值时除通知相关系统和人员外，显示自动化操作信息。

② 雨量站监控。在线监测已建成的雨量站，对降雨数据实时发布、雨量站实时影像查看。当降雨发生时，通过 GPRS 方式将降雨信息发送到服务器，为决策者提供处置信息。

雨量站关联的泵站信息及泵站当前水位、泵的启停状态信息展示。

雨量站达到预警值则在预警信息中显示并提示相关操作（短信通知、泵站启停等操作提示），提示对 LED 屏显示内容操作。

雨量站的预警信息及时显示，并提示推送到对应的防汛预警与指挥调度系统中。

③ 积水点监测。在城市道路重要易积水位置道路积水检测站，实时监测道路积水情况，当地面积水达到预警值，系统按积水水位分级，根据水位情况进行分级处理，为进一步处理城市内涝问题提供第一手资料。

积水点对应的泵站当前状态和水位等信息简单展示。

对监测数据进入到排水管网信息管理与模拟分析系统中的管网建模与分析功能中提供相关数据，为建模提供真实有效数据。

④ 井内水位监测。在重点易积水位置安装井内位监测点，实时监测雨水井井内水位变化，当水位快要到达井口溢出时，系统会根据当前情况，发送预警信息给相关人员，及时做好处理准备，为问题发生之前处理提供可靠数据。

水位监测到的预警信息转入到泵站远程自动化管理系统中,泵站远程自动调节,并短信通知相关人员。

对应的预警信息,转入到防汛预警与指挥调度系统中,为指挥调度提供数据支撑。

2)信息快报。在系统中以滚动的方式,直观展示内涝系统中各检测设备的运行实时数据,如排水泵电流、电压、各积水点水位、各井内监测点水深、实时降雨数据等。滚动显示数据延迟不能低于2分钟一次。

3)硬件总览。该部分实现对内涝系统中视频监控设备、LED大屏管理、数据更新、自由查看等功能。

显示LED及视频监控列表,方便用户直观调用查看。

在LED总览这一部分,由于LED大屏的显示的特性,不会在系统网页中直接显示,只需要能在安装之后的LED大屏上动态显示即可。

4)短信群发。可以将监测点设备检测数据根据需要向相关人员发送短信,如降雨短信群发,水位预警信息群发等;同时包括会议通知及各类办公所需的短信人工短信群发。

5)工艺图展示。实现排水泵站的布局工艺流程图,并且将各项运行数据展示在工艺流程图上,让用户可以直观的看到排水泵站内各设备的运行状态与实时数据。

8.5.3.3 大排水户水环境监测系统

(1)建设内容

大排水户水环境监测系统主要通过实时监控大排水户排水出口水质,统计大排水户排水情况,监督大排水户排水是否符合标准,控制排水污染,提高水环境质量。

(2)系统架构

大排水户水环境监测系统包括定位展示、污染事件、监测数据及统计分析。

(3)系统功能

1)排水户信息管理。能够在地图上直观展示排水户的位置分布信息,并能够展示排水户更加详细的基本信息、对应的排污许可信息、当前最新的监测数据、统计图表、历史数据等。

展示排水户对应的污水处理厂、泵站实时信息、窨井水位实时信息。

2）污染事件。实现污染事件的相关信息展示,如污染事件的发生地点、主要污染物、发生时间等信息。展示方式主要由列表的方式进行展示,用户可以根据时间站点名称等查看列表的排序方式,达到直观快捷的了解相关污染事件的基本信息。

污染事件对应排水户排污许可及排水户对应的污水厂信息。

3）监测数据。通过该功能可以实现查看各个大排水户历史监测数据,能够直观的展示大排水户列表以及相关监测项数据。可以通过时间进行检索,以便查看某一时间段大排水户的相关监测数据的信息。

4）统计分析。统计分析是指对大排水户的各个监测项进行年、月、日统计。通过时间条件和企业用户的设置,可以查看某一时间段内某大排水户的相关监测信息的情况。

8.5.3.4 防汛预警与指挥调度系统

（1）建设内容

防汛预警与指挥调度系统通过物联网、计算机技术、地理信息技术及雨洪预报信息技术的应用,实现水文遥测、视频监视、计算机网络、无线传感网络、防汛 GIS、数据库及防汛指挥调度决策等功能。

实现防汛指挥调度决策从信息采集发布、洪水预报、灾情分析,到水情调度、抢险调度、命令发布等方面的自动化,为各级领导防汛指挥调度提供了快速、可靠、科学的决策依据,与水情、工情信息相结合,实现实时水情信息、工情信息查询与展示,提供更加生动、形象、直观的决策参考。

（2）系统架构

防汛预警与指挥调度系统包含防汛预警子系统和指挥调度子系统。

（3）系统设计

系统结合 GIS 技术提供展示实时的汛情视频监控、水情监测、雨情监测、气象应用功能、水文信息以及工情险情监测功能,系统可以根据应急预案获取信息要素,然后组成应急指挥基本信息单元,系统可以快速制定多种应急救援方案,动态加载数据生成指挥体系和任务列表,为实现快速响应提供支持。事件处置完成后,可根据处置情况中出现的新问题和采取的新措施,更新处置预案库。

1）水位数据展示。实时显示监测点、节水闸对应的水位信息,同时可以根据多种条件查询监测点、节水闸的历史水位情况。

2）气象数据展示。可以接入气象信息,在地图上实时显示天气的变化情况,及时发现雨情。

3）雨量数据展示。雨量数据展示包括实时降雨量和雨量分布情况。利用 GIS 技术在地图上实时展示雨量监测点的雨情,了解雨量的大小及分布,为防汛预警提供决策依据。

4）视频监控。可以接入监测点的视频信息,实时监控水位信息,提供更真实的现场情况。

5）移动泵车管理。在地图上动态显示移动泵车的位置、工作状态等信息,提供对移动泵车运动轨迹信息显示。

6）防汛值班管理。防汛值班人员信息列表,相关人员联系方式、职责、工作范围等信息管理,可实现短信通知、查询联系方式等功能。

7）预案管理编制。建立预案结构化存储和使用的流程提取技术,系统将预案编制类别输入计算,形成预案编制数据库,融入到应用软件系统,可自定义查询应用预案编制信息。各类突发公共事件往往是相互交叉和关联的,某类突发公共事件可能和其他类别的事件同时发生,或引发次生、衍生事件,应当具体分析,统筹应对。根据实际业务制定应急预案,包括应急预案制定、应急预案修改、应急预案删除、应急预案审批等。

总体预案将突发公共事件分为自然灾害、事故灾难、公共事件、社会安全事件四类。按照各类突发公共事件的性质、严重程度、可控性和影响范围等因素,总体预案将其分为四级,即Ⅰ级(特别重大)、Ⅱ级(重大)、Ⅲ级(较大)和Ⅳ级(一般)。

8）统计报表管理。可以根据不同时间段,不同监测点等多种查询条件查询雨量及水位的历史数据。并且通过柱状图、曲线图、饼状图等多种形式展示,对雨量及水位信息一目了然,为判断汛情的发展趋势提供支持。

9）监测预警。能从日常管理的系统数据中、日常管理作业流程中、各种监测数据(视频监控系统和 SCADA 系统)及其他相关的应用系统通过数据的抽取发现突发事件隐患的功能,并利用各种数据挖掘工具,进行突发排水事件信息的挖掘分析,做到突发事件及早发现、消灭,提前预防、及时处理。

协助管理人员快速制定应急处理方案,并帮助应急作业人员通过对电子地图、历史处理记录等信息的查看快速了解事故点概况,辅助进行科学的应急抢修;还可以实现管网抢修工作相关人员、车辆和任务的流程化与可视化管理,确保警情信息、资源信息的准确性和现场信息的有效性。

8.5.3.5 污水厂运行监控系统

(1) 建设内容

污水厂运行监控系统采用自动化、信息化、科学化的高科技手段解决了环境执法人员不足的问题,节约执法成本,提高监察效能。能对分析相关污染源之间的制约及关联性起到积极作用。

(2) 系统架构

污水厂运行监控系统包括污水厂信息、预警信息、视频监控、数据挖掘和数据统计。

(3) 系统设计

污水监测系统是由污水排放监测点、监测中心站组成。可实现对企业废水和城市污水的自动采样、流量的在线监测和主要污染因子的在线监测;实时掌握企业及城市污水排放情况及污染物排放总量,实现监测数据自动传输;监测中心站的计算机控制中心进行数据汇总、整理和综合分析。

1) 污水厂信息。

① 地图定位。地图定位标注污水厂的位置,显示污水厂基本信息、污水厂基本信息,污水厂接入的大排水户信息及定位显示。

② 视频信息。查看污水厂关联的视频列表,可以查看对应的视频信息。

③ 工艺流程。查看污水厂的工艺流程。

④ 实时运行数据。监测污水厂的生产过程参数(如流量、液位等)、水质参数(如氨氮、总磷、总氮、BOD、COD 等)、电量参数(如电流、电压、功率)等。

对排入的污染物进行可能性分析,对应大排水户。

⑤ 预警信息。包括实时监测主要设备的运行状态等报警信息以及水质监测项预警信息。

水质监测预警时,对应的污染物及可能的大排水户信息展示。

⑥ 短信发送。将报警信息通过短信平台来发送短信提醒相应的联系人,第一时间通过短信和消息提示的方式发送给相关人员。

2) 污水厂设备管理。对污水厂主要设备进行管理,记录相关设备的维护记录、检修记录、维护检查的内容、日常维护检查表等信息。

3) 污水厂运行管理。对污水厂进水量信息、污泥出入台账信息、加药记录等信息进行维护管理。

4) 预警信息。显示当前所有污水厂的报警信息。

5）视频列表。以列表形式显示当前所有的污水厂列表信息，可查看对应的污水厂所关联的所有监控信息。

6）数据挖掘。对污水厂重要设备（如提升泵、鼓风机等）的开/关次数和运行时间进行累计并生成设备管理报表，使用户能够科学合理的安排生产设备检修时间。

污水处理厂进出水浓度及削减浓度进行统计排名。

污水处理厂能耗情况的统计分析。采用单位耗氧污染物单位削减电耗，能较好反映污水处理厂削减污染物耗能的真实。

7）数据统计。各水质指标监测项指标进行查询统计（悬浮物、氮、磷等）。

水质污染成分统计。

查询指定时间范围内的报警记录信息。

以实时曲线的形式显示曝气设备、提升泵等主要设备的电流变化情况。

8.5.4 智慧排水物联网建设

（1）建设内容

城市防汛监测系统主要对城市河道、道路、下穿隧道及立交桥下低洼等积水点进行实时的水位监测。

利用超声波水位计、电子水尺（投入式水位计）、LED 情报板等，实时监测道路低洼处、下穿式立交桥和隧道的积水水位，并通过 GPRS 或光纤网络远程传送至城市内涝监测预警中心。立交桥、隧道监测点可通过情报板自动提示（或监测中心远程手动提示）当前积水水位值或其他警示信息。

立交桥、隧道积水监测点可与本地排水泵站实现联动，根据积水水位自动控制排水泵组的启停。监测点具备光纤通信条件时，可扩展实时视频监控功能。水位过高、设备异常时系统自动报警，并自动向责任人手机发送报警短信。

对现有雨污泵站进行智能化改造升级，加装液位传感器及远传采集控制系统。实现对泵站的多方面远程监控。

利用地下穿梭智能巡检平台检测排水管线淤泥状况，保障管线正常使用。

（2）工作技术方法及实施

1）积水监测站。对城市重要积水点安装积水监测设备、无线通信设备（分为道路监测点，立交桥底部监测点），通过 GPRS 向监控中心无线传输积水水位信息。积水点两端向外延伸 $50\sim200$ m 处设置 LED 交通导向牌,实时接收并显示积水点的水位信息。实现了对监测点的积水深度、视频信息的自动化监控和积水信息实时发布,为行人和车辆提供警示导向。

2)雨量监测站。建立几个示范区区域雨量站(安装在高楼楼顶或开阔地上),无市电的情况下可选太阳能电池供电系统,集成 GPRS 无线通信功能,超低功耗、支持远程控制,对区域雨量信息统一采集监测。雨量监测点完成降水过程的自动测量及数据采集、传输,为城市内涝提供雨量信息。

3)窨井水位监测站。布置在窨井内壁上,与投放式水位计相连。水位监测站获取排水管道内实时水位信息,再通过水位监测站的 GPRS 无线通信模块将监测信息传输到监控中心。为排水管道淤积、排水提供预警信息,为排水水利模型提供管道水位信息。

4)LED 交通诱导指挥大屏。布置在低于地平面的涵洞、隧道、立交底部、或其他重点低洼水位区域路口,人员或车辆驶入方向 $200\sim300$ m 处。接收积水监测站获推送的信息,经过格式化后发布在 LED 交通诱导指挥大屏。实现了对积水监测信息的实时发布,通过不同内容和不同颜色字体对人员和车辆以警示及导向,从而杜绝积水害人事故。

5)雨水、污水泵站自动化。对泵站主要位置加装视频监控设备、光纤或无线通讯设备,实现对泵站的视频监控。如果是道桥泵站,则在道桥上方安装摄像头、光纤或无线通讯设备,对雨季时的积水进行视频监控。视频信息上传到指挥中心,实现对泵站的统一监督管理。通过加装自动化控制柜和水位计实时抓取泵站关键数据:电机电压、电流、前池液位、泵的开关状态等参数。将抓取到的数据传输到调度中心。调度中心可以实时监测泵站电机的工作状态,判断雨水泵是否空转、堵转等实现远程辅助管理和调度决策。

低压电气柜设计安装及改造:对不具备远程控制接口的老泵站,我们可以为其设计安装全新的自动化电气控制柜,或在原有的柜体基础上进行升级改造,使其满足远程控制的要求。

PLC 控制装置作为一个现场控制站,或作为一个数据采集单元,监视和控制水泵运行状态,并通过工业以太网通讯网络与中央监控系统及其他现场控制站进行通讯;PLC 控制装置通过 MODBUS/RS-485 通讯模块与带 MODBUS/RS-485通讯总线的智能仪表、现场控制箱通讯。

现场控制主站采用可编程控制器(PLC)组成。每套泵站现场控制站由可编程序控制器(PLC)、工业以太网交换机及防雷电保护装置等组成。根据管网总平面及工艺流程,按照设备相对集中,工艺功能相对统一的原则,在各泵房设 PLC 现场控制单元,用于实现各功能单元的数据采集和设备控制。

PLC 控制站内驻留有针对本区域工艺及设备的监控所开发的应用程序。考虑到现场无人值守或少人值守,PLC 主站配有可供现场操作人员使用的现场 SCADA 控制软件。泵站 PLC 站可独立于中心控制室进行本区域及相关工艺过程的监控,现场 SCADA 控制软件带有不同级别访问保护,以确保系统的安全可靠。

(6)地下智能穿梭平台

地下智能穿梭平台设备参数见表 8-3。

表 8-3 设备参数

序号	设备名称	配置
1	城市积水监测站	最小量程 5 cm,支持 4～20 mA/0～5VDC/RS232/RS485 输出,供电 24 V,支持远传; 量程 0～5 m,支持太阳能供电,支持远传
2	雨量站	太阳能供电,支持远传; 测量范围:0～4 mm/min; 准确度:0.4 mm≤10 mm±4%＞10 mm
3	交通诱导指挥大屏	红绿双色,2 m * 3 m,P10,支持远程 GPRS、SIM 卡控制方式
4	雨水泵站自动化	支持水泵状态、电流、电压等参数的采集及远程控制,可以根据水位自动调节启停
5	污水泵站自动化	支持水泵状态、电流、电压等参数的采集及远程控制,可以根据水位自动调节启停
6	地下穿梭智能巡检平台	(1)伞形减速齿轮,减速比为 3∶4。 (2)主轮轴,直径为 12 mm,包括轴承、轴套、轴用卡簧、V 形密封圈。 (3)从动轮轴。 (4)直流减速电机:电机直径为 24～36 可选;电机轴直径 8 mm。 电机转速计算:按行驶速度 10 km/h 计算,车轮直径为 75 mm,周长为 235 mm,每分钟行驶 166 m,则电机最高转速应达到:$\left(\frac{166 \times 1000}{235}\right) \times \left(\frac{4}{3}\right) = 941.8$,电机减速后,空转转速应达到 1000 转/分钟。

序号	设备名称	配置
6	地下穿梭智能巡检平台	（5）主要电子元器件：包括充电电池、电机调速控制板、视频/数据收发 WIFI 模块、传感器采集电路板。电机驱动板为功率匹配的可调速/换向的直流电机驱动板。 （6）视频/数据收发 WIFI 模块：大功率，专业 WIFI 模块，设计相匹配的接口电路。采用高强度无线 WIFI 模块，使 WIFI 信号无缝贯穿整个管道。使用 WIFI 终端设备，可以使无线网络设备连接到有线网络。确保视频和数据传送流畅。 （7）调度控制软件：《穿梭机器人调度控制软件》是在管道网络环境下独立运行的一套控制软件。显示穿梭机器人的位置、实时显示检测视频、传感器参数曲线。控制穿梭机器人行走、停车。控制传感器采样。与管道《智慧管理系统平台》交互链接。实时发送视频及相关参数。 （8）与监管平台交互：《穿梭机器人调度控制软件》向《智慧管理系统平台》实时发送视频和检测数据。在管道监控管理系统平台上可以显示视频、绘制传感器参数曲线
7	窨井水位监测	低功耗设计，支持远传，持续自供电 2 年以上，水位测量范围≤8 m，防护等级 IP68

8.6　智慧供水运营建设

智慧供水是利用信息技术手段提供从水源地到水龙头整个供水过程的实时监测管理，智慧供水以实现城市水质监测、减少输配消耗、保障居民用水安全等目标，通过先进的传感技术与自动监测手段，对城市饮水安全、水文、地下水等实施动态监测、视频监控与动态实时分析，持续、安全地为市民提供生活用水。

智慧供水建立智能节水应用，积极推进重点用水企业节能技术改造，加强水资源消耗监测和精细化管理，深化用水量智能分析与决策，实现对重点用户的在线监测，打造节约型城市，如图 8-24、8-25 所示。

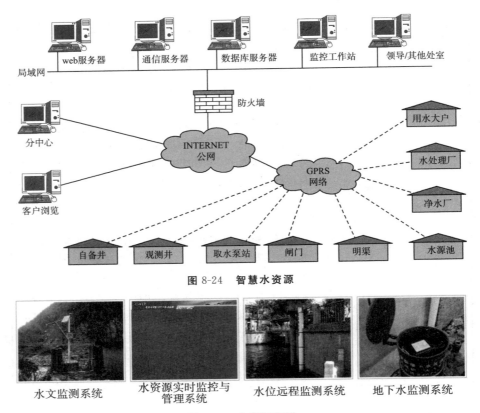

图 8-24 智慧水资源

水文监测系统　　水资源实时监控与　　水位远程监测系统　　地下水监测系统
　　　　　　　　　　管理系统

图 8-25 水资源监测

　　安装水质监测设备，监测居民用水质量，制定合理的信息公示制度，提供供水水质监测信息的公示，让老百姓饮用安全水、放心水，让老百姓感到满意的生活质量和生活环境，如图 8-26 所示。

　　我国水资源的日益紧张以及水环境的日益恶化，已经引起政府和社会各界的高度关注。人们对环保部门和供水行业也提出了更高的要求，国家相继出台《地表水环境质量标准》(GB3838－2002)、《地下水质量标准》(GBT14848－9)、《城市供水水质标准》(CJT206－2005)规范相关行业。鉴于水资源的分布特点和监测要求，传统的人工常规管理已经无法适应当前需求，迫切需要一个更加智能化的管理方案和平台。

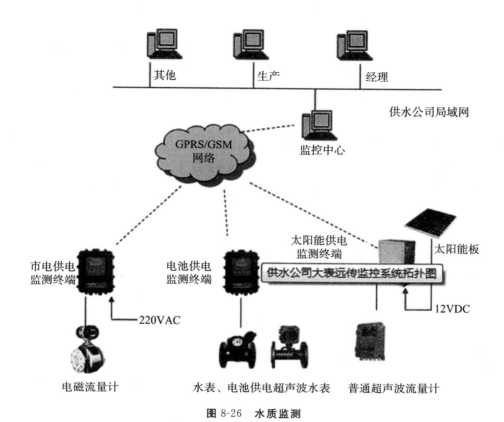

其他　　　生产　　　经理

供水公司局域网

GPRS/GSM
网络

监控中心

太阳能供电
监测终端

太阳能板

市电供电
监测终端

电池供电
监测终端

供水公司大表远传监控系统拓扑图

220VAC

12VDC

电磁流量计　　　水表、电池供电超声波水表　　　普通超声波流量计

图 8-26　**水质监测**

8.6.1　智慧供水建设目标

根据智慧城市发展战略,智慧供水主要是利用信息技术手段对从水源地到龙头水整个供水过程实现实时监控管理,制定合理的信息公示制度,保障居民用水安全。利用自动监控与数据采集(SCADA)、视频监控、地理信息系统(GIS)、数据库及网络通信等计算机技术,实现区域内地表水源、地下水源、城市供水管网内水体水质实时监测,实现日常运行生产报表报送与管理,支持储水、输水过程中突发事件的应急管理。同时记录节水信息,实现节水智能分析与决策。

建立起一套先进、高效、经济实用的供水调度系统,用以保障城市供水设施的经济、可靠运行,并实现对管网运行状态的实时监控和快速响应,制定合理的信息公示制度,保障居民用水安全,不久将来智慧供水系统将进一步完善城市流域水质和供水水质监测,促进生态建设,保证饮用水源安全,保障居民用水质量。

8.6.2 智慧供水内容

(1) 供水 SCADA 系统

供水 SCADA 系统主要包含三部分:第一部分是主站系统(上位机),包括管理层、数据存储分析层及 SCADA 监控层,负责监控现场控制系统;第二部分是现场控制系统(下位机),负责采集相关数据(如管网水压情况等),以及对现场设备(如水泵)的控制;第三部分通信网络,负责主站网络系统内部的通信,现场控制系统网络内部的通信,以及主站系统与现场控制系统之间的通信。

供水 SCADA 软件系统主要实现功能:

1) 数据采集功能。采集供水管网各测压点的水压、电源供电情况、耗电量、进/出厂水量、pH 值、余氯、原水浊度、出厂水浊度、各控制阀和泵机的运行参数等。

2) 数据传送功能。将现场采集到的数据实时地传送到生产调度中心服务器,即主站系统服务器。

3) 数据显示以及分析功能。主站系统将获得的各种信息和数据,通过分析、加工,以图表、动画等形象的方式显示出来,以便于管理人员直观地了解生产情况。

4) 历史数据的存储、查询、分析及检索功能。根据供水公司各部门的信息检索、查询以及分析历史数据的要求,系统应能够实现历史数据存储、查询、分析及检索功能。

5) 报表显示以及打印功能。系统自动生成各类生产情况的日、月和年报表,并能够随时打印。

6) 遥控功能。系统根据供水公司生产调度需求,允许操作人员在调度中心遥控有关水泵的启/停。

7) 报警功能。如果管网水压出现异常(不足或超限),或者水泵出现运行异常(电压、电流不足或过载),系统及时报警。

8) 网络功能。将现场采集到的数据送到网络服务器上,供其他系统使用。

(2) 供水水质在线监测系统

供水水质在线监测系统可以分为三大部分:仪器测定部分(水质监测站)、网络传输部分和中央控制与管理部分(水质监测中心)。

通过安装在现场的仪器,可以对该位置管网水质的特定参数进行测定。这是整个在线监测系统的基础。它对于数据的准确性、系统运行的稳定性具有决定性的影响作用。本部分设备主要包括在线水质监测仪表、管网监测点数据采集 RTU,调制解调器和管网监测点数传设备,如图 8-27 所示。

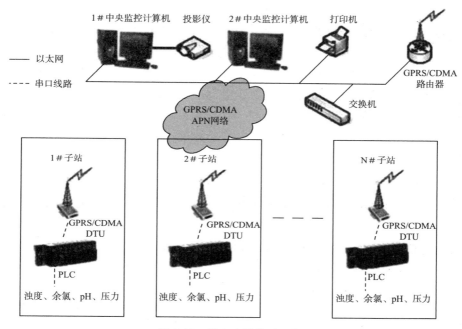

图 8-27　供水水质监测网络

由于监测点的分布比较分散,因此,数据的传输必须通过无线的方式来进行。

对于数据的传输,稳定性是至关重要的。数据上行至控制中心以及控制中心的指令下至测试仪器,都必须经过传输单元来实现。

中央控制与管理部分是整个系统的核心,系统的功能都要经过它来得到最终实现。它的作用,不仅仅是维护数据的正常采集,更重要的是要对数据进行整理和分析,这需要结合相应的专业软件和工具来进行。

供水在线监测系统功能:数据采集功能、数据传输功能、数据显示及分析功能、报警功能、历史数据的存储、检索、查询及分析功能、网络功能、报表显示及打印功能、预测预报功能。

系统建立步骤包括在线监测点、在线监测仪器、在线监测数据传输方式的选择。

1) 在线监测仪器选择要求。在线水质监测仪器的选择原则是:设计原理科学,计量准确稳定;日常管理方便、维护简易。

2）仪器选择一般要求自动监测仪器性能满足要求:较高的灵敏度和较高的精确度。故障要少,可以进行稳定的连续测定;操作要简便易于维修,校对方法要简单。

3）浊度仪的选择。目前在国内已经建设的管网水质在线监测系统中,选用的浊度仪大部分都是哈希的 1720 系列。因此,选择 HACH 的 1720D 型浊度仪。

4）余氯仪的选择。目前市场上能够在线测量余氯的仪器,主要分为电极法和比色法两种。虽然比色仪表测量稳定,校准方便,但由于其对试剂的依赖性,故不适合在管网上使用。

5）PH 值分析仪选择。对于 PH 值分析仪,选择较多的是 HACH 公司的 HACH/GLI 在线 pH/ORP 分析仪。

（3）供水管网 GIS 系统

供水管网 GIS 系统主要实现供水管线空间信息的采集、入库、更新;空间数据查询统计;管线数据空间分析及基于拓扑结构的管线运行分析;供水设备设施管理;供水管网空间数据的输出及共享发布等。

（4）供水调度管理系统

供水调度管理系统建立水量调度模拟模型,能够根据可调度水量、用户需水量以及水利工程设施的供水能力等,进行水量分配模拟计算,通过图表或 GIS 专题图的形式展示计算结果,主要分为水力模型和优化调度两部分。

（5）移动巡查系统

利用工业级管线巡检智能终端,巡查人员可上报供水过程中出现的异常问题。系统能对巡查人员的历史巡查路线进行回放,协助管理人员做好巡查管理工作,有利于供水设施的养护检查,提高工作效率。

系统提供移动的事故现场办公功能,能够快速在事故现场做现场事故分析,能够为抢修人员提供快速清晰的分析报告,在应急事件中可以充分发挥及时高效的特性,方便各级管理人员直接进行现场工作指挥调度,提高现场工作管理水平,对于提高抢修速度,提高供水部门的社会经济效益,塑造供水管网管理部门良好的社会形象有极其重要的意义。

（6）智慧节水系统

根据智慧城市发展战略,节水应用重点推动三个方面的建设:推进企业节水技术改造、加强水资源消耗监测和精细化管理、深化用水量智能分析与决策。智慧水资源关注于城市水资源保护、输送过程节能、用户使用安全等目标。

城市需积极推广节水应用，着重建设用水大户的在线监测，实现水资源消耗监测和精细化管理，致力于将城市建设成为节水型城市。

1）节水信息库。充分共享城市地理空间框架的地址库等信息，完善节水企业、个人信息库，建立用户历史用水量信息库。

2）用水量实时监测。通过对用水户水表的实时监控，及时了解用户的用水规律，动态掌握水表的运行状况，实现用水量预警，加强对大用水用户的管理，建立用水决策支持系统。通过监测系统实时监控流量异常情况，及时发现管网漏损和水表异常等问题，降低漏失率，提高供水企业的经济效益。

3）节水智能分析。根据用水用户数据、用水定额和用户历史用水量数据等数据，分析用户用水习惯，预测用水量。从而对用水进行精确、科学的分配和计量。

8.6.3   智慧供水物联网建设

（1）建设内容

现有部分用户水表加装了抄表模块，改造为远传水表。在部分大用户用水处加装流量设备远程采集用水情况。对水源井进行智能化改造，加装远程监测设备，见图 8-28～8-30 所示。

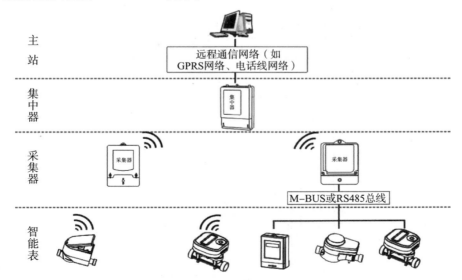

图 8-28   物联网水表采集原理

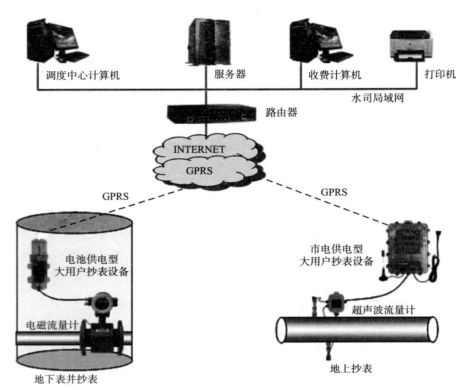

图 8-29　大流量用户抄表采集原理

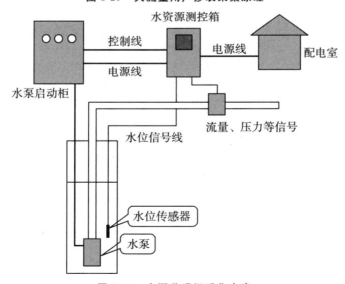

图 8-30　水源井现场采集方案

（2）工作技术方法及实施

1）采集器。

① 无线采集器。分市电供电方式无线采集器和电池供电方式无线采集器两种。市电供电方式无线采集器配套设备为天线 2 根，而电池供电方式无线采集器无需连接外部电源线和通讯线，配套设备也为天线 2 根。

② RS-485 采集器。配套设备：天线 1 根；上排端子 A、B，端子为采集器下行 RS-485 接口，与计量表的 A、B 端子对应相连；CJQ-X 型采集器下行通讯规约符合《多功能电能表通讯规约》的要求。

③ M-BUS 采集器。配套设备：天线 1 根。M-BUS 采集器 M-BUS 过载指示灯亮时，M-BUS 通讯线故障，影响抄表。M-BUS 采集器电源指示灯只有在抄表时才亮，非抄表时间采集器总线电源关闭，M-BUS 指示灯不亮。

M-BUS 采集器下行 M-BUS 总线驱动电流不小于 300 mA。

通讯规约符合《户用计量仪表数据传输技术条件》的要求。

2）集中器安装。

① 配套设备。电源线应选用 RVVB 型 2 mm×0.75 mm 或者更粗的线材，并安装漏电保护装置。集中器供电电源应稳定可靠，避免因供电中断导致的数据无法抄收。

② 安装要求。GPRS 方式集中器。

安装要求：必须有 GSM 网络信号覆盖。建议集中器安装在室内，若需要安装在室外，必须安装在防护箱内。将 GSM 天线连接到集中器右侧天线端子，将已开通 GPRS 功能的手机卡安装到 SIM 卡槽。可靠安装天线和手机卡后，方能对集中器供电。

管理中心配置要求：数据管理中心的网络服务器需有固定的 IP 地址，并开辟专门用于与集中器进行通讯的网络端口。若无固定的 IP 地址，则需要购买一台数据传输终端（GPRS DTU）并装上 SIM 卡。

3）水源井智能监控箱。

① 采集功能：

采集出水管道上安装的电磁流量计的流量数据；

采集出水管道上安装的压力变送器的压力数据；

采集出水源井的液位数据；

采集水泵工作的三相电压、电流；

采集水泵的启停、故障状态。

② 显示功能：

显示水泵工作的三相电流、电压；

显示水泵的启停、故障状态。

③ 控制功能：

监控中心可以远程控制水源井水泵的启停。

④ 保护功能：

当出现过流、缺相的情况时自动停泵。

⑤ 报警功能：

当水泵及电源出现故障时，立即向监控中心报警；

当智能启动柜与流量计之间的接线断开时，立即向监控中心报警；

当井盖被移开时，立即向监控中心报警。

4）调试步骤。服务器和集中器连接：通过 RS-485 接口或者 RS-232 串口对集中器进行地址和 IP 的设置，用于建立集中器与服务器的连接。

GPRS 方式集中器需要设置与服务器对应的固定 IP 和端口；以太网方式集中器需要设置局域网的 IP 地址。

设置集中器工作参数：集中器建立好与管理中心服务器的连接后，可进行以下参数设置：日期时间、抄表时段、网络维护时段等。

下载设备地址：设置好集中器工作参数后，将相应的采集器地址和表地址下载给集中器。下载完毕后，集中器即可正常使用。

5）设备配置见表 8-4 所示。

表 8-4　设备参数

序号	设备名称	配置
1	电子远传水表改造	最低允许工作压力 0.03 Mpa； 最高允许工作压力 1 Mpa； 传输方式：RF 无线/RS485/M-BUS
2	中继（采集器）	通讯方式：支持 RF 无线/RS485/M-BUS； 电源：AC220V； 工作温度：−40 ℃～＋70 ℃； 相对湿度：10%～100%； 工作大气压：63～108 kPa
3	远程抄表设备	支持远传、采集频率远程设定
4	消防栓管控设备	支持流量采集及识别
5	水源井监控箱	采集现场水源信息

8.7 智慧热力运营建设

智慧热力系统是保障城市热力供应,根据用户使用情况进行供热,做到管网实时监控、节约能源的目标,建设节约型社会,为城市提供一个舒适的生活环境。

智慧热力主要包括:监控中心服务器、值班员计算机、领导计算机、热网远程监控系统软件、通信网络、GPRS 无线数据传输设备等。

8.7.1 智慧供热建设目标

智慧供热是结合自动控制技术、远程抄表技术,对热力传送过程进行全程监测,按用户喜好进行配送,对于保证供热系统优质、安全、经济运行提供了重要的数据支持,打造宜居的城市生活环境,热网监控系统结构如图 8-31所示。

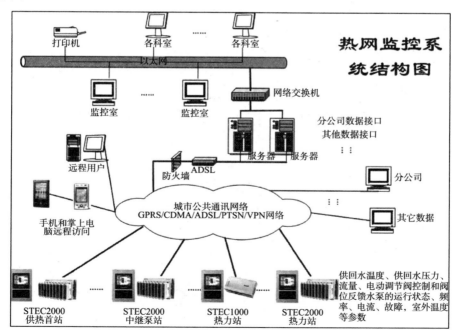

图 8-31 热网监控系统结构

8.7.2 智慧供热建设内容

(1) 热力管网监测

城市热网监控系统是通过对供热系统的温度、压力、流量、开关量等进行测量、控制及远传,实现对供热过程有效的遥测及控制。城市热网集中监控系统是区域供热系统中的重要组成部分,它将实时、全面了解供热系统的运行工况,监视不利工况点的压差,保证区域供热系统安全合理地运行,并可根据运行数据进行供热规划和科学调配,为热力部门提供准确、有效的重要数据。

热电厂和换热站采用远程无线监控系统,实现对换热站、供热管道的远程监控,脱离人工巡检的古老模式,提高工作效率,保证换热站的正常运行,供热管道的正常传输,向无人化热网监控管理发展,以达到提高管理水平经济和社会效益的目的。

热力管网监测系统软件对各生产环节中蒸汽消耗量进行实时监控,系统具备实时监测、越限报警、趋势展现、能耗统计、数据分析等多项功能,为节能降耗、预防能源漏损、提高企业能源管理水平提供可靠的依据。

1) 工艺流程图显示各监测点位置和当前的实时监测数据,报警提示框和报警声音实时提示报警信息,如图 8-32 所示。

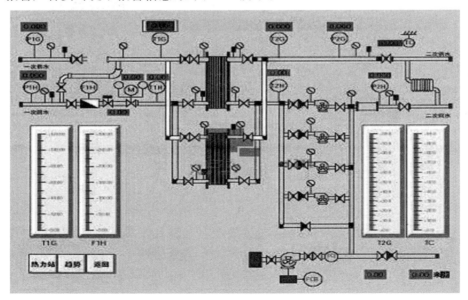

图 8-32 热力工艺流程

2）列表显示各监测点的数据采集时间和实时监测数据，可根据用户设定条件生成能源消耗曲线，如图 8-33 所示。

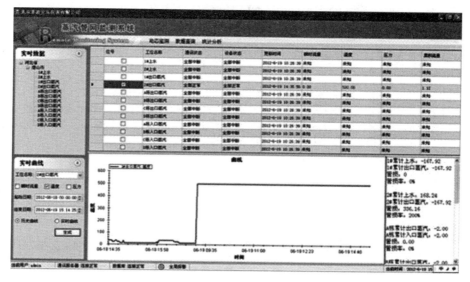

图 8-33　能耗统计

3）可在用户设定时间段内按小时、日、月、旬生成监测量时段统计报表，便于用户进行能源消耗分析，如图 8-34 所示。

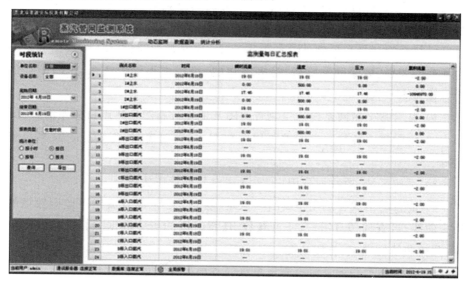

图 8-34　时段统计

4）在用户设定时间段内对监测点进行汇总统计，自动计算蒸汽消耗增量,便于统计车间生产能耗,为结算提供依据,如图 8-35 所示。

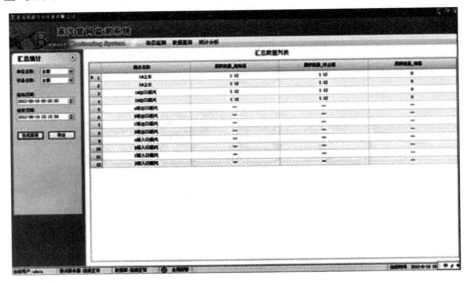

图 8-35　输出能耗

(2) 供热分户计量

供热分户计量系统可以远程监控供热系统中的热站以及每个供热用户的实时用热数据,可以有效提高供热系统的信息化管理水平,对于保证供热系统优质、安全、经济运行提供了重要的数据支持。

供热分户计量系统软件具备数据显示、数据查询、数据统计、数据分析及生成趋势曲线、数据报警、温控等多项功能,给用户提供了一个直观、便捷的信息化管理平台。

1) 显示整个热网系统的供热管线图及地理分布图及热用户分布信息。

2) 集中显示各热用户的重要用热数据,如瞬时流量、温度、压力、累计流量等。

3) 可按区域、地块划分用户,实现用户分类管理功能。

4) 能自动生成各热用户的瞬时流量、温度、压力、累计流量等监测数据的历史曲线;可查询任意用户、任意参数、任意时段的历史数据并且支持统计报表、分析曲线的导出、打印功能。

5) 实时显示并记录流量测量系统的各种报警信息,如流量/压力/温度的超限、仪表电源不正常、不间断电源电池欠压、交流市电消失、非法闯入、通讯故障等报警信息。

6）根据热用户温度报警信息,通过无线网络进行远程调节阀门状态,达到控制温度的目的,节约了热能源。

7）能耗分析,通过供热监测数据,对用户供热状况等进行统计和分析,评价供热的服务质量,使工作人员了解系统运行过程中的总体状况和实验区的整体服务质量状况,有针对性地发现和解决存在的问题。

8）用户供热分析,以用户为单位进行供热分析。以日、周、月、季、年度为单位统计用户的平均供水温度、平均回水温度、平均流量、平均室温、室温最高值、室温最低值、室温报警统计、用热量统计、用热曲线等。对不同小区、不同换热站、不同管路形式等进行数据对比,为管网优化以及合理收费提供科学依据。数据分析内容包括:收费方式,按热计量收费与按面积收费对比;热计量数据时间对比;节假日与平时;每天不同时段;不同天气、气温;空间对比;换热站下辖;小区、楼栋、楼层、面积、户型、保温等级等。

（3）**供热专题管网 GIS 系统**

供热专题管网 GIS 系统主要提供空间数据管理、供热管线设施数据的管理、提供管网数据的查询统计、空间分析、数据报表的输出、管网编辑、数据管理等功能以及提供管网数据的入库。

（4）**供热服务系统**

供热服务系统无缝对接热监控系统、收费业务及企业管理系统,为用户提供费用查询、业务咨询、业务自助办理、报装检修、投诉、建议等"一站式"业务服务。

8.7.3 智慧热力物联网建设

（1）**数据集中器**

大容量热能表历史数据存储功能(保存一个采暖季)。

采用智能中继算法的电力线组网网络管理方式延长通讯距离以适应电力线的时变环境影响。

支持 3G、GPRS、ADSL、宽带网络的多种数据上传方式。

支持向多个数据平台加密及认证上传数据。

（2）**热能表采集器**

具有 M-BUS 总线主机接口采集远传热能表的数据;

支持欧盟热能表 EN-1434.3 数据通讯协议;

支持住建部户用计量仪表 CJ/T188－2004 数据通讯协议。

目前,整个分户计量行业参与厂家众多,实现方案随意性强,并没有统一的规范可以遵循。有 M-BUS 表计＋手持抄表器、M-BUS 表计＋GPRS 集中器、M-BUS 表计＋MESH 网无线采集器＋GPRS 集中器以及 M-BUS 表计＋电力线载波采集器＋GPRS 集中器等方案。综合分析上述方案的差异及优缺点见表 8-5。

表 8-5　热能表采集器对比

	M-BUS＋抄表手持器	M-BUS＋GPRS集中器	M-BUS＋MESH 网＋GPRS 集中器	M-BUS＋电力线载波＋GPRS 集中器
方案说明	将每个单元内的热能表通过 M-BUS 总线连接起来,在单元的楼道口留出接口,由小区物业人员通过抄表手持器采集每个单元热表数据	将每个单元内的热能表通过 M-BUS 总线连接起来,在单元的楼道口处装数据集中器,将整个单元热表接入 GPRS 数据集中器。由数据集中器控制数据上报	将每个楼层的热能表通过 M-BUS 总线连接起来,在每个楼层安装无线热能表采集器,将整个小区组成无线 MESH 网络,通过 GPRS 集中器汇总每个小区的热表数据。由数据集中器控制数据上报	将每个楼层的热能表通过 M-BUS 总线连接起来,在每个楼层安装电力载波热能表采集器,将热能表就近接入采集器,通过数据集中器汇总每个小区的热表数据。由数据集中器控制数据上报
优点	建设成本低,维护成本低	建设成本适中,数据实时性好,现场数据转发环节少,可靠性强	布线成本低,数据实时性好,单元楼道内现场布线环节少	布线成本低,数据实时性好,单元楼道内现场布线环节少
缺点	数据实时性差,人工干预环节多,单元楼道内现场布线环节多,仅能满足于数据抄收,无法为热网提供实时数据服务支撑	单元楼道内现场布线环节多,为了不进行跨单元的横向布线,每个单元需要一个数据集中器,建设成本适中	易受空间电磁辐射及其他无线频段的干扰;现场调试难度较前两套方案大;开发难度(无线开发、低功耗开发)相对较大	从现场取电环节上可能会受到某些弱电井中无市电接入的影响;需要专业人员的现场调试

（3）智慧热力物联网建设监测设备

智慧热力物联网监测设备见表8-6。

表 8-6　智慧热力监测设备

序号	设备名称	说明	备注
1	远程数据采集控制器	传感器的采集发送、控制	
2	工业级管线巡检智能终端	支持 RFID 或 NFC	
3	无线网集控器		
6	热能表采集器		
7	压力传感器	检测压力	
8	流量传感器	检测流量	
9	电动阀	控制供热输配	

8.8　智慧市政运营建设

　　智慧市政提供从空间数据采集、设备设施信息管理、空间共享交换、到运营感知、信息应用、运行维护、动态更新,形成了全套城市管线管理流程。基于智慧城市理念,城市管线管理部门与管线权属单位进行信息共享交换,充分利用了已有的资源和现有技术,形成共建共享机制;从业务和应用出发,从管线规划的融入,管线建设过程的动态监管,管线竣工数据的动态更新到管线运营过程的监测,贯穿了城市管线的整个生命周期,保证了管线数据的有序循环,提高了管线数据的利用效能。

　　在管线运营过程中感知现行状态,为市民提供安全、稳定的生活保障。建设能促进城市管线管理的智慧化水平,提升了城市建设发展的质量和水平,为提高城市生活水平助力,如图 8-36 所示。

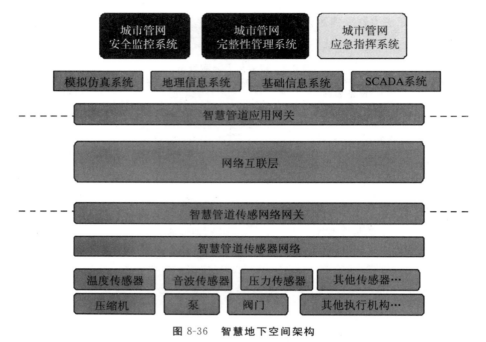

图 8-36　智慧地下空间架构

传感网络包括各种终端监控设备,RFID 用于获取实现布设在管线设施上的 RFID 电子标签中存储的信息,通过无线通讯设备上传到服务端数据库。通过引入管道自动化控制系统(SCADA 系统),使管线具备调度中心远方监督控制与管理、站控制室远方控制、就地手动控制等功能。重大危险源监测可以采用智能传感技术和防护执行技术进行全面采集监控,对于不同的管线类型可以采用的传感技术有压力波动传感器、视频传感器、电导率传感器以及振动光纤、可燃和有毒气体传感器等。

8.8.1　智慧市政建设目标

智慧市政是智慧管网综合性管理平台,对多种管网同平台管理,实现共享数据、统一监管、综合决策。充分利用地下空间,可以对城市地下空间监测点实现在线检测、数据检索、地图显示、险情报(预)警、事故分析、统计报表等功能。实现智慧管网的综合管理要求,如图 8-37 所示。

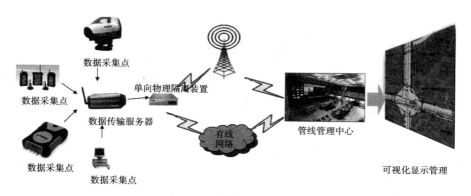

数据采集点

数据采集点

数据传输服务器

单向物理隔离装置

有线网络

管线管理中心

数据采集点

数据采集点

可视化显示管理

图 8-37　智慧市政平台架构

8.8.2　智慧市政内容

(1) 基于 RFID 的管网空间数据采集

目前国内地下管线空间数据获取主要通过电磁感应的原理,但是,这种方式对于非金属管线、平行金属管道及埋设密集的区域有致命的缺陷。对于非金属管道,为了后期探测方面通常做法是在埋设的时候铺设示踪线,但是这种方式也有重大缺陷:

80%以上的示踪线施工时会断掉或者外皮破损,探测时根本不能用;规范的示踪线,需要最少每隔 100 m 返回地面,在地面形成信号点,这才能保证探测。

实验证明,示踪线在长度超过 100 m 的情况下,其传递的信号已经很微弱,几乎不可探测。

基于以上情况,将 RFID 技术引入到地下管线空间数据采集中,具体做法为在地下管线的适当位置布设电子标签(应答器),标签需要选择在管线的特征部位进行粘贴,如管线的起点,终点以及中间部分等,重要管线采用线状RFID 布设。同时在标签中写入管线的位置、材质、建设年代、埋深、管径、类别、起止点号以及高程信息,附属物的位置、类型等信息,这些信息是经过伪装的,能够在一定程度上保证信息的安全。在进行管线探测时,阅读器读取存储在标签中的属性信息,并将信息通过无线通讯设备传送到管理中心,RFID 管理中心对传来的数据进行处理,纳入 GIS 信息管理系统,真正实现信息采集、信息管理的一体化、自动化,如图 8-38 所示。

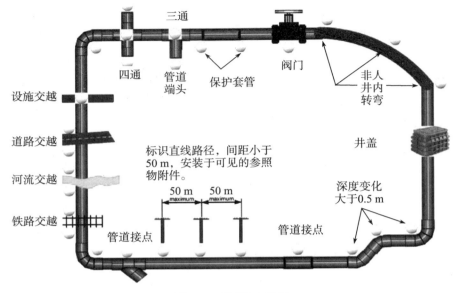

图 8-38　RFID 布置图

在管线及其附属设施重要部位布设 RFID 标签,可以使日后的管线普查、更新更加方便,而且在进行管线抢修和维护时,能够参照 GIS 信息管理系统提供的管线位置和 RFID 信息,采用 GPS 和 RFID 技术能够迅速、准确的找到目标位置,从而在很大程度上提高了管理水平和工作效率,真正做到一劳永逸。工作流程:

操作人员持有带有 GPS 单点定位和 RFID 读写器的 PDA 设备,进行数据采集,RFID 通过天线与电子标签进行耦合,获取电子标签中所存取的信息,若利用高频 RFID 技术,则阅读器可能会一次能探测到几个电子标签,这样提高了数据采集的效率。在获取电子标签中信息后首先将信息存储在本地,然后通过通讯设备如 GPRS 上传到后台管理中心进行信息处理。

(2) 智慧管线设施管理——井盖检测

城市排水、给水、燃气、热力、电力、电信等基础设施管线遍布道路和广场地下,所设置的泄水井、检查井等用于城市排水或管线安装、检查和维护。城市基础设施建设导致道路井盖数量巨大,目前国内一个中型城市的各类井盖数量达到几十万个。井盖被盗、损坏或错位产生交通隐患,人员伤亡事故时有发生,井盖安全问题引起社会高度关注。

智慧井盖以数字测绘、管线探测、地理信息软件和 GIS 系统集成,结合检测技术、通讯技术和远程自动化系统技术,开展城市管线井盖检测监管系统的技术与应用井盖检测监管系统组织结构,如图 8-39 所示。

1）组成结构。整个系统由三个部分组成：巡检终端、集控器、井盖触发器和监管中心。

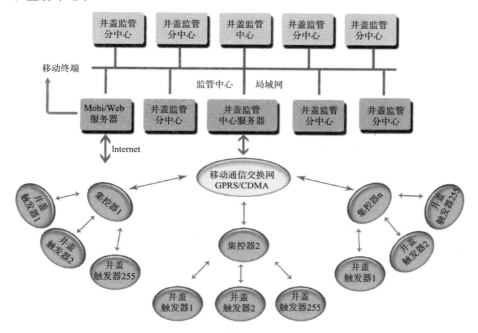

图 8-39　井盖检测监管系统组织结构

① 监管调度中心。由井盖监管中心服务器、城市管线 GIS 服务器、井盖动态监管总站、以及施工维护单位工作站、局域以太网交换机等组成。

② 集控器、井盖触发器。以城市道路交汇口为地理核心设置基站－集控器,与附近多个井盖触发器构成子域无线传感网,集控器随时获取各井盖状态信息,通过移动通信远程交换网,连接到井盖监管中心服务器。

通过在井盖内安装井盖触发器、路灯上架设集控器,并与软件平台对接,实现井盖缺失自动报警,并自动转入案件处理流程,指导巡检人员及时巡查,提高巡查效率。井盖下安装的触发器可以实时的传输井盖状态信息,当井盖被移动时,管理者可以通过软件平台及时发现,及时维护、维修,避免类似"井盖"事故的发生,还老百姓一个安全舒适的生活环境。

③ 巡检终端。多台安装了巡检 App 的智能手机（目前支持安卓系统）,可由巡检员随身携带,通过移动通信远程交换网,连接到井盖监控中心去,实现报警接收、处理、反馈,案件上报、接单等所示。

手机巡检使用当前主流 Android 操作系统,具备无线局域网和广域网通讯及数据传输功能,支持通话、GPS 定位、拍照、触摸屏操作、上网和扫描识别等功能,见图 8-40。手持终端安装有案件巡检软件系统,主要功能:

地图功能:可定位查看当前所在位置,方便巡检人员查找;

管线数据:移动端可以查看管线数据,可根据需要选择是否加载显示;

位置上报:定时上传巡检人员所在位置,指挥中心可实时查看巡检人员到位情况;

案件上报:案件上报时巡检人员填写案件位置,描述,拍照后上传到指挥中心,同时会将此案件的地图坐标位置上报,可以在平台中地图定位此案件;

巡检任务:上报的案件指挥中心可以分派给巡检人员处理核实;

井盖报警:井盖触发器引起的报警事件监控平台会自动分配给最近的巡检人员核实。

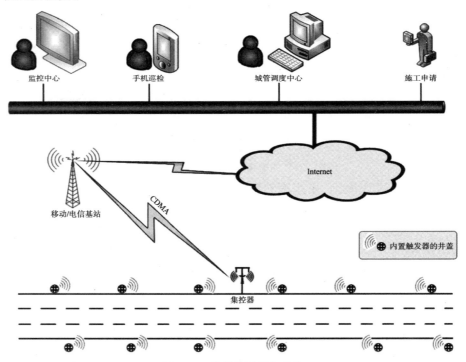

图 8-40 井盖监控预警结构

2) 软件平台。平台集成了地下管网、井盖报警等应用,包括巡检员定位、巡检员状态监控、巡检员轨迹回放、巡检员考勤、井盖报警定位、井盖查询定位、井盖状态监控、井盖报警推送、案件派单、案件改派、案件分派、案件处理、统计报表等业务模块。

施工过程包括准备图纸、现场勘查、设计路线、触发器安装、内业数据录入、集控器安装、运行测试。

系统可以使人员和案件定位更准确,井盖移位报警以及井盖设施案件上报、处置、调度更迅速及时,调度管理更准确有效,切实提高市政服务质量。

鉴于有些城市已经建立数字城管系统和地下管线系统的实际情况,井盖监控系统的软件平台可以进行嵌入式开发,与现有系统相结合。

3)管理调度流程。市政管理调度流程设计如图 8-41 所示,包含两部分:井盖报警处理流程和案件处理流程。井盖报警部分可以由巡检员上报为井盖打开案件、井盖丢失案件等。

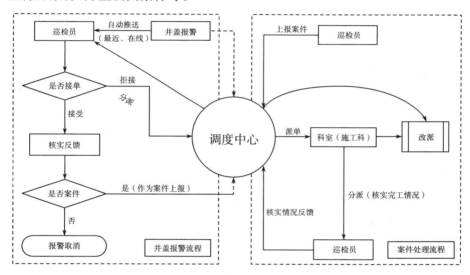

图 8-41 管理调度流程

8.8.3 智慧井盖物联网建设

(1) 设备技术标准及性能要求

1) 监控中心设备。

① 监控中心设备组成。由井盖监管中心服务器、井盖动态监管总站、短信猫、呼叫中心、以太网交换机等组成;

② 设备性能要求。各地可根据实际情况(如监控井盖数据量的规模、巡检终端数量等)选择监控中心设备配置,有条件的可以配置监控大屏。

监控中心设备 24 小时运行,应配置不间断电源,中心服务器接入带宽不低于 10M。

2）智能井盖触发器。

① 设备功能。井盖触发器安装在井盖底面,当井盖被打开或倾斜超过一定角度时,触发器内部的传感器判断出井盖的状态,并将状态通过内置的无线模块发送出去,并及时把井盖状态信息发给智能无线采集器。

② 设备性能要求。支持远距离传输,当井盖关闭时信号有效传输距离不小于 1000 m;低功耗长待机,待机电流≤10 μA,发射电流≤90 mA,电池寿命 6～8 年;工作温度－40℃～60℃,防护等级 IP68,能够适应井下恶劣环境。

3）智能无线数据采集控制器。

① 设备功能。集控器为"智能井盖触发器"配套的数据采集器,接收来自各个井盖触发器的状态信号,并负责把信号信息转送到监控调度中心服务器。

② 设备性能要求:一台集控器可以支持多个触发器信号上报,最多支持管理 500 个触发器;空旷区域有效传输距离 2000 m 以上;可采用市电和太阳能电池组两种方式供电,便于安装;支持 GPRS 传输,支持 GPS 主动定位功能;工作电压 8～30 V,发射电流≤100 mA;工作温度－40℃～60℃,防护等级 IP65。

4）巡检终端。

① 设备功能。可由巡检员随身携带,通过移动通信远程交换网,连接到井盖监控中心,实现报警接收、处理、反馈、案件上报、接单、上下班考勤等。

② 主要技术参数:支持安卓 4.0 以上操作系统;支持 GPRS 传输及短消息接收;支持拍照功能;支持 GPS 定位功能。

（2）外业施工

1）施工设计。

① 收集相关信息,做好数据准备。收集地形图、管线图、井盖位置分布图等数据资料。对已有的数据进行编辑、配准、裁剪等操作,以满足井盖设备安装要求。对于没有数据的井盖需要测量其坐标及相对位置,测量精度控制在 0.5 m 之内。

② 现场踏勘,校验施工图纸。到现场查看井盖是否与图纸对应,是否有图纸上没有的井盖,做好现场记录和相应处理工作。考察现场交通情况,井盖分布情况,确定施工时间和施工方案。对所需要的触发器数量和集控器数量做好统计。

③ 画定触发器安装范围。根据安装范围定好集控器位置。触发器与集

控器之间传输距离在空旷平整无大树遮挡的路面上可定在 700 m。树木比较茂盛,有上下坡的路面,可以考虑缩小距离,在 500~700 m 范围内。若环境极其恶劣需要实际测试传输距离,根据实验结果确定安装位置。小区内的井盖要充分考虑楼宇间的信号遮挡,适当增加集控器数量。

2) 施工安装。

① 触发器安装。触发器安装于井盖底面(倾角探测式)或井壁(压感式,主要针对水泥井盖)上。根据井盖材质和种类的不同,可以采用不同的安装方法,但必须保证安装牢固。

准确记录触发器安装位置及编号,以方便后台数据录入,在图纸上记录好触发器编号和附近参照物,在井盖附近用红漆相应写下编号,以备抽检、校对;例:0001♯,X 路与 XX 路路口北 XX 银行门口东 3 mXXX 路灯杆附近。

施工进度:要求每天安装的数量和地点,都要有笔记,施工结束后提交施工记录。

② 集控器安装。安装前加电测试,无误后方可安装,选用合适的卡箍固定牢靠,以免掉落损毁和伤及他人。

选择合适范围内,周围无高大建筑物遮挡,无大树遮挡,能保证中午前后共有 6 个小时光照的地方,路灯杆或者其他线杆。

距地面距离在 4 m 以上,以便接受和传输更远的信号。

集控器安装位置及编号:准确记录下,以方便后台数据录入、检查。

施工进度:要求每天安装的数量和地点,都要有笔记,施工结束后提交施工记录。

3) 现场施工安全。施工时间应避开交通高峰,选择车辆行人相对较少的时段进行,每组安装人员不少于 3 人。

现场施工应符合《城镇排水管道维护安全技术规程》有关规定,安装过程严禁下井。

现场周围应设置明显的警示标志和围栏,摆放警示桶,有专人指挥经过车辆、行人。施工人员必须佩带反光警示背心、防砸伤劳保鞋、手套等。

触发器安装前应先打开井盖通风,并严禁在井口正上方进行操作。在对井盖背面进行除油除锈及干燥处理时,应使用热风枪,严禁使用明火。

(3) 内业数据处理

1) 触发器数据整理入库。系统应当有数据批量入库功能,设定井盖及设备编号规则。

对外业已安装的触发器信息整理入库,要求满足触发器号唯一性、井盖探测点编号唯一性、触发器号与探测点号一一就对应,不应出现一对多或多对一情况。

2)集控器数据整理入库。要求满足集控器号唯一性、SIM 卡号唯一性,集控器号与 SIM 卡号一一对应,不应出现一对多或多对一情况。

3)数据内容要求。所有内业数据必须包含设备编号、位置坐标信息、道路信息、安装时间、设备状态、管理单位等信息。

(4) 其他注意事项

新建、改建道路上的井盖须及时采集信息并安装井盖报警设备,确保报警系统覆盖无遗漏、无死角。

报警系统只能及时的发现问题但并不能处理问题,对报警的井盖问题应设立多种报警保障机制,确保通知到责任人及时处理,并落实审核反馈机制,完成案件闭环处理。

集控器和巡检终端采用了 GPRS 网络进行数据传输,会产生一定的网络流量费用,在系统使用维护阶段需要提前考虑。

一台集控器虽然最多支持 500 个触发器,但在实际环境中,因为井盖分布等原因,集控器和触发器的安装比例在 1∶100～1∶150 之间。

集控器安装在道路路灯灯杆或其他单位产权物上的,应先到路灯管理等单位办理有关手续。

⑨ 智慧地下空间运维监管平台建设

　　智慧地下空间运维监管平台以地下管网数据共享为基础、地下管网运行监管为主体应用,以控制管线安全运营风险为目的,在智慧燃气、智慧排水、智慧供水、智慧热力、智慧市政设施的基础上,通过协同多部门的审批和监管,实现管线监测－评估－预(报)警－处置－考核全流程、管线运行全生命周期的管理。智慧地下空间运维监管平台体系见图 9-1 所示。

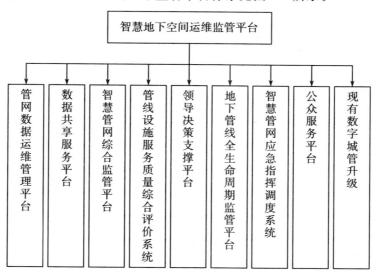

图 9-1　智慧地下空间运维监管平台体系

9.1 地下管线空间数据运维管理平台

9.1.1 建设内容

地下空间数据运维管理平台是针对城市提供管网地下空间数据综合管理服务,其主要功能是对城市管网普查、修补测、竣工测量等不同来源的数据进行质量检查、更新入库、入库后编辑、数据打印输出等管理操作,同时对接分散在权属单位的数据库,形成统一的管网空间数据云中心;充分利用云计算技术在数据存储、分析、处理能力上的优势,开发管网数据更新系统和数据管理信息系统,形成合理有效的数据管理解决方案,实现城市管网数据的及时更新和统一管理。

9.1.2 总体框架

地下空间数据运维管理平台主要包括管线数据标准、管线质量检查、管线数据编辑与更新、管线数据输出、基础应用模块,总体架构如图 9-2 所示。

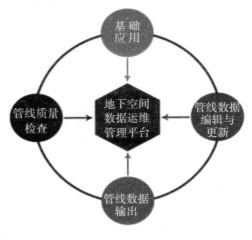

图 9-2 地下空间数据运维管理总体架构

9.1.3 系统设计

（1）管线质量检查

管线质量检查一方面对入库前检查的合格的数据进行检验,验证数据是否满足入库要求;另一方面数据逻辑检查,检验数据是否存在逻辑错误,直到数据满足入库标准。见图 9-3 所示。

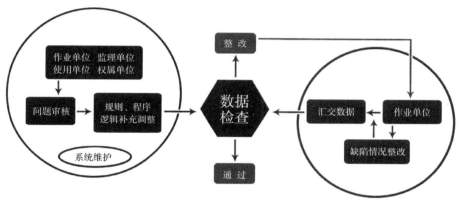

图 9-3　入库检查流程

（2）管线数据更新与编辑

1）导入更新。导入修补测工程所涉及数据的区域数据,可查询该更新区时间、地点、生产单位、人员等工程描述信息,可定位各个更新区。

2）更新预览。可对单个或多个更新区待更新数据进行更新预览,可设置更新数据各管类临时显示颜色,方便与现势库中数据进行比对。

3）管线更新。系统自动执行对应更新区范围内数据比对并记录操作。

4）管线编辑。系统提供添加管点（管线）、编辑管点（管线）、删除管点（管线）操作、注记添加修改删除、合并打断管线、点线联动等操作。

5）历史回溯。按时间轴对操作历史库进行回溯,方便查看各历史时期所更新的数据及更新数据分布位置。

时间轴可自定义滑动选择历史回溯开始时间和结束时间,可在系统中进行双屏对比展示。

6）数据备份。全库备份采用空间数据全部图层整体导出的形式,按自定义周期进行备份;增量备份主要记录空间数据的添加、更新、删除等操作记录和操作时间。

全库备份是为了数据整体恢复,增量备份是为了对比管线数据随时间的变化情况。

7）版本管理。版本注册:用户频繁进行数据编辑操作,且是多用户并发操作,要求编辑的数据可以撤销,返回重新编辑,需要进行版本注册。

版本压缩:删除无关的版本信息,进行版本压缩。

管理版本:以列表或图层树形式浏览所有版本信息,可删除版本。

（3）**数据打印输出**

1）符号化。

① 唯一值符号:可根据一个字段或者多个字段的属性组合唯一值设置不同的符号。

② 分级符号:根据字段属性的范围自动设置符号大小、色彩等。

③ 图表符号:可根据多个字段的对比形成条形图、饼图、堆叠图等。

2）临时图元管理。

① 属性标注（管点、管线）:指对管线、管点属性的自定义标注,可标注多个属性。

② 扯旗标注:通过划一条线,标注出与该线相交的管线属性信息,可标注交点坐标和多个属性。

③ 坐标标注:标注管点坐标信息,或者标注与扯旗的交点信息。

④ 栓点标注:该功能可以测量某点与周围一些特征点的距离,以便在实地定位该点。

3）模板管理。

① 标准模板管理:包括标准模板的创建、编辑、删除等。

② 临时模板管理:包括临时模板的创建、编辑、删除等。

4）打印输出。

① 矩形打印:用户在地图上绘制矩形区域,系统自动裁切该区域,输出该区域内容。

② 多边形打印:系统自动裁切多边形区域,输出该区域内容。

③ 圆形打印:用户在地图上绘制圆形区域,系统自动裁切该区域,输出该区域内容。

（4）**基础应用**

1）本地数据加载:加载本地的管线数据。

2）导出图片与导出 MXD 文件:把相关的地理数据图层导出图片或者 MXD 格式文件。

3）数据定位:在地图上定位数据的位置。

4）数据查询:根据各种条件查数据。

5）数据统计和综合分析:利用各种图表展示对数据进行分析,显示更加直观灵活。

9.2 数据共享服务平台

9.2.1 建设内容

城市现有信息管理系统资源和信息共享不足,需通过数据交换和共享技术手段实现信息集成与共享。

9.2.2 总体框架

地理空间信息共享服务系统分为四个层次,即空间数据层、管理层、空间信息服务层,业务应用层,总体架构如图 9-4 所示。

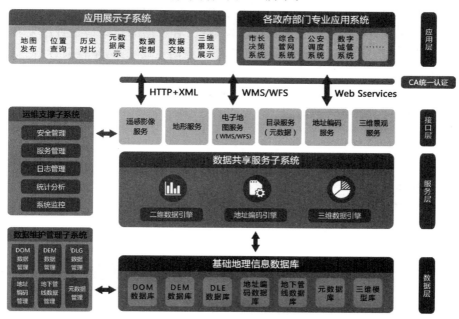

图 9-4 地理空间信息共享服务系统架构图

9.2.3 系统设计

(1) 资源展示子系统

资源展示子系统提供地下管网数据等基础空间数据资源的展示,以及空间分析、查询定位、地图标注等功能的应用展示。

1) 空间数据管理与服务。系统提供海量空间数据的组织、编目、建库、维护、更新、安全管理、数据分发服务、数据发布应用等一系列的整体解决方案。

2) 数据采集和地图处理。平台将地理信息采集技术和地图出版技术融为一体,既能满足大规模地理数据的作业设计、符号制作、编辑、校正、质量检查、接边处理、入库等生产需要,又能满足地理信息的符号化、图廓整饰、地图编绘、晕渲图制作、PS 和图像输出、大型喷墨绘图输出等地图出版需要。

3) 地址编码。系统提供了全面的地址信息编码和匹配方案,可以快速地将以自然语言描述的地址信息定位到地图上。

(2) 数据共享服务子系统

数据共享服务子系统提供资源目录、数据和功能的一系列服务接口。部门通过服务接口和开发指南实现与应用系统的无缝集成,基础空间数据的查询、浏览、定位、分析等功能,以及数据共享和互操作等。

1) 数据展示和运维管理。系统基于 B/S 架构,可以对权限进行管理,实时监控各系统运行情况和用户在线情况,对已有数据的空间信息进行发布、展示、审查和修正,并可进行较为简单空间数据的在线采集,审核通过后进行数据更新。

2) 服务功能。系统进行各种服务的构建,对内运行维护,主要包括有:电子地图、图片引擎、地理编码、目录/元数据、三维地图、空间查询分析、GPS 接收处理等服务。

(3) 运维支撑子系统

运维支撑子系统提供平台用户、资源目录、数据、服务以及子系统功能等的维护和权限管理,以及数据和服务访问的日志和监控管理。

9.3 智慧地下空间综合监管平台

9.3.1 建设内容

城市各专业管线的建设施工、运营管理、安全管理尚未形成有效的监督管理体系,管线运行监测与检测信息尚未纳入地下管线综合管理,行业监管手段缺失。需要建设基于地下管线"一张图"的智慧地下空间综合监管平台。

充分发挥行业监管部门的作用,实现各管线权属部门与行业监管部门的互动,提升综合监管能力。建设地下管线行业监管系统,运用信息化技术,提升公用事业局、城建执法局等行业监管部门的监测水平、统筹规划水平,结合物联网、大数据构筑完整的行业监管体系,实现地下管线的全方面监管,以技术手段带动城市的发展。

综合监管系统将在城市重点区域建设针对不同专业管线的物联网监测环境,构建管线综合管理的动态监测网络,涵盖各专业管线压力、流量、温度、液位、水质、易燃易爆气体浓度等一系列指标,实现对该区域微观运营状态的感知;整合重点区域内各类管线工程、维修、养护等实际运营数据,实现对各权属单位管线宏观运营状态的感知。结合各类地下管线空间数据资源,实现城市地下管线监控、管理、服务等业务的数字化、可视化与联动化,改变现有地下管线各权属单位各自为政的管理局面,为城市政府地下管线综合信息化监管开创一种全新的管理思路与模式,为相关管理部门提供科学的辅助决策手段,最终实现城市地下管线管理的信息化与智能化,提高整个城市的管理水平。

9.3.2　总体架构

智慧地下空间综合监管平台总体架构如图 9-5 所示。

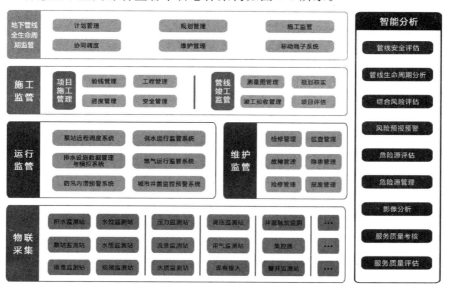

图 9-5　智慧地下空间综合监管架构

9.3.3 系统设计

（1）**管网监测**

1）燃气设施。分类显示燃气设备，实时监控燃气设备的运行状况。可依据条件查询出设施，定位到地图上相应位置。

在地图上显示设施详细信息窗口，内容包括设施现场照片、设施监测数据图表、设施流量检测项曲线图、报警信息统计、当前设施关联的视频监控设备以及当前设施运行的工艺流程图。

2）供水设施。分类显示供水设备，实时监控供水设备的运行状况。可依据条件查询出设施，定位到地图上相应位置。

供水设施详细信息窗口具体内容包括设施现场照片、设施监测数据图表、设施流量检测项曲线图、设施基本信息和报警信息统计、当前设施关联的视频监控设备以及工艺流程图。

3）排水设施。分类显示排水设备，实时监控排水设备的运行状况。可依据条件查询出设施，定位到地图上相应位置。

在地图上显示泵站详细信息窗口内容包括泵站信息和设施监测数据、设施基本信息和报警信息统计、当前设施关联的视频监控设备、当前设施运行的工艺流程图。还可以动态显示检查井的水位情况。

4）热力设施。热力设施可以显示所有热力设施列表，支持关键词模糊查询，地图上显示所有热力设施信息，能够显示详细信息，同时可以根据不同分类进行展示，在地图上定位热力设施。

（2）**防汛内涝**

1）排水泵站。显示泵站详细信息窗口，具体内容包括泵站信息和设施监测数据。

2）雨量站。显示雨量站详细信息窗口，具体内容包括雨量站信息和关联泵站、监测点信息；选择开始时间和结束时间，可查询降雨量曲线图。

3）监测点。显示监测点详细信息窗口，具体内容包括监测点监测值曲线和关联泵站及泵站排水泵状态信息；选择开始时间和结束时间，可查询监测点水位曲线图。

4）检查井。显示检查井详细信息窗口，具体内容包括检查井信息和检查井纵剖面图；选择开始时间和结束时间，可查询检查井水位曲线图。

（3）**公共安全**

1）燃气设施。显示燃气设施监测数据列表；可以根据关键词对设施列表数据进行模糊查询，控制燃气设施在地图上的显示和隐藏；根据调压设施、气源对燃气设施进行分类展示；根据系统配置搜索半径进行搜索，并将搜索结果展示在影响区域列表和地图上，双击定位后显示详情窗口。

2）供水安全。显示供水设施监测数据列表；可以根据关键词对设施列表数据进行模糊查询，控制供水设施在地图上的显示和隐藏；根据水质采集点、压力监测点和流量监测点对供水设施进行分类展示；能够定位到当前设施；根据系统配置搜索半径进行搜索，并将搜索结果展示在影响区域列表和地图上，双击定位后打开当前设施的详细信息窗口。

（4）**窨井安全**

1）井盖异常。显示井盖异常信息列表，并在地图中标注异常信息；在地图上可以显示井盖详细信息，根据关键词对设施列表数据进行模糊查询；可以控制井盖异常信息标注在地图上的显示和隐藏，双击定位到当前井盖位置。

2）窨井安全。显示窨井安全监测信息列表；可以根据关键词对列表数据进行模糊查询并能够控制窨井安全监测信息标注在地图上的显示和隐藏；能够定位到当前窨井位置。

在地图上显示的检查井详细信息窗口内容包括窨井现场图和安全监测设备实时监测信息、设施基本信息和报警信息统计、当前窨井关联的视频监控设备、当前窨井运行的工艺流程图；可根据需要查询相应时间段的水位曲线图。

3）井盖信息。井盖监测列表可以根据关键词对列表数据进行模糊查询，列出符合查询条件的记录；并可以定位到当前窨井位置。

（5）**实时预警**

系统登录后，自动弹出实时预警数据列表，预警分一级预警、二级预警和三级预警；用户可根据实际情况对预警进行撤销或对接操作；可在地图中定位报警位置并能够显示设施详细信息。

（6）**监管数据分析**

1）指标关联分析。将在同一展示控件（曲线、柱状图等）上同时展示该监测点多个监测指标历史或实时监测数据，便于分析同一个或多个监测点多项指标间的关联性。

2）同比环比分析。同比、环比分析功能将根据用户输入监测指标、监测起止时间,自动检索出相对应的同比、环比时段监测值,并进行对比分析,辅助用户对某一监测指标历史监测变化情况进行详细分析。

3）数据统计。监测数据统计分析功能对各站点监测数据的监测次数、超标次数、超标率等指标进行统计,结果以图表形式进行展示,辅助用户对各专业管线相关监测数据进行宏观了解。

4）数据报表。对各专业站点等监测数据的日报、周报、月报、季报、半年报、年报的导出;支持对异常或超标监测数据的导出。

（7）**安全监管**

1）重大危险源管理。随着地下管道埋地时间的增长,由于管道材料质量或者施工造成的损伤,管道的许多部位具有故障隐患,随时都可能发生事故。对于易导致燃、爆、漏重大事故的管线(如燃气、电力、供热管线),按照国家标准中规定的危险物质及临界量确定标准和方法对其进行辨别和管理。智慧地下空间系统利用前端采集到的数据信息(如地理信息数据、管线数据、场站数据、穿跨越数据等),对于重大危险源进行监管和维护。

2）危险区域管理。危险区域是指事故发生时存在危险的场所。对于燃气、电力、供热等管线泄露和破损沿地面扩散可能形成的危险区域做出辨别和管理并将危险区域以用户界面的形式进行呈现。根据城市路网平面图,我们可以划定危险区域,并根据这些危险危险区域的危害程度划分等级。将加油加气站区域和一些管道密集的区域划定为一级危险区域,将商业区域、行政办公地、学校等人群密集处划定为二级危险区域,商业居住区域划定为三级危险区域,分别用不同颜色进行标记,紫色代表一级危险区域,红色代表二级危险区域,蓝色代表三级危险区域。

3）综合管网隐患点管理。将整个城市综合管线的隐患点用不同专题图的形式显示在地图上,例如管线之间存在碰撞的位置,管线覆土不符合规范的地点和房屋等构建筑物占压危险性管道的位置等。

9.4 管线设施服务质量综合评价系统

9.4.1 建设内容

随着城市经济建设迅速发展,城市规模日益扩大,城市经济活动日益加快,人口高度集中,城市地下综合管线设施的规划、建设和管理面临着越来越高的要求。因此,管线设施服务质量综合评价系统在管线建设中的地位日渐凸显,管线设施服务质量综合评价系统成为评价管线设施的重要评价依据。

管线设施服务质量综合评价系统的评价内容涵盖了城管线管理的全过程,主要是针对地下管网管理中出现的各种问题,在新的运行模式下,从系统内部予以严格的监督和管理,以保证系统运行的质量。具体包括巡检员对地下管线管理中出现问题的信息报送情况;评价管线业务部门工作过程中发生问题的数量、处理问题的时效性、各部门之间协同办公和工作人员文明服务规范程度、岗位职责的落实情况等;管线养护工作标准、管线设施管理标准、信息报送制度、巡视检查工作制度、快速反应和应急处理制度等的科学性。为正确对管线管理评价的内容做出合理的评价,需要制订一套完整的评价指标体系来衡量市政管理工作的水平。

9.4.2 总体架构

管线设施服务质量综合评价系统总体架构见图 9-6。

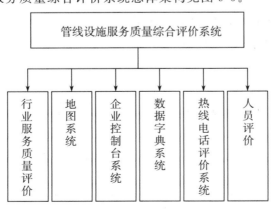

图 9-6 管线设施服务质量综合评价系统架构

9.4.3 系统设计

(1) 行业服务质量评价

1) 行业内容。行业包含城市供水系统、供气系统、供热系统、照明系统、防汛系统、排水系统等六大子系统构成。

2) 综合数据查询。实现供水、供气、供热、照明、防汛、排水等行业原始数据的查询功能。

相应行业的服务质量可以进行多种综合数据的查询,包括监测信息综合查询、行业上报综合查询、用户来电综合查询、工单反馈综合查询功能。监测信息综合查询是用户上报的数据;行业上报综合查询、用户来电综合查询、工单反馈综合查询和监测信息综合查询相同。

① 用户调查综合查询。用户调查综合查询,可以根据时间段设置,选择公司、区域等查询条件进行筛选数据;每条数据可以查看详情,详情页面包含:该主题下各调查类型的满意或不满意票数;调查记录中显示行业用户下的用户调查记录信息,并能够查询相应的详情信息。

② 监测信息综合查询。行业综合数据查询页面中的监测信息综合查询,可根据时间、公司、区域进行单一和组合查询,查询条件中,时间默认当前一个月。"公司(区域/类别)列表"为可显示所有公司(区域/类别)数据,也可只显示该公司(区域/类别)的相关数据。信息详情功能可显示这条数据的详细信息页面,显示企业上报的数据。

3) 综合数据分析。对行业下按公司、区域、类别进行分组汇总的查询功能。

综合数据分析功能能够实现综合数据分析:包括按公司综合分析、按区域综合分析、按类别综合分析。

① 按公司综合分析。查询条件中,时间默认当前一个月。"公司(区域/类别)列表"可显示所有公司(区域/类别)数据,也可只显示该公司(区域/类别)的相关数据,并在地图定位到该公司的位置,并以饼图的形式显示该公司的信息。

② 按区域综合分析。时间默认当前一个月。"区域(公司/类别)列表"为可显示所有区域(公司/类别)数据,也可只显示该区域(公司/类别)的相关数据,通过表格图中定位按钮,在地图上定位到该公司的位置,并以饼图的形式显示该公司的信息。

③ 按类别综合分析。除没有定位功能,其他同按公司(区域)综合分析。

4)综合数据周期报表。提供各个行业下按公司、区域、类别进行查询的周报,月报,年报功能。提供"服务质量"综合数据周期报表服务,如用户调查综合分析,可查询一周的周报数据。

5)服务质量评价报表。各个行业查询汇总每个企业及本行业每个月的服务质量得分情况,详细展示各评分项的得分情况,为管理者分析掌握服务过程中存在的问题提供依据,以便下一步更有针对性的进行工作的调整和安排。

"服务质量评价表"功能包含 2 个:企业服务质量评价表和行业服务质量评价表。

① 企业服务质量评价表。展示某一行业下各个企业在某月份的服务质量评价得分情况,通过"信息详情"即可查看每个企业的详细得分情况;可在地图上定位到本企业的位置,并以饼状图的形式将公司的得分情况展现出来。"公司列表"为显示所有公司数据,也可只显示该公司的相关数据。

② 行业服务质量评价表。展示某一行业在某月份的服务质量评价得分情况。

6)服务质量评价走势图。各个行业查询汇总每个企业及本行业一段时间内的服务质量得分情况,详细展示各评分项的得分情况,为管理者分析掌握服务过程中存在的问题提供依据,以便下一步更有针对性的进行工作的调整和安排。

"行业服务质量"功能下选择相应行业的"服务质量评价走势图",即可打开此功能页面。此功能包含两个功能:企业服务质量评价走势图和行业服务质量评价走势图。

① 企业服务质量评价表。展示某一行业下某个企业在某个时间段内的服务质量评价得分走势,并能够查看所查询企业的具体月份详细得分情况。查询条件中,"开始时间"和"结束时间"为您要查询的评分时间段,是必选项,在"公司列表"中选择您要查询的公司。

② 行业服务质量评价走势图。展示某一行业在某个时间段内的服务质量评价得分走势。通过"信息详情"按钮即可查看所查询行业的具体月份详细得分情况。

7)服务质量报告。以企业服务质量评价表和服务质量评价走势图的评价数据为依据,管理者可针对某个服务质量不达标的企业做出通告,责令企业进行整改。在企业对整改措施进行反馈并得到管理者同意后,通告结束,并归档为历史数据备案。

① 发布通告。在功能页面进行"新增通告",在现实的页面中,输入通告主题、内容已经接收通告的公司即可完成发布。

② 查看企业的反馈。在通告列表中,通过"详情"即可查看企业的反馈信息。

③ 通告归档。如果通告发布者对企业的反馈比较满意,则整个流程结束。在通告详情界面进行"通告归档",则信息状态变更为归档状态,此时不允许企业及发布通告者再对此条公告进行回复。

(2) 地图系统

1) 数据展现图。在地图上根据管线权属部门或区域的坐标,查找该单位(根据行业分成 6 个行业的图层)或区域的用户调查,服务评价等信息。

用户可以控制数据的显示与隐藏。定位功能有正六边形菜单,该六边形描述对应信息,包括显示是用户调查还是服务质量等。如图 9-7 所示。

图 9-7 服务质量监测监管数据展现

2) 评价对比图。在地图上对同一行业内公司某一时间段内服务质量评价进行比较。

用户通过行业评价对比图层控制某公司坐标点位置显示或隐藏该时间段内的服务质量评价图。

3) 动态监测。各监测点在地图上相应位置显示,可通过线图展现该站点的实时数据。

通过行业动态监测图层面板控制监测点在地图上显示与隐藏,并能够动态监测该监测点的服务质量。如图 9-8 所示。

图 9-8　服务质量监测点

(3) **企业控制台系统**

1) 信息上报。每个企业操作员登录平台后,将通过多种方式获取该公司的服务质量数据,包括用户调查、行业监测数据采集、行业业务数据采集、用户来电等,并且在此模块中上报自己公司的相关服务质量数据。

① 用户调查上报。显示用户调查问卷页面,该页面中显示开始时间早于等于今天,截止时间晚于等于今天该公司的用户调查问卷数据,新增记录弹出调查问卷新增页面。

② 行业信息上报。显示行业信息上报页面,录入数据后可进行保存,成功保存当天所选区域信息。

2) 信息查询。查询登录的操作员所上报的各项服务质量数据。

功能包括用户调查查询、监测信息查询、行业上报查询、用户来电查询、工单反馈查询。用户调查查询企业内用户调查问卷和问卷的记录信息。监测信息查询是本企业用户上报的数据,行业上报查询、用户来电查询、工单反馈查询和监测信息查询相同。

① 用户调查查询。显示登录者所在公司的用户调查记录。可显示所有区域数据或者只显示该区域的相关数据。信息详情,显示用户调查查询信息详情页面(该页面显示该主题下各调查类型的满意或不满意票数,并可查看抽取 12319 数据)。通过调查记录,显示供水用户调查的信息,该页面显示该主题在指定区域,指定公司下的调查记录信息,通过调查记录页面中的调查记录详情,通过供水用户调查记录中的调查记录详情,弹出该条调查记录的详细信息页面。

② 监测信息综合查询。查询出登录者所在公司的监测信息记录。可显示所有区域数据；或者只显示该区域的相关数据。通过信息详情，显示这条数据的详细信息页面，显示企业上报的数据。

③ 用户来电查询。查询出登录者所在公司的监测信息记录。可显示所有区域数据；如果选择某一区域或者只显示该区域的相关数据。信息详情显示这条数据的满意度的票数等信息页面，在满意度票数页面中有详细信息功能，可查询出这条数据来源，显示 12319 抽取来的数据。

3）信息汇总。汇总分析登录的操作员所上报的各项服务质量数据，可按区域和类别两种方式汇总，并可以柱状图和线状图展现。

4）服务质量评价。查看登录的操作员所在公司某个月份的各项服务质量评价得分情况。

5）服务质量评价走势图。查看登录的操作员所在公司一段时间的服务质量评价得分情况，并可以查看某月份的各评分项的具体得分。

6）服务质量通告。登录的操作员可以查看管理者给其所在公司发布的服务质量通告，在采取措施改正不足后，及时将结果反馈给管理者。管理者同意整改措施后，通告结束，并归档为历史数据备案。

7）调查问卷管理。发起登录的操作员所在公司一段时间的调查问卷单，并可查看调查者调查后记录详情单。

① 发起调查问卷。可发起新的问卷，在调查问卷信息管理页面开始时间不能早于今天，截止时间不能早于开始时间。

② 调查问卷管理。对调查内容进行维护，增删改查相关信息。

③ 记录详情。显示调查者调查后录入的信息。

（4）数据字典管理系统

1）考核标准定义。在服务质量评价体系中，各评价项目分类及评分规则由后台程序开发人员定义。在考核标准定义中，可以对各项评分标准的分值进行修改，以适应行业的管理规范。

2）考核标准配置。考核标准配置可以调节各项评价数据在整个评价体系中的权重，对要求较高的类别权重就可以设置高一些，以体现它的重要性。

3）调查问卷资料库。各个行业中所能调查的选项，在调查问卷中可从该资料库中选择。该功能支持模糊查询。并可以对调查问卷进行添加、编辑、删除、查询功能。

（5）热线电话评价系统

通过 12319 热线评价和微信公共平台可以进行行业投诉、咨询、建议及报修，还可以对相关法规进行查阅。

9.5 领导决策支撑平台

9.5.1 建设内容

领导决策支撑平台将对城市各部门、各行业的城市基础数据进行整合，同时融合市政案件、用户来电、物联网监测等城市运转数据。它不但能够帮助决策者从细处了解到整个城市管理的方方面面，更能够将这些微观信息汇总为城市层面的宏观信息，以丰富的图表、报表形式进行展示，使管理者能够及时全面了解城市运营管理各个环节的关键指标，进而从全局上对城市的指挥决策进行把控，平台宜涵盖管线管理的全部过程，通过对大数据进行分析，深入挖掘需求，支撑领导决策，提高城市管理水平。

9.5.2 总体架构

领导决策支撑平台总体架构如图 9-9 所示。

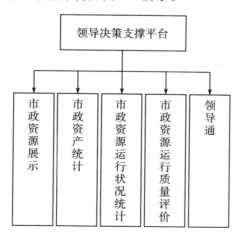

图 9-9 领导决策支撑平台架构

9.5.3 系统设计

(1) 市政资源展示

通过接入的城市管网数据、数字城管部件数据、公安数据、人防等资源数据,结合空间地理信息数据,将城市资源数据直观的展示在城市"一张图"上。

(2) 市政资产统计

根据资源数据分类,统计各类资源数据数量,从宏观上掌握城市资源情况,支持以报表的形式统计展示,根据资源分类可以分为管网、路灯、环卫等。

(3) 市政资源运行状况统计

根据安全预警系统对接的城市运行状态数据,显示城市安全运行状态,可包括城市案件上报数量、处理数量、未处置数量、城市井盖启闭数量、窨井安全状态、路灯在线运行状态、河流水位状态、泵站运行状态等。

1) 案件。通过接入数字城管系统数据,统计城市案件上报数量、处理数量、未处置数量。

2) 城市内涝。利用城市积水监测设备监测数据,展示城市积水分布情况。

3) 窨井安全。显示城市窨井安全情况,统计城市窨井数量,显示气体浓度超标的窨井数量,显示井盖打开的窨井数量。

4) 路灯。显示城市路灯统计数据。

(4) 市政资源运行质量评价

利用数字城管案件数据、安全预警监测数据、管网监测数据、环卫作业情况监测数据分析城市安全运行情况,结合空间地理信息展示,直观展示城市运行质量情况。

(5) 领导通

领导通在移动设备上显示城市运行整体状况,包括城市市政资源总览、市政资源运行环境、物联网实时监控、数据挖掘分析等,在事故发生时,可以实时显示事故处置过程,显示所有可调配资源信息、位置、状态等,以智能分析预测等手段,采取应急和服务的响应速度,提高工作效率。

系统功能设计:

1) 城市运行状况总览。系统根据接入的城市运行状态相关数据如管网数据、城管部件数据、燃气供水等相关行业的运行数据,结合城市相关运行评价方法得出整体运行状况,并以图表和文字的方式将城市运行状况评价的一些关键指标列出,如各相关行业的服务质量信息、监测点的整体报警情况、城市资源预警信息等。如图 9-10 所示。

图 9-10　城市运行状况总览

2）应急事件提醒。通过对接应急管理系统能够把相关的应急事件实时推送至领导决策系统,以弹窗的形式进行展示,并且通过震动或声音提示的方式发出提醒,相关领导可以第一时间获知相关应急事件信息,并可以在地图上展示应急事件的具体位置,以方便领导能够及时准确的做出应急事件的相关判断和处理措施。

3）待办事务箱。通过平板端的领导决策系统实现相关领导对相关案件办理过程和办案结果的监督控制,包括查看案件的办理情况,对案件进行审批、督办和催办。

案件审批:通过将批阅意见以文字形式进行描述指导案件的处置工作开展。

案件督办:可对案件处理过程进行监督,领导将收到督办案件每一步发展情况的提醒,包括案件后续任务的分派情况、处置结果的反馈情况等内容。

案件催办:针对于一些处理进程相对滞后的案件或者某些关注度较高的重点案件,领导通过平板端系统对其进行催办处理能够通知到相关负责人加快对案件的处理进度,在案件得到进一步处理时,该情况将反馈给催办领导。

4）城市运行状况统计。领导决策系统移动端通过对接安全预警系统的城市运行状态数据,显示当前的城市安全运行状态,主要参考数据包括城市案件处理中数量、未处置数量、城市井盖异常开启状态、窨井安全状态、路灯在线运行状态、河流水位报警状态、泵站运行故障状态等,通过文字描述和图表直观地展示相关行业的安全运行状态。如图9-11所示。

图9-11 城市运行状况统计图

5)行业服务质量评价。系统通过对接城市运行相关行业的服务质量信息数据,将行业服务质量相关信息和评价结果以列表和统计图表的方式进行展示,相关领导可以直观地了解和掌握城市相关行业的服务质量信息总体情况。

根据行业分类分为城市供水、排水、燃气、热力、环卫、路灯等,系统通过对比各个行业的服务原始数据如监测信息、行业上报数据、用户来电数据、等,通过同比、环比、发展趋势等图表,反映行业服务质量得分情况。

6)城市资源统计。通过接入的城市管网数据、数字城管部件数据、供水燃气等行业资源数据,根据资源数据分类,统计各类资源数据数量,从宏观上掌握城市资源情况,支持以报表的形式统计展示。

9.6 地下管线全生命周期监管平台

9.6.1 建设内容

目前城市管线种类繁多,各权属单位负责具体管线建设和维护工作,行政管理条块分割,规划不统筹、建设不同步现象。需要打通各行政管理部门及管线权属单位的业务"端到端"流程,实现地下管线规划、建设、运营、管理、维护全生命周期的一体化管理,根据城市对于城市建设工程与地下管线建设工程管理要求,建设地下管线全生命周期支撑系统,可基于 GIS 平台,采用图示化管理,为城市地下综合管网管理等提供支持,也是智慧城市管线管理的具体体现。

9.6.2 总体架构

管线生命周期监管平台总体架构如图 9-12 所示。

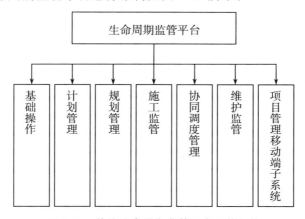

图 9-12 管线生命周期监管平台总体架构

9.6.3 系统设计

(1)**基础操作**

基础操作包括视图显示,矩形放大缩小、地图漫游、清除临时图层、前一视图、后一视图、比例尺缩放、全图、鹰眼等。

(2)**计划管理**

计划管理包括计划上报、排产、跟踪、登记。

1)计划上报。计划上报是将管线施工的基本情况进行上报,可记录基本属性信息并在地图标注。

2)计划排产。在列表中展示未查看计划,可进行编辑查看或排产操作。

3)计划跟踪。将已上报记录列出供用户对计划进行跟踪查看。

4)项目登记。对不在施工计划中的工程,由于施工需要且未列入年初的施工计划、需要临时录入管线工程的基本信息进行补录登记。

（3）规划管理

规划管理包括设计对比管理、管线分布图、规划编制规则库。

1）设计对比管理。对规划数据进行分析，查看规划数据是否符合相关规范，可对分析结果进行地图展示、图片导出、检索，并可将规划数据入库。

2）管线分布图。可临时查看全部或者选择某一类管线对其分布范围进行展示。

3）规划编制规范库。规划编制文件规则库用于管理规划编制的规范类文件。

（4）施工监管

施工监管包括施工图设计文件审查、工程进度、投资、质量、安全风险的管理以及月报、档案等资料的管理。

1）施工图设计文件审查。

① 施工信息提报。管线权属单位通过系统将施工设计文件发送到审查部门进行审批。

a. 数据查询。等待送审数据查询。查询已经添加但未送审的施工图设计文件等信息数据。

已经送审数据查询。查询已经送审的施工图文件等信息数据。

b. 确定发送。对添加的施工项目信息数据进行送审操作。

c. 信息添加。添加施工项目信息数据。

d. 信息更新。对添加的施工项目文件信息等进行修改更新操作。

e. 信息删除。可施工项目信息等进行删除操作。

f. 导出 Excel。可以 Excel 数据格式导出施工项目信息数据。

g. 下载施工文件。可下载保存施工项目文件数据。

② 施工信息审批。管线建设管理部门通过系统对施工部门上报的施工设计文件审核。

a. 数据查询。已审数据查询：查询已经经过审批的施工图设计文件等信息数据。待审数据查询：查询已经送审的施工图文件等信息数据。

b. 审核通过。对送审的施工项目文件信息等进行审核通过操作。

c. 审核驳回。对送审的施工项目文件信息等进行审核驳回操作，并填写驳回原因。

d. 信息删除。可对送审的施工项目信息等进行删除操作。

e. 导出 Excel。可以 Excel 数据格式导出施工审批数据。

f. 下载施工文件。可下载保存送审的施工项目文件数据。

2）进度管理。

① 计划管理：

a. 编写计划。编写进度计划，记录计划内容、开始时间、结束时间，工期并自动生成甘特图。

b. 导入计划 Excel 模板。由 excel 导入计划并提取出关键节点任务名称。

c. 变更计划。通过在系统中修改或重新上传 excel 对计划进行修改。

d. 上报进度。可对进度实际开始时间、结束时间进行记录，对时间有所变化的进行标注和原因的描述，并提出解决方案。

e. 查看项目进度。查看进度情况并根据当前日期自动标注出当前所属的工程进度阶段。

② 进度预警。对计划中的关键的分段工程和工程进度阶段进行超期预警，对比实际开始日期与计划开始日期、实际完成日期与计划完成日期，如果有超期未开始或超期未完成的，给予预警提示，在地图、甘特图进行预警标注并推送给相关人员。

3）投资管理。

① 投资计划管理。通过自定义支出项、选择项目类别及其他属性的维护编写投资总计划和月度计划，并可将投资计划上报。

② 投资完成情况。对投资完成情况进行记录，并通过和计划的比对得出偏差，针对偏差程度的严重性进行标注和预警。

③ 投资报表。可概览所有项目当前投资进度，了解投资类别、投标金额、计划金额、实际金额等数据，并以柱状图形式显示本月、截止本月的投资对比图。

4）质量管理：

① 工程质量。检查工序质量交底、周例会会议纪要、监理周报/月报等相关文档是否按要求上传，关键节点是否竣工验收合格。

② 施工单位评价。填写对施工单位的文字评价。

③ 存在的主要问题及对策。记录工程中存在的主要问题，并提出解决对策。

5）安全风险管理：

① 安全管理。检查相关文档是否按要求上传，并将上传的文件按分类归档到"档案管理"中。

② 施工风险管理。对施工中的风险情况进行管理。

6）本月大事记。对本月发生重要事件的时间、描述、图片信息进行记录。

7）报表与档案管理。报表与档案管理包括根据项目进度、投资、质量管理的数据和用户录入的信息生成预报以及项目档案、重要技术资料、会议纪要、竣工档案等档案信息的分类管理。

8）竣工验收管理。可在计划验收项目列表中选择计划进行编辑或提交竣工验收申请。

（5）协同调度管理

对协同调度管理信息进行添加修改删除的维护，可对信息进行地图定位和模糊查询。

（6）维护监管

维护监管功能包括维护信息采集、管线隐患管理、管线报废管理、管线拆除管理。

1）维护信息采集。提供维护信息采集功能，可通过关键词模糊查询和地图查询选择管线，并针对该管线录入维护信息。对已录入信息可查看详情并进行地图定位。

2）管线隐患管理。对管线隐患信息进行维护，可对风险源类型、性质、位置、危害程度、危害范围等信息进行记录和查询。

3）管线报废管理。可通过关键词的模糊查询和地图点选定要报废的管线，并进行报废信息的记录和编辑。

4）管线拆除管理。可通过地图定位至要拆除的管线，通过关键词的查询进行辅助选择并对拆除信息进行维护。

（7）项目管理移动端子系统

项目管理系统对市政工程项目相关数据进行维护与管理，它能够有效满足各管理部门对日常市政工程项目的检查监管、实时跟踪等信息化管理方面的需求。系统共包括 4 个功能模块：地图主界面、项目列表、投资统计、用户信息。系统主界面包括地图和功能菜单。

1）项目查询。项目查询功能主要包括两个功能模块：项目列表搜索和关键字查询。该功能模块可以展示当前所有项目的列表信息,选中某一项目可在地图上定位至当前项目的位置,并弹出项目的基本信息,通过地图弹窗可以查看项目的更多信息。

关键字查询是指根据项目的名字搜索自动匹配查询出关联项目,具体操作为:在搜索框输入要检索的项目信息,系统会根据输入内容自动匹配弹出相关项目列表,用户可根据列表进行选择。

2)项目列表。通过列表的方式展示所有项目信息,项目数据每次登录时从服务器端获取更新。同时可以显示项目的详细信息。

3)统计图表。主要是针对年度计划投资和实际投资情况的柱状统计图展示,能够直观的对比出项目的实际投资和计划投资的占比情况,投资统计数据在每次登录时从服务器端获取更新。

4)用户信息。显示系统当前登录用户的基本信息,并可以对头像进行更换和删除。

9.7　智慧地下空间应急指挥调度系统

9.7.1　建设内容

对于城市突发的管网事故等紧急情况,整合各权属单位数据,结合物联网实时监测,建设城市应急指挥系统,统一部署各项应急措施,提高决策指挥效率,切实提高政府处置突发公共安全事件的能力,提供给应急部门应急演练、调度指挥。城市应急指挥系统包括应急指挥业务管理、应急指挥控制、事故评审管理三个模块。

应急指挥业务管理主要面向紧急事件发生前的准备工作,即完善事前计划、准备充分,从管理薄弱环节入手,将各级各部门资源进行整合,形成针对突发事件处置的综合预案库、专家库、案件库、知识库、物资库,并能够进行各类专项应急指挥演练。

应急指挥控制是事故的处置环节,包括事故的接警响应、事故的分析和危害确认,事故解决方案的生成,相关应急部门、抢险队伍、应急单兵、应急指挥车、消防车等应急资源的调度,群众的疏散指引,以及现场情况的反馈和指挥信息的实时下达。

事故评审管理即在事故处理后对事故造成的原因、危害、抢险消耗的物资、灾后重建的花费进行总结和评价。同时,可以将这次事故的处理作为案例进行保存,形成安全事故处置知识库。

9.7.2 总体架构

智慧地下空间应急指挥调度系统总体架构如图 9-13 所示。

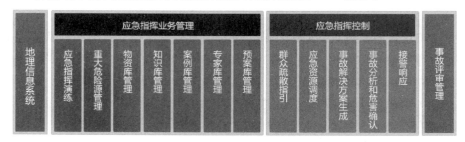

图 9-13 智慧地下空间应急指挥调度系统总体架构

9.7.3 系统设计

(1) **地理信息系统**

利用二维、三维系统相结合的方式展示应急的相关信息,可以漫游、放大、缩小、变换视角,从不同的视角展示管线实施情况。

(2) **应急指挥业务管理**

1) 预案库管理。结合城市各部门资源,针对不同类型安全事件建立数字化应急预案,包括预案编制、预案检索等功能。

2) 专家库管理。建立城市应急专家库,可根据专家所属专业领域进行分类;在不同的安全事故发生时,系统能够通过专家特长进行自动匹配,从而第一时间与相关专家取得联系。

3) 案例库管理。建立城市应急案例库,对重要、典型的案例进行收录,提供录入、编辑、删除等维护功能,并可通过事故类型、时间、事故级别、经济损失、人员伤亡等不同条件进行检索。

4) 知识库管理。建立城市应急知识资料库,提供录入、编辑、删除等功能,实现对应急法律法规、专业知识的管理。可通过类型、关键字等不同方式的检索,为应急处置工作开展提供参考。

5）物资库管理。对各级各部门的各类应急物资进行管理。可设置保障物资的最低阈值，一旦物资数量不足即给出警示，以保证应急物资储备的充足。

6）重大危险源管理。接入城市安监局的重大危险源数据，提高城市应急指挥调度过程中对重大危险源监控主体的监管能力。

7）应急指挥演练。在事故发生前通过对拟设安全事故处理的演练，有针对性地对某一预案从完善性和各部门响应效率方面进行评估，有助于预案的完整性改进和应急力量部署的合理化改善。

（3）**应急指挥控制**

1）接警响应。事故发生时，录入事故基本信息，确定事故位置、类型，并对事故级别进行确定。对于不满足启动应急响应条件的事故进行关闭。

2）事故分析和危害确认。可通过范围查询等多种工具，结合附近危险源情况对事故进行分析，以对事故可能造成的危害进行确认。

3）事故解决方案生成。根据事故基本信息与对事故进行的分析，结合应急预案，制定事故的应急解决方案，确定相关应急部门、抢险队伍、应急单兵、应急指挥车、消防车等应急资源的调度方案。

4）应急资源调度。通过 GPS、视频等手段对人员、车辆等应急资源执行应急方案的情况进行全程监控；结合现场情况的反馈，可随时对调度指令进行修正。

5）群众疏散指引。使用地理信息手段结合事故信息为现场群众疏散提供指引。

（4）**事故评审管理**

事故完结后通过对各部门报告的汇总，对事故造成的原因、危害、抢险消耗的物资、灾后重建的花费进行总结和评价，并以此提出建议，避免事故的再次发生。同时，可以将这次事故的处理过程作为案例进行保存。

9.8 公众服务平台

9.8.1 建设内容

在城市智慧城市建设的大背景下,建设面向大众的公众服务平台,对市民公布城市健康运行参数,使市民第一时间得到停水通知、停气、停电通知、道路施工、道路积水等信息,保障市民生活安全与出行规划。打造服务型政府,深化全民共管,以民生诉求为导向,进一步完善社会参与机制。

9.8.2 总体架构

公众服务平台总体架构如图 9-14 所示。

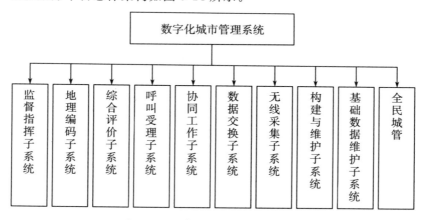

图 9-14 公众服务平台总体架构

9.8.3 系统设计

(1) 公众服务网站

建立政府与市民互动机制,及时发布城市运行基本数据信息,主要包括道路施工、城市积水、管道爆管、水质监测等预警报警信息,为市民出行安全提供保障指南,同时提供微信公众号与公众手机 APP 下载,方便市民及时上报事件信息,让全民参与和体验智慧城市建设带来的便利。

1) 首页展示。网站首页是一个网站的入口网页,主要为用户从整体上易于了解该网站建设主题与内容,并引导用户浏览网站其他部分的内容,首页分栏目展示城市管理综合运行调度中心运营情况。

2) 便民服务。根据城市运行监测数据、预测预报信息发布,对公众开放城市安全预警数据,主要包括:窨井安全预警、城市积水预警、防汛预警、河道水系预警、排水水质数据、供水水质数据等。

3) 公众号与公众手机 APP 下载。网站醒目位置放置公众号与公众手机 APP 下载页面,方便市民下载使用公众号与公众手机 APP,提供简单使用说明。

4) 市民建议箱。提供市民与城市管理者一种沟通的渠道,方便市民通过网络直接反馈意见与建议,为建立服务型政府增砖添瓦。

5) 关于我们。介绍网站管理运维者相关资料,包括职责范围、联系方式、联系地址等。

(2) 微信公众号

发布市民关心的城市健康运行数据,为市民安全出行提供数据保障,接受群众咨询、投诉、意见及建议,建立群众与城市运维中心的桥梁纽带。

(3) 手机 APP

1) 首页展示。首页醒目位置显示城市天气情况,城市空气质量状况,城市运行质量情况,市民可以直观了解城市目前最新运行状态,如果城市运行一切良好,没有预警预报,则显示城市运行优良,如果有预警预报,提示黄色预警,并显示城市预警信息,城市预警信息主要包括:道路积水、窨井安全、道路施工、停水通知等。

2) 新闻动态。图片、文字、视频等形式全方位展示城市时政新闻信息,该模块主要有图片新闻、城要闻、工作动态、政声传递等子模块。

3) 政务信息。发布城市政务信息,包括组织机构与人事信息介绍、政策法规与文件公开、城市规划、信息公开目录(指南、目录、年报、公报等)、专题专栏等子模块。

4) 便民服务。显示首页提示的预警详细信息,道路积水包括积水位置、时间、水位等信息,窨井安全、道路施工、停气停水等详细信息。显示公厕、垃圾存放点等便民数据。

5) 投诉建议。市民可以通过该窗口上报建设性意见与发现的问题。

⑩ 应用实例

    针对本书研究成果在山东省某市地下管线普查及信息安全系统建设工程进行应用验证。主要测试验证的内容包括地下管线数据采集的技术方法是否得当、探查出的管线数据是否准确；地下空间智能量测系统及地下管线数据采集处理一体化技术是否方便快捷实用；地下管线安全性评估及隐患排查验证是否合理，以及地下管线信息安全管理系统运行是否正常等。

    为满足该市规划、建设与基础管理工作需要，当地相关部门决定对城区地下管线进行普查，为建立地下管线信息管理系统提供基础数据。

    测区位于城市建成区，东起联邦路，西至西外环，南起南外环，北至长春路，东西长约 21 km，南北长约 20 km，面积约 420 km²。本次普查工期短、任务重，管线探查难度大，按照管线探查、数据处理、管线安全性评估及隐患排查、系统建设管理等工序，各工序间进行衔接和明确分工，每道工序的成果检查合格后，才交付下一道工序使用，杜绝了不合格产品投入后续工作。

    本工程于 2014 年 2 月 9 日进驻现场开始探查，2015 年 11 月 25 日完成了所有的探查工作并进入系统运行。

    本工程共计完成探查各类管线点 497734 个，其中调查明显点 272566 个，探查隐蔽点 225168 个，探查各类管线约 11739 km。

10.1 地下管线数据采集处理技术验证

（1）地下空间智能量测系统应用

为了验证地下空间智能量测系统应用效果，分 2 个作业组对相同的场地进行明显管线点调查进行对比测试,这两个组技术力量水平相等、工作熟练程度和劳动强度相同情况下进行。一组用传统的卷尺直接量取和下井观查方法,另一组应用地下空间智能量测系统方法,将完成的成果质量和工作效率进行测试对比。

本项测试选择在管线种类比较齐全,管线比较密集的区域内进行。在所选的区域内事先由其他辅助作业人员将管线井盖松动,使得首次开启井盖的作业组可直接打开,避免不平等的开启井盖时间。所选区域内包含给水、排水、燃气、电力、通讯、热力等 6 种管线 137 个明显点。

1) 工作效率对比。第一组对所选区域全部调查完成累计时间 15.3 小时,第二组用时 12 小时。由此可见采用地下空间智能量测系统方法效率较高。分析原因主要是采用传统方法的作业组在调查管线的属性下井量测耽误时间较多,特别是多分支线缆或多通管道的连接关系、材质及孔数影响,由于在井上无法看清楚,只能采取下井量取和调查,影响了效率。而采用量测系统作业组不用下井可直观清晰地观查到地下管线状况,通过红外线准确地量测了管线的埋深及管径。

2) 精度和准确度的对比。传统量测作业组量取中误差为 ±2.35 cm,最大误差 12 cm,超差点 9 个,而使用地下空间智能量测系统中误差为 ±1.83 cm,最大误差 8 cm,超差点 5 个。

在属性调查方面传统调查作业组错误为 12 处,使用地下空间智能量测系统为 3 处。传统调查作业组错误主要表现在线缆类孔数和管径调查错误较多,主要由于受井内积水或井内透光性差条件影响造成的。使用地下空间智能量测系统由于有红外线激光距和 LED 照明,克服其条件限制。

通过测试对比发现:地下空间智能量测系统代替人工下井获取管线井下信息数据,例如:管线分支方向、分支数量、管块孔数、线缆条数、管径尺寸、埋深、井室尺寸、管沟宽度等。通过调节伸缩杆的长度清楚量测,使用方便,便于操作,稳定性好,可靠性高。使用此设备能够降低下井作业的安全隐患,减轻劳动强度,提高管线探查工作效率。

(2) 地下管线数据采集处理一体化技术验证

为了验证地下管线数据采集处理一体化的快捷实用,本项测试选取 1 km² 的范围内进行。分 2 块区域、2 个探查组按照同等条件下(技术力量水平均等、相同的作业时间和强度)交叉进行,一组使用传统的数据采集记录方法,一组采用地下管线数据采集处理一体化技术。将 2 组完成的成果质量和工作效率进行对比测试分析。

1）工作效率对比测试。经最后统计,本区域内共有 43 km 地下管线,采用传统的数据采集记录方式平均每天探查 1.2 km,而采用地下管线数据采集处理一体化技术平均每天探查 1.6 km,且工作轻松。分析原因采用传统的数据采集记录方式的作业组将很多的时间花费在外业的工作草图绘画、管线属性记录,然后进行内业数据建库成图上。而不像采用地下管线数据采集处理一体化作业组利用 PDA 进行直接建库和绘图,将数据库和电子图直接通入计算机即可。

2）成果质量对比。将 2 个组的数据成果进行原始记录、数据库、图查错测试,发现使用原始记录法的作业组输出数据库和原始记录不一致占总数据库的 0.5% 以上,而采用地下管线数据采集处理一体化几乎没有。这是分析原因传统作业组由于先是手工记录在记录表上,然后再在电脑上建立数据库,比采用地下管线数据采集处理一体化技术增加了一道工序,也就意味着增加了出错机率。通过发现采用原始探查记录中存在问题:

① 个别项目填写不全,如材质、管径、流向等;个别记录连接关系错误,埋深填错等。

② 外业巡视过程中,发现有漏测、漏查和数据不准确现象,一些排水的连接关系以及流向有误。

③ 个别管线点数据库和工作草图不对应。

3）地下管线采集处理一体化整体效率验证。将地下管线采集处理一体化技术推广到本工程的项目应用,在外业管线探查结束后基本上就完成整个管线成果的处理工作。本工程项目利用管线处理系统 2 天内就完成了数据处理工作:编绘出 1∶500 综合地下管线图5387幅、编绘 1∶1000 专业地下管线图 52696 幅、以及图幅对应成果表。

① 数据库的建立:根据移动 PDA 电子手簿/智能手机将探查采集的外业数据建立数据库,建立各类管线点表、线表。

② 根据预设条件,移动 PDA 实现数据的查错预处理:查找数据库中逻辑、拓补、遗漏等数据错误,同时查找类似管线编码、格式等数据错误,将测量数据导入数据库中的 XX_Point 表,形成基础数据库用来进行数据查错和出图进行外业核对,查错用时不超过 2 个小时。

③ 图形生成:将 PDA 记录的物探数据库和测量数据库直接导入电脑,运用地下管线数据处理系统的管线成图功能自动生成管线图,用时不超过 3 个

小时。

④ 管线图的编绘:利用地下管线数据处理系统管线分幅功能,把测区正式管线总图自动分幅成 1∶500 管线图。自动进行图上点号注记、综合管线图注记、管线扯旗,然后叠加基本数字地形图,并进行适当编辑就形成综合地下管线图,用时不超过 1 天。

⑤ 成果的输出:由地下管线数据处理系统输出成果数据库功能,输出了满足要求的各类管线的点表和线表的 mdb 格式数据文件,用时仅仅 2 个小时。

4)数据采集处理一体化测试结果。通过一体化数据采集处理技术,达到了数据处理自动化程度高,提高了工作效率,节约生产成本。另外减少了人为工作量,降低劳动强度,降低了地下管线数据出错概率。

① 优化作业流程,改变草图和数据分开的记录模式。采用一体化技术进行数据采集处理,使管线探查的外业探查数据采集记录和内业数据处理二者真正联系起来。省略了纸质外业草图绘制、原始记录整理和内业数据建库等原始作业步骤,提高了工作效率,简化了工作流程,可使管线探查整体工作效率大大提高。

② 系统图库互动、简单易用。通过对管线数据和测量数据的图库互动的管理模式,能够生成当前数据库的现状管线图形和错误记录文件,为管线数据的实时野外图形询查、排错提供了有力的方法和手段,实现了所见即所得的外业作业模式。

(3)复杂管线探查技术验证

临沂市地下管线非金属管线较多,约有 3823.93 km,管径大小不一,对于不同的非金属探查的方法不同。

1)地质雷达探查应用。利用地质雷达解决非金属管线大口径的管线探查,采用反射波剖面法。

地质雷达的探查首先进行了采样参数的设定,根据物性差异引起的波速不同,选取了部分已知管线点进行正演试验,通过试验选定了以下工作参数:

采样频率:3330 MHz;

采样点数:480 点;

窗口时间:144 ns;

触发方式:采用测量轮,距离触发;

采样间距:2 cm;

雷达波平均波速为 0.10 m/ns；

雷达频率的选择：选用 250 MHz 屏蔽天线进行探查。

本项目非金属管线主要以给水、燃气和排水管道，由于地质雷达仪器的局限性，所以只能在平坦的路面进行探查。本项目用地质雷达共探查 98 条雷达剖面，其中有效剖面 92 条，对有效剖面进行数据处理、解释发现：当地下管线的电性与地下介质的存在较大的差异，地下管线在雷达图像中可以产生明显的弧形异常反映。

如图 10-1 所示在雷达图像中分别在剖面的 2.50 m、4.61 m、7.06 m 处，在地下 1.23 m、0.82 m、1.50 m、0.81 m 深度处电磁波形出现明显的弧形异常，推断该异常为地下管线在雷达图像中的反映，经验证剖面上 3 个异常位置分别是非金属给水、排水和金属通讯线。

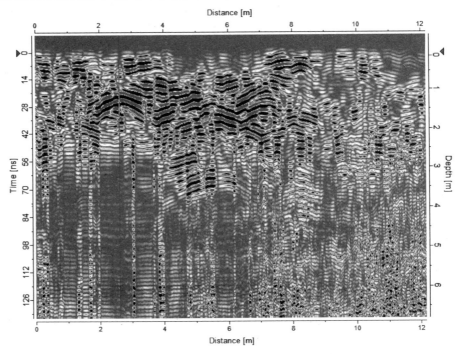

图 10-1　地质雷达剖面图

2）声波脉冲法。本项目管径小于 100 mm 有 48.182 km，管径在 100～200 mm 有 438.225 km，由于管径小，地质雷达无法识别管线位置，主要应用小口径燃气管道和给水非管道，解决了地质雷达探查的不足。

3）管道内介质探查法。根据管道介质的不同特性频率，利用管道内介质探查法同样解决了平行及小管径非金属管道探查的问题。

经过地下管线探查技术应用,解决了管线探查中的难点,管线探查精度有了进一步的提高。

10.2 地下管线安全性评估排查验证

本次安全性评价验证是对管线探查成果选取了 20 km² 的区域进行评估及验证测试。

(1) 地下管线安全性评估

通过评估共评估出各类隐患点 11279 个。按管线专业和类型评估统计表见表 10-1 和表 10-2。

表 10-1　按管线专业隐患评估统计

管线类型	隐患类别	隐患总数	风险等级 V	风险等级 IV	风险等级 III	风险等级 II	风险等级 I
供电	覆土深度	490	0	51	76	174	189
	占压	69	0	0	66	0	3
	净距分析	1321	165	880	102	52	122
燃气	覆土深度	732	10	21	57	458	186
	占压	112	0	0	110	2	0
	净距分析	1317	582	391	114	116	114
路灯	覆土深度	1901	0	207	360	652	682
雨水	覆土深度	423	0	0	17	85	321
	净距分析	44	0	0	14	10	20
污水	覆土深度	13	0	0	2	4	7
	净距分析	82	0	0	25	27	30
给水	覆土深度	1853	5	83	336	616	813
	占压	135	0	0	131	2	2
	净距分析	2295	0	1389	256	219	431

管线类型	隐患类别	隐患总数	风险等级 V	风险等级 IV	风险等级 III	风险等级 II	风险等级 I
通讯	覆土深度	199	4	47	18	43	87
	占压	8	0	6	2	0	0
	净距分析	285	32	56	44	64	89
合计		11279	798	3131	1730	2524	3096

表 10-2　按类型隐患评估统计

隐患类别	管线类型	隐患总数	风险等级 V	风险等级 IV	风险等级 III	风险等级 II	风险等级 I
覆土深度	供电	490	0	51	76	174	189
	路灯	1901	0	207	360	652	682
	燃气	732	10	21	57	458	186
	雨水	423	0	0	17	85	321
	污水	13	0	0	2	4	7
	给水	1853	5	83	336	616	813
	通讯	199	4	47	18	43	87
占压	供电	69	0	0	66	0	3
	燃气	112	0	0	110	2	0
	给水	135	0	0	131	2	2
	通讯	8	0	6	2	0	0
净距分析	供电	1321	165	880	102	52	122
	燃气	1317	582	391	114	116	114
	污水	82	0	0	25	27	30
	雨水	44	0	0	14	10	20
	给水	2295	0	1389	256	219	431
	通讯	285	32	56	44	64	89
合计		11279	798	3131	1730	2524	3096

由表 10-1、表 10-2 可以看出：随着风险等级的提高，地下管线隐患点越来

越少,符合了正常的管线隐患分布规律。从覆土深度隐患来说、给水和路灯隐患较多,从占压来看也是给水较多,但风险度中等。从近距来看供电和燃气较多,风险度较高。通讯和电力类管线由于可弯曲度高,为了避免和管道类碰撞,在地下空间有限的条件下,垂直近距严重。而燃气由于本身危险系数高,在地下管线设计要求水平近距大,但实际建设却没有相当的道路宽度,使得燃气水平近距评估的分较低,隐患点多且等级高。

(2) **地下管线隐患点验证**

对评估范围内的隐患点经现场核查,覆土埋深隐患点 110 处,占压 76 处,近距 460 处管线处于隐患状态。其他由于管线探查时数据采集空间位置不准确造成,各种管线经排查验证结果如下:

1) 燃气管线。燃气与各类管线近距评估分析出 1317 处,验证查找隐患 159 处;建筑物占压评估分析出 112 处,查找隐患 30 处;燃气管线覆土深度评估分析出 732 处,查找隐患 4 处。

燃气属于高危管线,容易产生爆炸事故,燃气管道大部分为 PE 管材,长期受压易造成管道损坏,尤其对于隐患高的地方需立即进行整改,其他级别要加强监护,确保安全运营。

2) 给水管线。给水与各类管线间距评估分析出 1853 处,查找隐患 85 处;管线建筑物占压评估分析出 135 处,查找隐患 33 处;管线覆土深度评估分析出 199 处,查找隐患 44 处。

给水自身存在压力,验证出的隐患程度也较高,在外界压力的影响下容易损坏,容易产生安全事故,权属单位核实后根据实际情况进行整改。

3) 排水类管线。排水与各类管线间距评估分析出 126 处,隐患 3 处;排水管线覆土深度评估分析出 433 处,查找隐患 4 处。

排水管道由于其材质为砼结构,且属于自流管道,相比其他管道压力较小,所以安全性隐患较少且隐患等级低。

4) 电力类管线。供电各类管线间距评估分析出 1321 处,查找隐患 213 处;供电管线覆土深度评估分析出 490 处,查找出隐患 13 处;供电水建筑物占压,评估分析出 69 处,查找隐患 12 处。

路灯管线全区埋设较浅,评估分析出 1901 处,查找隐患 23 处。

暴露和埋设较浅的电力管线在外界压力的影响下容易破损容易产生触电事故,电力管线近距也是安全等级较高的隐患,容易发生爆炸事故,对于验证发现的隐患需要立即整改。

5) 通讯类管线。通讯类管线间距评估分析出 285 处,查找隐患 13 处;建筑物占压评估分析出 8 处,查找隐患 1 处;覆土深度评估分析出 199 处,查找隐患 22 处。

通讯类隐患点主要分支管线埋设浅,在外界压力的影响下容易破损发生安全事故,个别极不安全的管段,需权属单位根据实际情况进行整改。

通过对所取区域的地下综合管线安全状况评估和现场验证,部分管线存在不同程度的安全隐患,较多管道存在占压、交叉、埋设间距不够、管道老化等问题,尤其为高危管道存在隐患较多,且隐患多为人口密集地区,一旦发生事故,容易造成巨大损失。通过地下管线安全性评估分析和隐患现场查找,建议各管线权属单位结合具体隐患情况,做好隐患改造工作,对目前尚不能及时改造的隐患点,及时监控管道运行情况,随时做出风险应急处理。

10.3　地下管线周边地质病害体检测

为了验证探地雷达和浅层地震法对地下管线周边病害体检测效果,现场对城区主要道路地下管道周边管道隐患病害体采用上述两种方法进行了检测,该城区地处半岛中部土质以黏土为主,各种地下管线深度不一,一般为 0.5～8 m,通讯和电力类管线较浅,给水、热力管道次之,排水管线较深。

根据已知管线资料及现场管线特征附属物确定管线走向基础上,测线布设一般与管线主干线平行,沿管线两侧进行检测,如图 10-2 所示。

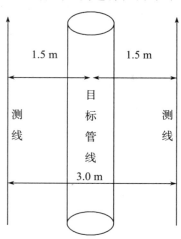

图 10-2　测线布置示意图

（1）**现场工作参数提取**

1）探地雷达工参数提取。根据管线的埋深和土质的物性，由地下管线的深度、目标体最小规模及介质的电性特征需求，工程空间分辨率为 0.5 m，围岩相对介电常数为 9，天线频率选择 100 MHz；

在探测区域范围内选取一段无干扰道路进行试验，通过宽角法试验计算雷达波速。根据图 10-2 宽角法测出的雷达资料计算出该场地的电磁波速为0.10 m/ns。

根据管线的最大探查深度和地下介质的电磁波波速 0.1 m/ns，计算采样时窗选择为 150 ns。

根据 Nyquist 采样定律，计算采样时间间隔为 1.67 ns。

在兼顾探查深度、水平分辨率和工作效率情况下，天线收发距选择1.0 m，检测点距 0.2 m。

2）浅层地震工作参数提取。经现场试验，本次浅层地震反射波法采用锤击激发震源，单道检波器接收，偏移距为 2 m，道距 0.2 m，采样间隔 0.1 ms，记录长度 100 ms。

（2）**异常体对比分析**

对比检测工作是在基本查明了区域范围内地质病害体隐患的分布情况下。随机抽取了个别异常体采用浅探地雷达法和层地震反射波法进行了验证对比，发现两者检测结果一致。选取几处路段的异常体进行分析：

1）在路段 1 处，探地雷达检测图像如图 10-3（a）所示，可以明显看出，在水平点位 33.5～66 m 处同相轴错断且不连续，形成连续反射波组，似平板状形态；多次波明显，重复次数较少，顶部反射波与入射波同向，底部反射波与入射波反向，底部反射不易观测，频率高于背景场。推测该处地下介质严重疏松、局部存在空洞。在相同位置对该异常用浅层地震反射波法检测对比，检测图像如图 10-3（b），图中在水平点位 7～43 m 处地震波波形杂乱，同相轴不连续，局部反射能量较强，异常与探地雷达推测异常位置一致。

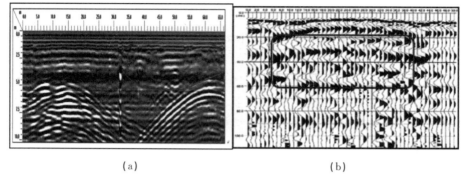

（a）   （b）

图 10-3　路段 1 探地雷达检测图像（a）及浅层地震反射波检测图像（b）

2）在路段 2 处，图 10-4（a）为探地雷达检测图像，从图像明显看出在水平点位 12～13.5 m 处，波形呈弧形反射，两端同相轴错断，形成连续反射波组，同相轴很不连续多次波较明显，顶部反射波与入射波同向，底部反射波与入射波反向，频率高于背景场，推测土体严重疏松。同样对该异常进行浅层地震反射波法检测，检测图像见图 10-4（b）所示，在水平点位 5.0～6.2 m 处地震波同相轴错断、不连续，局部反射较强，且与探地雷达推测异常位置一致。

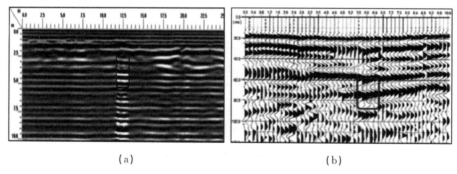

（a）   （b）

图 10-4　路段 2 探地雷达检测图像（a）及浅层地震反射波图像（b）

3）图 10-5（a）、10-5（b）为路段 3 的管线左、右线探地雷达图像，在探地雷达探测深度范围内，左线水平点位为 34～65 m、深度为 1.5～4.0 m；右线水平点位为 34～60 m、深度为 1.5～4.0 m 范围内雷达波波形杂乱，同相轴错断、起伏，形成连续反射波组，两侧绕射波、底部反射波、多次波不明显。顶部反射波与入射波反向，底部反射波与入射波同向，推测管线渗漏水冲刷导致的土质疏松、流失，近邻其他区域未发现异常。

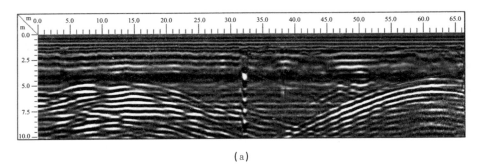

(a)

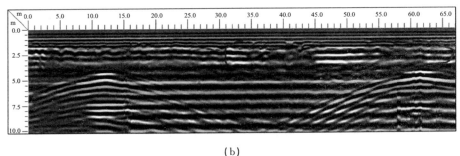

(b)

图 10-5　路段 3 管线左线探地雷达图像(a)和管线右线探地雷达图像(b)

（3）验证结论

利用两种方法检测地下管线周边病害体关键是分辨率提高和干扰波的去除。根据相应波的传播机理，分析了检测病害体的影响因素，结合管线周边地质情况、结构特征和地球物理特征，可通过最佳参数配置组合，压制干扰异常，提高信噪比，可有效地解决了高频电磁波法在检测管线周边地下病害体面临的干扰。根据图像上反射波波形、能量强度、反射波初始相位、反射界面延续情况等特征判断识别和筛选异常（有效反射界面），来确定异常病害体的性质、规模等，取得了明显效果。

10.4　地下管线信息安全管理系统测试

在项目开发过程中，对系统中的各项功能进行全面的测试。保证系统功能的划分满足用户的实际需要，系统能正确运行。保证系统高效、快速、准确地运行、符合用户操作习惯、满足用户管线管理工作的需要。

（1）系统测试

地下管线信息安全管理系统开发完毕之后，进行了全面的系统测试和其他相关性能测试，并详细给出了测试用例的前置条件、输入、预期输出以及测试输出等信息，最终形成测试报告。以系统功能测试为例：

测试内容：对系统的功能测试应侧重于根据用户的需求正确实现用户所需的功能。这种测试的目标是核实数据的录入、编辑和检索是否正确。

测试目的：利用有效的和无效的数据来执行各个用例，在使用有效数据时得到预期的结果；在使用无效数据时显示相应的错误消息或警告消息；使各业务规则都得到正确的应用。

本文仅就纵断面分析测试和单管点删除测试两个测试用例进行介绍，纵断面分析的测试记录如表 10-3 所示，单管点删除测试如表 10-4 所示，其他的测试用例就不再一一描述。

表 10-3　纵断面分析测试用例

项目	用例描述：反映某几段连续的管线在地下相对于地面的走向及埋深情况
测试项	纵断面分析
测试环境	Intel I5 3.2G　8G 内存 Win8 系统
前置条件	该指定图层可编辑
测试输入	（1）点击纵剖面分析，用鼠标选中几段连续的管线，点击右键； （2）点击纵剖面分析，用鼠标选中几段不连续的管线（同类管线），点击右键； （3）点击纵剖面分析，用鼠标选中几段不连续的管线（不同类管线），点击右键； （4）点击纵剖面分析，鼠标不选中任何管线，点击右键
预期输出	（1）弹出纵剖面分析图； （2）提示所选择的管线不连续，纵剖面分析失败； （3）提示所选择的管线不连续，纵剖面分析失败； （4）无任何反应
测试输出	（1）弹出纵剖面分析图； （2）提示所选择的管线不连续，纵剖面分析失败； （3）提示所选择的管线不连续，纵剖面分析失败； （4）无任何反应
测试结论	测试通过

表 10-4　单管点删除测试用例

项目	用例描述:在地图上删除某类管线的管点
测试项	单管点删除
测试环境	Intel I5 3.2G　8G 内存 Win8 系统
前置条件	该指定图层可编辑
测试输入	(1) 点击删除管点,点击或拉框选择需要删除的管点(独立管点); (2) 点击删除管点,点击或拉框选择需要删除的管点(非独立管点),弹出提示窗口,提示是否删除与管点相连的管段; (3) 点击删除管点,点击或拉框选择需要删除的管点(非独立管点),弹出提示窗口,提示是否删除与管点相连的管段; (4) 点击删除管点,点击或拉框选择的不是管点
预期输出	(1) 管点被删除; (2) 管点及相连管段被删除; (3) 管点被删除,相连管段没有被删除; (4) 提示:没有选中图层上的图元
测试输出	(1) 管点被删除; (2) 管点及相连管段被删除; (3) 管点被删除,相连管段没有被删除; (4) 提示:没有选中图层上的图元
测试结论	测试通过

通过对系统的测试,并分析测试结果,最终确定系统运行正常,各功能模块之间的接口能很好地吻合,服务器运行及内存使用率均在正常范围之内,达到了系统预期效果。

（2）**系统运营应用**

本系统在某市安装运行一年以来,在应急救援方面起到了很好的作用。

2016 年 3 月,当地某道路在施工道路突然发生塌陷。接报警后,市政公司道路施工人员立即采取赶赴现场,由于塌陷区域地面下沉,施工人员不知地下管线状况,立即上报上级部门。上级单位立即进入"地下管线信息安全管理系统"对该区域利用系统功能采取了以下措施:

第一步:对塌陷区内实际情况的了解掌握。

a. 通过"视图显示"定位到塌陷区位置，了解了塌陷区域内周边环境状况。塌陷区道路两侧附近有一儿童医院和一超市，距离 200 远处就有一个生活小区。

b. 通过"管线查询与统计"模块功能，了解了塌陷区内管线状况。塌陷区域内有 1 条管径 DN100 燃气、2 条电压 10kV 电力线缆和 1 条 DN300 的给水管线，如果不慎极易引起燃气泄漏和供电触电事故。

c. 通过"管线信息安全分析模块功能"进行横、纵剖面分析，确定了各种管线的覆土厚度，管线之间的水平和垂直净距。

第二步：采取预防控制措施。由于塌陷区域内有三条管线，涉及到三个权属部门。市政公司通过"爆管关阀分析"确定了燃气和给水管道的塌陷区域管道阀门位置，并立即通知相关部门对燃气和给水进行管阀控制，通过电力管线的控制开关，切断了电源。

第三步，确立了后期道路修复方案。

a. 通过"管线规划辅助设计"，确定了管线的改迁措施。

b. 通过"开挖影响分析"，以三维模拟的形式展现了受影响的管线。

c. 通过"图形输出功能"，打印出塌陷区域管线及地形的图形数据。

在"城市地下管线安全信息管理系统"的帮助下，应急处理措施有序的展开，很快就将一场管线事故转危为安。后通过救援人员确认，本次地面塌陷是由于给水管道接口处密封不良，造成给水外流。在管道内部水压的作用下，漏水点越来越大，对管道周围的泥土冲刷，里面逐渐形成窟窿，地面在车辆重力作用下，形成了塌陷区。

⑪ 结论与建议

本书针对城市地下管线安全运营的研究,经工程实例应用测试,证实了基于 GIS 城市地下管线安全运营全产业链、全生命周期管线运维可行技术,包括地下管线数据采集、管线检测、安全性评估及系统管理及监测方面,具有很好的使用价值和应用前景。

11.1 结论

地下管线空间位置及属性数据准确是城市地下管线安全运营的基础。通过理论和正演试验,电磁感应法对金属管线能够准确地定位和定深,但由于受地下管线材质、管线载体、管线管径、管线埋深及管线相对位置的不同影响,形成了重点和难点的地下管线。这类管线很容易在管线探查中形成错、漏及连接关系错误的现象发生,针对这些重点和难点管线通过综合运用电磁感应法、电磁波法、声波脉冲法和管道内介质探查法相互结合很好地进行了解决。当然这几种方法的综合应用对不同类型、不同特征的地下管线探查也具有适用性。

采用地下管线空间智能量测系统进行明显管线点调查时,通过影像实时传输、无线控制测距等功能,能够准确地对地下各类检查井井室尺寸、管顶高度和管线管径进行测量。解决了由于直接下井量测在井下作业受空间作业场地限制和井下的有害气体易造成人员窒息甚至死亡的威胁难题。

地下管线数据采集处理内外业一体化的作业工序和流程,有效地解决了由于管线工作图、记录纸分离,数据建库转录容易使数据丢失或出错现象发生。采用基于移动 PDA 的地下管线探查数据采集将外业数据进行数据直接通讯到内业数据处理,减少了中间环节和出错机率,数据采集和处理高效、操作简单,提高了地下管线数据的准确度。

按照城市工程管线综合规划规范,建立地下管线安全性评估分析方案,可采取管线类别或区域,寻找管线不合规的异常点,然后评估分析这些异常,对所处管线安全隐患危险程度进行等级分析,一目了然,最后可以有针对性的开展危险隐患排查。

专业管道自身的隐患也是影响管线安全性的主要原因,如管道的破损、泄漏和腐蚀。也是保证管道安全性的最经济有效的方法,只有通过对不同专业的管道采取不同的技术方法,有步骤的实施检测,才能保证管道平稳运行:

利用 CCTV、潜望镜和声呐等方法对排水管道的结构性和功能性状况进行排查,根据排查数据评估管道的结构缺陷程度和功能缺陷程度,及时发现破裂、脱节、堵塞等严重或重大缺陷隐患;通过对排水管网雨污混接和出水口调查,查明管线混接管线和污水排放口,对污水环境治理提供了基础信息资料。通过主动检漏方法,查明给水管线点的破损点,并根据相关的信息采取修复措施。燃气管道属城市中高危管道,管道腐蚀防护系统是确保燃气管网安全运行的关键,对埋地钢质管道腐蚀防护系统检测应包括防腐层检测、阴极保护检测、环境腐蚀性、开挖修复等工作,这样才能做到预防为主、防患未然。

管线周边地质病害体是影响关系安全运营的主要环节,通过采用不同的地球物理技术方法查明管线周边的脱空、空洞、疏松体和富水体进行有效治理,并对地质病害体实施信息化动态管理,可减少地质病害体对地下管线的破坏。

地下管线信息管理系统是地下管线管理的主要平台,系统的建设从设计、开发、实际及测试等关键过程,每一过程涉及到关键技术和核心内容。通过系统内管线安全数据分析、动态更新、数据管理、视图定位显示和图形输出等功能模块的实现,对地下管线资源共享、管线应急处置起到极其重要作用。

通过管线普查及综合管线数据库建设的信息化工作,实现了管线静态数据(位置、连接关系等)获取技术、处理技术、传输技术、存储技术等在各类事务中的应用。智慧管网就是利用地质探测以及物联网等先进技术,对城市管网进行智能化的提升,从而实时监测管网运行过程中的所有指标,打造一个地上、地面、地下一体化智能管网运营监控平台,实现地下管网大数据中心,保证城市的有效运行与公共安全。

　　智慧管网建设涵盖管线职能化的"监—控—管"全过程：通过监督提供信息的有效整合和统一监管，实现信息的完整、共享；提供施工、运行、危险源的安全监督，降低管线风险。控制在具体的业务过程中，采用校核、分析、跟踪、对比等控制手段，实现事前、事中、事后的全面风险管理，保障管线的安全运营。管理建立预案库、知识库、标准库，实现从规划、施工、运行到报废，管线全生命周期管理。国内对地下管线智慧化运行尚处于前期实验与摸索阶段，智慧地下管网对拓展管线安全应用面，提升管线产业产能，增加管线产业附加值，促进管线空间数据应用、智慧管网的技术进步有着相当大的作用，进而提高面向市场的竞争能力，面向业务的扩展能力，面向地下管线的管理能力。

11.2　建议

　　随着城市的改造发展，地下空间越来越有限，综合管廊和智慧管网成为当前和未来发展的趋势，基于新兴云技术的智慧管网云服务信息化集成必将应用。通过充分发挥"云平台"在海量数据计算力、数据存储空间等方面的优势，构建统一的城市管网地理信息云平台，实现海量管网信息云端"一张图"服务，实现信息更新、共享和应用统一实现。应用物联网智能感知技术，地下管线设施精确定位及现场信息整合，实时监控管网运行状态，实现可视化、动态化的及时响应管线安全管理。

　　（1）**经济效益**

　　智慧管网广泛应用于城市建设的方方面面，可极大减少政府投资，同时政府将拥有一套较完整的管线数据来源，为城市减轻、减少管线灾害事故发生的经济损失，降低各种管线的维护费用，同时经过统一规划尽可能避免管线建设的重复投资。

　　从降低管线事故发生率、事故发生快速有效处置来看，城市管线运营化可为工程施工、管道维护提供有用的基础资料和数据，避免各类管线灾害事故发生，减少直接与间接的经济损失，为国家避免巨额的经济损失。如全国各个城市全面应用，每年可将因地下管线事故造成的直接经济损失从 400 亿下降至 100 亿，减少 300 亿的经济损失。

另外,利用管网上各种传感装置,对管网的运行状态可以在一张图上进行监控和监管,从而对管网事故进行预报预警,在管网事故发生时,监测的数据提供充分高效的信息和辅助决策。

(2) **社会效益**

在"智慧城市"的总体框架下,城市管线运营为城市的公共安全、规划建设和管理快速提供地下管线信息,为管线设计、施工、维护、管理提供准确的数据,为建设主管部门的管理和决策提供服务,为避免管线事故的发生提供可靠的依据,最终将实现城市管线的政府监管、有序建设和方便管理,达到"国内领先、国际一流"水平。以感知与人民生活相关的水、电、气来打造绿色、低碳、生态、安全、舒适的生活环境。创新社会管理与公共便民服务模式,提升城市核心竞争力。

(3) **应用前景**

掌握全面准确实时的地下管线信息有助于提醒并约束管线权属单位和施工主体规范施工、防范危险,避免因施工引发管线安全事故;管线全生命周期、防消结合的管理策略,有助于及时排查受腐蚀或超限服役的管道,降低潜在的事故风险;在城市安全管理、应急指挥过程中,通过实时、全面的信息和多种专业分析模型,为政府领导和相关部门提供辅助决策,实现地下管线事故的快速响应、有序调度、有效处置,在第一时间控制事故的破坏和影响、减少事故造成的危害和损失。

建设成的城市地下管线数据管理中心,将成为国内对地下管线基于全生命周期管理理念、实时监控和服务于城市应急指挥的决策支持平台,意义明显,社会效益显著,在全国、全球都将处于领先地位,有非常广阔的市场前景,将带来数亿的社会经济效益。

参考文献

[1] 本田达也, 吉村一成, 等. 使用脉冲电磁波的测距装置和方法: CN.

[2] 常进, 吴宝玲, 王光明, 等. 采用分层加权评估法判断地下管线安全隐患[J]. 市政技术, 2009, 27(002):125-128.

[3] 陈红旗, 张小趁. 城市地下管线高精度电磁法探查技术[J]. 勘察科学技术, 2004(1):61-64.

[4] 董春桥. AutoCAD二次开发技术[J]. 土木工程与管理学报, 1999, 16(3):45-49.

[5] 段琪庆, 王悦, 王嘉宾. 市政管线的分类及其编码[J]. 济南大学学报(自然科学版), 2007, 21(2):167-169.

[6] 樊惠萍. 地下管线数据动态更新机制的建立与实践[J]. 建材世界, 2004, 25(02):98-99.

[7] 甘伏平, 喻立平, 黎华清, 等. 利用综合物探方法探测地下水流通道[J]. 地质与资源, 2010, 19(3):262-266.

[8] 高慧萍, 吕俊. 插件式开发技术研究与实现[J]. 计算机工程与设计, 2009, 30(16):3805-3807.

[9] 龚解华, 郭兆怀. (二)安全管理和风险控制:地下管线的安全与保护[J]. 上海安全生产, 2006(9):19-20.

[10] 韩双旺. SVG的矢量WebGIS专题地图功能实现[J]. 测绘科学, 2010, 35(5):233-235.

[11] 韩勇, 陈戈, 李海涛. 基于GIS的城市地下管线空间分析模型的建立与实现[J]. 中国海洋大学学报(自然科学版)自然科学版, 2004, 34(3):506-512.

[12] 何江龙, 江贻芳, 侯至群. 新形势下城市地下管线信息化的特点及对策[J]. 测绘通报, 2017(1):12-17.

[13] 何连财. 基于GIS的城市地下管线信息共享交换系统的设计[J]. 城市建设理论研究(电子版), 2014, 000(027):2951-2951.

[14] 华安中. 城市综合地下管线建库管理系统设计与实现[D]. 河海大学, 2006.

[15] 黄海峰，夏斌，赵宝林，等．一种通用 GIS 应用体系结构的分析与应用[J]．地球信息科学学报，2006，4(8):31-34.

[16] 黄来源，李军辉，李远强，等．基于物联网技术的城市地下管线智能管理系统[J]．物联网技术，2012，2(4):62-65.

[17] 焦贺军，熊长喜，卢天正，等．城市地下管线属性处理系统关键技术研究[J]．河南科技，2017(9).

[18] 康凯．信息互通，以服务减少施工外力破坏地下管线事故——搭建北京市挖掘工程地下管线信息沟通服务平台[C]// 城市发展与规划大会．2013.

[19] 李国标，庄雅平，王珏华．面向对象的 GIS 数据模型——地理数据库[J]．测绘通报，2001(6):37-39.

[20] 李珂．济南市城市排水管理体制研究[D]．山东大学，2016.

[21] 李姗姗．基于 GIS 的地下管线查询与应急管理系统的研究[D]．南京农业大学，2012.

[22] 李小谦．AutoCAD 图库联动在城市地下管线入库中的应用[J]．城市勘测，2014(1):77-81.

[23] 李学军，洪立波．城市地下管线探查与管理技术的发展及应用[J]．城市勘测，2010(04):5-11.

[24] 李雅铃．节能技术在集中供热系统改造工程中的应用[D]．清华大学，2012.

[25] 李玉，张君卫，张丽敏．地下管线信息化建设中的保密与共享[J]．城建档案，2016(11):43-44.

[26] 李志刚，丁鹏辉，董绍环，等．地下管线普查数据接边关键技术研究[J]．地理空间信息，2016，14(9):88-90.

[27] 廖新玉，侯伟华．地下管线测量方法的探讨[J]．中国科技信息，2007(17):41-42.

[28] 刘春华，吴玉臻，戴金英．城市地下管线及地下管线档案管理工作中几个问题的探讨[J]．城建档案，2004(4):34＋27.

[29] 刘光盐，李捷．视频图像中信息叠加的方法、提取的方法、装置及系统:2015.

[30] 刘国栋．电磁法及电法仪器的新进展和应用[J]．石油地球物理勘探，2004(b11):46-51.

［31］刘海青，任宝宏．瞬态多道瑞利波勘探技术在复合地基检测中的应用［J］．矿产勘查，2002(2):54-55.

［32］刘庆华，鲁来玉，王凯明．主动源和被动源面波浅勘方法综述［J］．地球物理学进展，2015，30(6):2906-2922.

［33］刘全荣，王利，郑敏，等．内外业一体化数字成图在城市规划及水环境整治中的实践与应用［J］．治淮，2005(1):41-42.

［34］刘善磊，王圣尧，石善球，等．一种空间数据接边入库方法［J］．测绘通报，2017(3):101-103.

［35］刘旭，陶为翔．AutoCAD.NET 的 Jig 技术在管线扯旗标注中的应用［J］．测绘与空间地理信息，2015(7):196-198.

［36］刘迎新．基于相关检测的声波法井深测量技术研究［D］．山东科技大学，2014.

［37］卢文喜，李娟．基于 GIS 的城市绿地信息系统设计和研制——以长春市城区为例［J］．东北师大学报（自然科学），2004，36(2):95-98.

［38］任宝宏．高频电磁法检测地下管线周边地质病害体的应用研究［J］．地球物理学进展，2019，34(1):371-376.

［39］任宝宏，刘东贤，李学军．城市规划管理信息系统的设计与实现［J］．信息技术与信息化，2007(3):99-101.

［40］任宝宏，刘海青．探地雷达技术在探测地下目的物中的应用［J］．矿产勘查，2001(10):45-46.

［41］尚俊娜，施浒立，李圣明，等．利用卫星信号探查低空目标的被动雷达探查方法：CN.

［42］宋航．面向服务的架构 SOA－Service Oriented Architecture［J］．科技成果纵横，2005(4):46-46.

［43］汤洪志，邓居智．高密度电阻率法及在地下管道勘测中的应用［C］//中国地球物理学会学术年会．1998.

［44］田野，田杰．城市地下管线综合建设研究［J］．城乡建设，2013.

［45］王爱华，张国杰．管线测量中发射装置的一次场特性分析［J］．电力勘测设计，2007(2):30-33.

［46］王春．城市地下综合管线数据质检方法研究［D］．南京工业大学，2015.

［47］王冬旭．非介入式气体管道泄漏检测实验研究［D］．北京化工大

学，2010.

[48] 王法刚，叶国弘．频率域电磁法在探查地下管线中的应用[J]．岩石力学与工程学报，2001，20(s1):001787-1789.

[49] 王继明，任宝宏．如何减少施工对地下管线的破坏[J]．办公自动化，2014(s1):113-114.

[50] 王景光，甘仞初．信息系统结构复杂性与可扩展性关系[J]．北京理工大学学报，1999，19(4):516-520.

[51] 王利华．地下管线数据采集及建库研究[D]．昆明理工大学，2015.

[52] 王文祥，汤寒松，杨武洋，等．浅析被动源法—地电探查中的地层倾角校正[C]// 中国地球物理学会学术年会．1996.

[53] 魏磊．基于 Windows 标准应用程序模式下的城市地下管线信息化数据处理系统设计与实现[J]．测绘与空间地理信息，2015(10):181-183.

[54] 吴林森．石油化工厂运行设备和管线的隐患及防护措施[J]．河南科技，2014(22):70-71.

[55] 吴铭杰．基于 AutoCAD 扩展实体数据的地形图接边功能的实现[J]．测绘与空间地理信息，2013，36(5):158-159.

[56] 吴玮，李小帅，张斌．基于 ArcGIS Engine 的 GIS 开发技术探讨[J]．科学技术与工程，2006，6(2):176-178.

[57] 吴运凯，刘丽丽．GIS 地理信息系统及其应用[J]．科技创新与应用，2012(33):50-50.

[58] 夏金儒，杨谈政．浅谈以智慧管网实现城市管网运行的本质安全[J]．办公自动化，2014(s1):119-120.

[59] 谢榕．城市综合地下管线基础信息库的构建探讨[J]．测绘通报，2000(6):17-19.

[60] 解智强，何江龙，王贵武，等．基于地磁原理的非金属地下管线探查技术的研究与应用[J]．地矿测绘，2010，26(3):13-16.

[61] 徐灵军．一种新型的电缆和地下金属管道探查器[J]．中国电力，1981(12):74.

[62] 许少华，潘俊辉．基于 OODB 技术的 GIS 空间查询和空间分析模型研究[J]．计算机应用研究，2006，23(7):57-58.

[63] 姚艳霞．大比例尺地形图数字化缩编技术的研究[J]．地球，2016(2).

［64］殷丽丽，施苗苗，张书亮.GIS 时空数据模型在城市地下管线数据库中的应用[J].测绘科学，2006，31(5)：151-152.

［65］尹志勇.石油天然气管道浅埋施工技术及管道的保护[J].中国化工贸易，2015，7(22).

［66］余峰.油气管道阀门远程监控系统研究与实现[D].华中科技大学，2006.

［67］张才荣，俞先进.浅谈小城镇地下管线普查工作——仙居县地下管线普查实例分析[C]// 中国城市规划协会地下管线专业委员会 2008 年年会.2008.

［68］张凤梅，沈雨，周曦，等.城市"智慧管网"综合管理与应用信息系统的设计与实现[J].现代测绘，2016，39(4)：48-50.

［69］张汉春，王清泉.地下管线普查修补测的探查技术研究[C]// 全国工程勘察学术大会.2010.

［70］张世翔，章言鼎.青岛输油管道泄漏爆炸事故分析与整改建议[J].工业安全与环保，2014(12)：89-91.

［71］张书亮，姜永发，兰小机，等.基于 GIS 的城市地下管网断面可视化分析[J].南京林业大学学报(自然科学版)，2004，28(5)：86-88.

［72］张文彤，肖建华.加强地下管线规划管理，促进地下空间资源开发利用[J].城市勘测，2009(2)：5-7.

［73］张永命，郑启炳，刘松青.长距离直连法在大埋深管线探查中的应用[J].城市建设理论研究：电子版，2015(22).

［74］赵俊兰，吴华锐.地表爆炸荷载作用下的埋地管道应力分析[J].地下空间与工程学报，2016，12(s2)：828-833.

［75］赵娜.激光测距技术[J].科技信息，2011(4)：119-119.

［76］赵衍杰.建立城市地下管线动态管理机制为社会提供优质服务[C]// 2006 城市地下管线管理与信息化建设交流研讨会暨中国城市规划协会地下管线专业委员会年会.2006.

［77］郑丰收，陶为翔，潘良波，等.城市地下管线智慧化管理平台建设研究[J].地下空间与工程学报，2015，11(s2)：378-382.

［78］郑国军.对城市地下管线测量技术的应用研究[J].大科技，2013(19)：228-229.

［79］郑剑林.地下管线物探质量和测量的精度统计与质量评述[J].城

市建设理论研究:电子版,2012(19).

[80] 周梅,杨锴,谭顺平. 基于 ArcSDE 与 Oracle 空间数据集成的应用 [J]. 广西大学学报(自然科学版),2007,32(4):407-410.

[81] 周志军,周勇,肖兴国. 地下管线竣工测量对地下管线普查数据动态更新的意义[C]// 2006 城市地下管线管理与信息化建设交流研讨会暨中国城市规划协会地下管线专业委员会年会. 2006.

[82] Booth R,Rogers J. USING GIS TECHNOLOGY TO MANAGE INFRASTRUCTURE capital assets[J]. Journal,2001,93(11):62-68.

[83] Cai K. Design and implementation of the urban underground pipeline information management system[J]. Shanghai Geology,2005.

[84] Carreon D C,Davidson P L,Andersen R M. The evaluation framework for the Dental Pipeline program with literature review.[J]. Journal of Dental Education,2009,73(2 Suppl):23-36.

[85] Eccleston D,Clark D,Rafter T,et al. Development of a real-time active pipeline integrity detection system[J]. Smart Materials & Structures,2009,18(11):115010.

[86] Jol H M. -Ground Penetrating Radar Theory and Applications [M]. Elsevier Science,2009.

[87] Kishawy H A,Gabbar H A. Review of pipeline integrity management practices[J]. International Journal of Pressure Vessels & Piping,2010,87(7):373-380.

[88] Kopp F. Foreword-Subsea Pipeline Integrity and Risk Management[J]. Subsea Pipeline Integrity & Risk Management,2014:xi.

[89] Lei X,Tian Y,Ma L,et al. Construction of Water Supply Pipe Network Based on GIS and EPANET Model in Fangcun District of Guangzhou[C]// Second Iita International Conference on Geoscience and Remote Sensing. IEEE,2010:268-271.

[90] Ma L. Situational Investigation on the Archives Management in Underground Pipelines of Pingdingshan Coal Mine Group[J]. Office Informatization,2015.

[91] Mamo T,Juran I,Shahrour I. Virtual DMA Municipal Water Supply Pipeline Leak Detection and Classification Using Advance Pattern

Recognizer Multi-Class SVM[J]. 2014, 9(1):25-42.

[92] Neudeck P G. Progress in silicon carbide semiconductor electronics technology[J]. Journal of Electronic Materials, 1995, 24(4):283-288.

[93] Nielsen L, Rosenberg H, Baumgarten B, et al. AC Induced Corrosion in Pipelines: Detection, Characterization and Mitigation[J]. Corrosion, 2004.

[94] Owens M. The Definitive Guide to SQLite[M]. Apress, 2006.

[95] Sasikirono B, Kim S J, Haryadi G D, et al. Risk Analysis using Corrosion Rate Parameter on Gas Transmission Pipeline[J]. 2017, 202 (1):012099.

[96] Smith S, Dabney S M, Cooper C M. Vegetative Barriers affect Surface Water Quality leaving Edge-of-Field Drainage Pipes in the Mississippi Delta. [J]. 2002.

[97] Szedlmajer L. Method and apparatus including spaced antennas for determining the trace and depth of underground metallic conductors: US, US4691165[P]. 1987.

[98] Wei S, Coltd T. Application and Discussion of Ectromagnetic Induction Method in Underground Pipeline Exploration[J]. Construction & Design for Engineering, 2015.

[99] Yang Z. Design and Implementation of Earthquake Information Publish System Based on ArcGIS for Android[J]. Microcomputer Applications, 2016.

[100] Zhu Q S, Ru-Yan Y E, Hong-Zhao LI, et al. Study on Compensation Algorithm of Depth Measurement For Underground Metallic Pipeline Detector[J]. Measurement & Control Technology, 2016.

[101] Zhu Y, Mao L, Zhou G. Design of the Urban Public Logistics Information Platform[C]// Second International Conference on Networks Security Wireless Communications and Trusted Computing. IEEE, 2010: 550-553.